KB254013

Meditations at Sunset

하늘의 과학자들

구름 속으로 떠나는 과학 여행

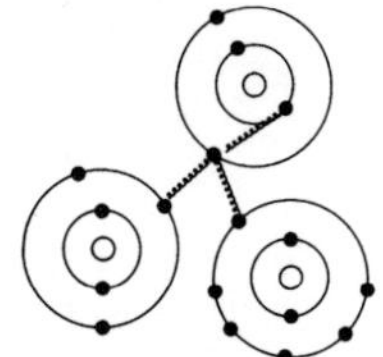

제임스 트레필 | 장석봉 옮김

지호

Contents

들어가는 말

이 책은 단순하지만 매우 심원한 장소들을 설명해 주기 위해 기획된 시리즈의 마지막 책이다. 과학자들이 실험실에서 엄청난 노력과 비용을 들여 발견하는 자연 법칙들은 우리 주변의 모든 곳에서 작용하고 있다. 물론 여러분은 실험실에서도 그것들에 대해 배울 수 있지만 일몰, 산맥, 심지어는 한 줌의 모래를 진지하게 살펴보는 것만으로도 알 수 있다. 사실 자연에 숨어 있는 우주의 법칙들에 대해 알기 위해서는 인공적으로 설계된 실험실보다는 실제 세계에서 그것이 움직이는 방식을 이해하는 것이 더 좋은 방법이다.

두번째 메시지는 간단하기도 하고 심오하기도 하다. 세계를 설명하는 데 필요한 자연 법칙의 수는 매우 적다. 역학에 관한 법칙 셋, 전기와 전자기에 관한 법칙 넷, 상대성에 관한 법칙 하나, 그리고 양자 역학에 관한 법칙 몇 개(이 숫자는 여러분이 세는 방식에 달려 있다)가 고작이다. 우리가 매일 매일 마주치는 수십 억 가지의 자연 현상들을 이해하는 데는 몇 개의 자연 법칙만을 이용하는 것으로 충분하다. 이러한 상황은 표면에는 현상이, 중심에는 법칙이 있는 커다란 망을 이해하는 데도 비슷하게 적용된다. 여러분은 어느 지점에서든지 그 망 안으로 들어갈 수 있지만, 만약 왔던 길을 되돌아가더라도 결국에는 자연 법칙의 대

원리들 가운데 하나에 다다르게 될 것이다. 이것은 해변에서 우주를 공부하는 것이 왜 실험실에서 하는 것만큼이나 쉬운지를 설명해 준다. 그것은 표면적으로는 아무런 관련이 없어 보이는 현상들 사이에 많은 연관성이 있다는 것도 말해준다. 우주가 연결되어 있을 뿐만 아니라 상호 관련을 맺고 있다는 생각은 서구 과학의 정점을 차지하고 있는 극소수의 주도적인 원리들의 지배를 받고 있다.

"자연 속으로 떠나는 과학 여행" 시리즈에 속하는 앞의 두 책, 《해변의 과학자들》과 《산꼭대기의 과학자들》에서 나는 해변에서 거닐기와 산행하기를 출발점으로 삼았다. 만약 여러분이 망으로 들어가기 시작하는 장소가 어디인지가 과학을 이해하는 데 아무런 차이점이 없다면, 굳이 즐거운 장소를 마다할 이유가 없을 것이다. 고맙게도 독자와 서평자들은 간단한 관찰만으로도 그렇게 많은 것들을 배울 수 있다는 것에 놀랐다는 사실을 충분히 표현해 주셨다. 심지어 「워싱턴 포스트」지는 다음 번 목록에 "침실의 과학자들"은 없냐는 짓궂은 농담을 쓰기도 했다.

해변과 산의 유일한 문제는 대부분의 사람들에게 실험실과 마찬가지로 그곳 역시 특별한 장소라는 것이다. 그곳은 휴가철에나 갈 수 있는 곳이지, 매일 매일 일상적인 경험을 할 수 있는 장소는 아니다. 그래서 이 책에서 나는 일몰, 구름, 번개를 관찰할 수 있는 하늘처럼 우리 모두가 공유할 수 있는 곳을 지식의 망으로 들어가는 입구로 잡았다. 진짜 뇌우에는 싱크로트론(입자의 궤도 반경이 증가함에 따라 점점 커지는 자기장에 의해 입자들을 그 궤도에 국한시키는 순환 입자 가속기) 보다 더 많은 물리학이 있다. 그리고 싱크로트론보다는 직접 뇌우를 경험한 사람이 훨씬 더 많을 것이다. 기후 현상은 항공기에 미치는 소돌풍에 관한 설명(6장 참조)에서 볼 수 있듯이 우리에게 매우 직접적인 영향을 끼친다. 그것은 유리 창문을 통해서는 선탠을 할 수 없다는 사실과 쿼크 사이에 어떤 연관 관계(11장 참조)가 있다는 전혀 생각지 못한 설명을 들을 수 있는 장소로 우리를 안내하기도 한다.

빛이 대기를 통해 들어오는 방식, 구름과 폭풍우, 해가 질 무렵의 하늘이 어떤 색을 띠는지 하는 것들은 보고자 하는 마음만 있다면 누구나 볼 수 있는 것들이다. 실제로 나도 이 책을 쓰는 사이에 처음으로 구상(球狀) 번개를 보았다. 나는 그때 폭풍우 속에서 와이오밍 평원 위를 차를 몰고 가고 있었는데, 기분 나쁘게도 그 번개의 낙뢰가 바로 내 자동차 옆에 떨어졌다. 나는 여러분 모두가 구상 번개(14장 참조)나 녹색 섬광(1장 참조)을 볼 수 있으리라고 장담할 수는 없지만, 이 책을 통해서 내가 하고자 했던 말들에 여러분이 귀를 기울인다면 하늘에서 여러분이 보고 싶어하는 것들을 새로운 눈으로 볼 수 있게 된다는 것은 장담할 수 있다. 나는 여러분들이 다음에 비행기를 타고 하늘을 날아가면서 발 밑에 있는 구름을 굽어볼 기회가 생겼을 때, 하얀색의 울퉁불퉁한 층만 보지 말고 우주 전체의 수수께끼로 들어가는 입구를 보게 되길 희망한다.

주의

이 책에서 나는 하늘에서 나타나는 현상들에 대해 설명할 것이다.
태양을 맨눈으로 직접 보면, 눈에 손상을 입거나 심지어는 눈이 멀 수도 있
다는 점을 반드시 기억하기 바란다. 선글라스를 끼고 있거나, 진한 필터를
사용하더라도 절대로 태양을 직접 보아서는 안 된다.

01 / 일몰의 아름다움

낮시간에 태양은 노란색이다
하늘은 파란색이다.
일몰 때의 태양은 붉은빛이다.
왜 그럴까?
이러한 모든 현상은 빛과 원자들의 상호 작용을
지배하는 법칙과 관련있다.

낮시간에 태양은 노란색이다
하늘은 파란색이다.
일몰 때의 태양은 붉은빛이다.
왜 그럴까?

내 생애에서 가장 멋진 일몰 광경을 본 것은 뉴저지 주에서였다. 그러나 실제로 해가 진 곳은 분명 뉴저지였지만, 나는 그곳에 있지 않았다. 나는 맨해튼의 주택지구와 상업지대의 중간쯤에 있는 고층 호텔 방에서 해안 너머 남서쪽 하늘을 바라보면서 쉬고 있었다. 그곳은 세계에서 몇 손가락 안에 드는 정유공장 단지가 있는 평원 지대이다. 맑고 바람도 없는 겨울 날이었다. 대기중에 있는 여러 종류의 탄화수소들이 안정된 층을 만들기에는 최적의 날씨였다.

태양이 지평선을 따라 저물어가자, 이 여러 탄화수소 층을 통과한 빛은 신기한 현상을 보이기 시작했다. 태양은 가장자리가 부풀기 시작했고, 태양의 둥근 테는 평평한 원판이 아니라 나선형 계단처럼 보였다. 각 계단들은 태양을 가로질러 난 탄화수소의 층에 경계를 만들었고, 각 층들은 오렌지 색 혹은 붉은 색으로 조금씩 다르게 물들고 있었다. 그리고 이런 띠 모양은 지평선으로 내려앉아 엷게 낀 구름 속으로 녹아들면서 희미해져 갔다.

물리학회에 참석하고 있던 나는 내가 보았던 것을 다음 날 많은 친구들에게 이야기해 주었다. 당시 우리는 모두 조교수였기 때문에, 맨해튼의 고급 식당에 갈 만한 처지는 아니었다. 우리는 근처에 있는 즉석 식품 매장에 들러 먹을 것을 사들고 내 방으로 소풍을 가서, 어제의 일몰 광경이 다시 재현될지 지켜보기로 했다. 아무튼, 친구들 때문이었는지, 술 때문이었는지, 아니면 대기 때문이었는지는 알 수 없지만 둘째 날 저녁은 더욱 좋았다. 그런데 일몰 광경이 정말로 멋지기는 했지만, 그보다 더 신경 써야 할 일이 있었다는 것도 감수해야만 했다. 그것은 우리가 저녁 만찬용 음식들이 가득한 갈색 종이 봉투들을 들고 장식품으로 요란하게 치장한 로비를 떼거리로 지나갈 때 보였던 데스크 안내원의 표정이었다.

일몰에서 가장 놀라운 것은 물론 하늘을 물들인 색이다. 태양은 하루 종일 노란색으로 빛나지만, 지평선으로 내려앉을 때는 멋진 오렌지색이나 붉은색으로 변하고 이 빛은 구름에 반사되면서 하늘의 대부분을 같은 색으로 물들인다. 일몰이 특별히 고요하고 평화로운 아우라를 갖게 되는 것은 아마도 색이 아주 점점 어두운 색으로, 그것도 아주 느리게 바뀌기 때문일 것이다. 그러나 어느 날 일몰을 보게 될 때 편안하게 관조하는 것 이상의 수고를 하면, 여러분은 그 광경을 보며 자연에 관해 많은 것을 배울 수 있을 것이다.

예를 들면, 태양은 왜 지평선 가까이에 있을 때 색이 변하는 것처럼 보이는가라는 질문을 하게 될지도 모른다. 태양 자체의 색이 불과 몇 시간 만에 바뀌는 것은 있을 수 없는 일이라는 것은 명백하다. 설사 그런 일이 가능하다고 하더라도 여러분에게는 붉게 보이는 태양이 수천 킬로미터 떨어진 곳에 있는 어떤 사람에게는 노랗게 보인다는 것은 불가능한 일이다. 따라서 색의 변화는 지구의 대기와 관계있는 일임에 틀림없을 것이다.

한편 일몰 때 보이는 태양의 색에 대해 곰곰이 생각하고 있노라면 왜 낮에는 태양의 색이 노랗게 보일까라는 질문도 자연스럽게 생길 것이다. 마침내 우리는 우주비행사들이 우주 공간에서 찍은 사진들을 통해 태양이 대기 바깥에서는 순백색으로 보인다는 것을 알게 되었다. 우주 공간에서는 하얗던 태양이 땅 위에서는 노랗게 변한다는 것은 태양의 색의 변화가 지구의 대기를 통과하는 빛의 경로와 어떤 관계가 있음을 명백하게 보여준다. 이것은 사실이므로 앞서 서문에서 설명했던 예기치 못한 연관들 가운데 하나란 다음과 같은 것이다. 일몰이 왜 아름다운지를 알려면, 하늘이 왜 파란가에 대해서도 설명해야만 한다.

석양은 왜 붉을까

담요처럼 온통 지구를 덮고 있는 대기를 통해 보였던 태양의 모양에 대한 실마리는 태양에 의해 방출되는 백색광이 눈으로 볼 수 있는 모든 색, 즉 빨강, 주황, 노랑, 초록, 파랑, 남색, 보라색의 스펙트럼으로 구성되어 있다는 것이다. 이것은 17세기에 아이작 뉴턴이 발견했다. 그는 햇빛을 유리 프리즘에 통과시켜 그 색들을 종이 위에 펼쳤다가 다른 프리즘에 통과시키면 다시 백색광이 나온다는 것을 관찰했다. 소나기가 올 때나 태양 빛이 작은 물방울들에 부딪힐 때 무지개가 생기는 것도 똑같은 원리이다.

　　스펙트럼을 구성하는 모든 색들로 이루어진 태양 광선이 지구 대기의 상층부에 부딪히면, 태양 광선은 공기의 구성물인 산소, 질소 원자 등을 만나 산란된다. 빛을 태양으로부터 연속적으로 흘러나오는 구슬들이고, 대기를 볼링공 같은 장애물들이 이리저리 움직이는 두꺼운 층이라고 생각해 보자. 이러한 상황에서 대부분의 구슬들은 장애물을 피해 일정 정도의 거리는 통과할 수 있을 테지만, 일부는 이들 장애물에 부딪혀 광선 밖으로 산란될 것이다. 이런 식으로 태양으로부터 나온 광선 속 빛의 대부분은 단 하나의 원자에도 부딪히지 않고 지구의 표면을 향해 직선으로 오겠지만 광선의 일부는 충돌 때문에 손실될 것이다.

원자는 모든 유형의 빛과 상호 작용해 빛을 산란시킬 수 있고, 바로 그것이 빛의 색을 결정한다. 가시 스펙트럼에서 가장 많이 산란되는 빛은 가장 높은 에너지를 가진 푸른빛이고, 에너지가 가장 낮은 빨간빛은 가장 적게 산란된다. 태양 광선은 대기의 상층부로 진입할 때는 모든 색들이 똑같이 혼합된 상태이지만, 대기를 통과하면서 원자들에 의해 산란되면, 가장 에너지가 많은 푸른빛이 광선에서 떨어져 나간다. 지구의 표면에 도달할 때쯤이면, 푸른빛의 감소로 인해 태양 광선은 이제 더 이상 백색이 아니다. 이것이 바로 태양이 낮 동안에 노랗게 보이는 이유이다.

산란이 계속되면서 태양 광선의 푸른 부분은 점점 더 많이 산란되어 흩어진다. 만약 산란에 따른 이러한 감소 현상이 계속된다면, 빨간빛만이 남을 것이다. 태양이 우리 머리 위에 떠 있을 때, 태양 광선은 수 킬로미터의 대기를 통과해 우리에게 도달한다. 그것은 태양 빛이 노랗게 변하기에는 충분한 거리이지만, 모든 빛이 산란되고 빨간빛만 남기에는 충분치 못한 거리이다. 그러나 일몰 때는 태양 빛이 지구 표면을 따라 수평으로 미끄러지듯이 진행하기 때문에 대기를 지나는 경로가 더 길어진다. 따라서 빛이 더 많이 산란된다. 태양이 우리 눈에 빨갛게 보이는 것은 바로 이 때문이다.

그러므로 우리는 태양으로부터 직접적으로 우리에게 오는 광선의 빛만을 감지해 왔다. 그렇다면 산란에 의해서 사라진 빛은 어디로 갔을까? 일몰과 푸른 하늘 사이의 관계가 명확해질 경우 무슨 일이 일어날 것인지 상상해 보라. 태양의 반대쪽 하늘을 볼 때, 우리는 두 번 산란된 빛을 보게 된다. 한 번은 앞에서 묘사한 직접적인 광선이고, 또 하나는 대기 내에 있는 어떤 원자들에 의해 더욱 직접적으로 우리 눈에 들어오는 빛이다. 파란색은 다른 색상에 비해 더 많이 산란되는 경향이 있기 때문에 태양의 반대쪽 하늘의 영역으로부터 우리 눈에 도달하는 빛은 파란색이다. 우리가 보는 것은 대기에 의해서 산란된 빛인데, 먼저 태양에서 나온 다음 우리의 눈으로 들어오는 것이다.

낮 시간에 태양은 노란색이다. 왜 그럴까? 파란빛이 산란에 의해서 광선으로부터 떨어져 나가기 때문이다. 하늘은 파란색이다. 왜 그럴까? 그것은 우리가 산란된 빛을 보고 있기 때문이다. 일몰 때의 태양은 붉은빛이다. 왜 그럴까? 산란이 더 많이 일어났기 때문이다. 이러한 모든 현상은 빛과 원자들의 상호 작용을 지배하는 법칙과 관련있다.

하늘의 색에 대해 처음으로 설명한 사람은 19세기 아일랜드계 영국인 과학자 존 틴들이었다. 그는 현대 물리학자들에게 "틴들 효과"의 발견자로 알려져 있다. 이것은 빛의 광선이 공기를 통과할 때 공중에 떠 있는 연기나 먼지 같은 작은 입자들을 운반한다는 것이다. 우리가 광선을 볼 수 있는 것은 빛이 이러한 입자들로부터 산란되어 우리 눈에 들어오기 때문이다. 틴들 시대의 사람들이 호기심을 가지고 실험했던 것들은 오늘날 레이저를 연구하는 사람들에게 매우 도움이 되고 있다. 레이저는 매우 촘촘한 광선을 방출하는데, 깨끗한 대기에서 레이저는 아주 조금밖에 산란되지 않기 때문에, 광선이 물체의 표면 위에 직접적으로 비춰지지 않는 한 눈으로 직접 보기는 어렵다. 그러나 대기중에 약간의 입자들을 뿌려 놓는다면(칠판 지우개를 털 때처럼), 레이저 광선이 산란 되는 것을 볼 수 있을 것이다. 여러분은 그것을 볼 수 있고, 원하는 방 향으로 겨눌 수도 있다. 여러분은 아마도 레이저 광선이 거울에 맞고 튀 어나오는 사진을 본 적이 있을 것이다. 그런 사진을 찍으려면 먼저 공기 중에 먼지를 퍼뜨려 광선을 눈에 보이게 해야 한다.

틴들은 대단히 흥미로운 사람이었다. 그는 빛의 성질에 대해 연구 한 과학자였을 뿐만 아니라 대중에게 과학을 널리 보급한 교사이기도 했다. 영국 교육 운동의 중심 인물이었던 그는 영국 전역의 도시에 있는 다수의 공장 노동자들에게 강의를 하였다. 그의 과학적인 호기심은 광 범위했다. 예를 들어, 그는 질병이 세균 때문에 생긴다는 루이 파스퇴 르의 이론을 초창기부터 지지한 사람이었으며, 생명체가 자연 발생에 의해서 일어나는 것이 아니라는 것을 실험을 통해 보여주었다. 그가 그 런 실험에 성공하기 전까지만 해도 과학적인 견해의 주류는 생명이 부 패하고 있는 개체 안에서 자연 발생한다는 것이었다. 예를 들어 구더기 들은 죽은 동물들의 몸에서 자연적으로 생겨난다. 틴들은 실험을 통해 동물의 시체를 무균 상태에 두면 어떤 생명체도 생겨나지 않는다는 것 을 입증해 보임으로써, 케케묵은 낡은 이야기를 타파했다. 마지막으로 그는 노년에 알프스에서 여름을 보내며 빙하의 흐름에 관해 연구했다. 그가 거기서 일몰을 즐겼음은 의심할 여지가 없다.

물론 붉게 물든 태양만 있다고 해서 멋진 일몰 광경이 연출되는 것은 아니다. 정말 멋진 광경은 붉은빛을 반사할 만큼의 충분한 구름을 필요로 한다. 그러나 구름이 너무 많으면 태양은 가려져 보이지 않게 된다. 완벽한 일몰은 우리의 감흥을 더해 준다. 일본에는 일몰을 보면서 진행되는 특별한 다도 행사가 있다. 플로리다 주, 키웨스트 사람들은 태양이 지는 것을 보기 위해 선창으로 내려간다. 그리고 장관이 연출되면 박수를 치며 환호한다.

그러나 완벽하지 않은 일몰도 흥미롭기는 마찬가지다. 예를 들어, 여러분은 태양이 수평선에 다가갈 때 평평하게 퍼지는 것을 본 적이 있을 것이다. 태양의 형태는 둥글기보다는 타원에 가까워져 간다. 대기를 통해 빛이 통과하는 방식의 또 다른 예는 태양의 외형에 영향을 미칠 수 있다. 이렇게 눈에 띄게 평평해지는 현상은 굴절이라고 하는 유사한 효과를 야기한다.

빛의 광선은 한 물체에서 다른 물체로 통과할 때 방향을 바꾼다. 이 효과의 몇 가지 예들이 그림 1-1에 나타나 있다. 수영장의 풀 안에서 있는 친구를 볼 때(왼쪽 그림), 친구의 다리는 실제보다 짧아 보인다. 그 이유는 빛의 광선이 친구의 발로부터 반사돼서 그림처럼 구부러져서 여러분의 눈으로 들어오기 때문이다. 물 속의 발을 볼 때, 여러분 친구의 발은 빛이 여러분의 눈에 들어오는 방향에 위치해 있다. 그러므로 여러분은 점선을 따라서 발을 보는 것이다. 물은 공기보다 더 밀도가 높기 때문에 빛의 광선은 물의 표면에서 굴절된다. 그래서 점선은 물 안

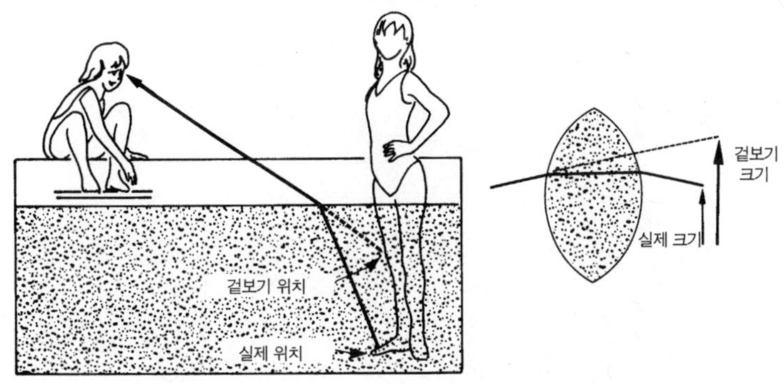

그림 1-1. 수영장의 풀 안에 서 있는 친구를 볼 때 친구의 다리는 실제보다 짧게 보인다. 그것은 빛의 광선이 친구의 발로부터 반사돼서 굴절되어 눈에 들어오기 때문이다.

의 빛의 실제 경로보다 위에 위치하게 된다. 따라서 친구의 발은 실제 위치보다도 친구의 허리 쪽과 더 가깝게 보이게 된다. 이것은 오른쪽 그림에서처럼 유리 렌즈를 통해서 물체를 볼 때 더 커 보이는 것과 유사한 효과이다.

이와 유사하게 대기의 물질은 밀도가 일정하지 않고, 장소에 따라 변화하고, 고도와 온도에 영향을 받는다. 여러분도 알다시피, 산에서는 높이 올라갈수록 공기가 희박해진다. 고도가 높은 지역에서 자란 장거리 육상선수가 마라톤 같은 장거리 경기에서 더 좋은 성적을 내는 것은 그 때문이다. 그러한 환경에서 폐는 산소를 최대한 효율적으로 이용해야 한다. 그 결과로서 대기를 통과하는 빛은 하나의 밀도에서 또 다른 밀도로 전이되는 과정을 지속적으로 겪게 된다. 결과적으로 태양과 같은 물질로부터 나오는 빛의 광선은 그림 1-2와 같이 휘어져 나간다.

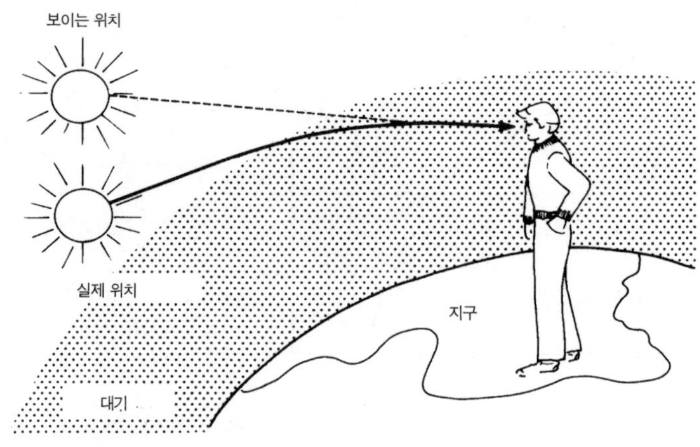

그림 1-2. 대기를 통과하는 빛은 하나의 밀도에서 또 다른 밀도로 전이되는 과정을 지속적으로 겪게 된다. 결과적으로 태양으로부터 나오는 빛의 광선은 휘어져 나간다.

수많은 결과들이 대기중의 굴절 현상과 관련이 있다. 한 가지 점에서, 우리가 일몰을 볼 때 실제로는 태양이 수평선 아래에 있을 것이라는 추측이 가능하다. 여러분은 여전히 태양을 보고 있지만 대기는 빛을 굴절시키기 때문에 빛은 대기층의 경계에서 휘어져 여러분의 눈으로 들어오는 것이다. 굴절은 태양을 실제 위치보다도 더 높이 있는 것처럼 보이게 한다.

태양이 평평하게 보이는 현상도 굴절의 결과이다. 태양의 맨 아래쪽으로부터 오는 빛은 태양의 맨 위쪽으로부터 오는 빛보다 약간 더 두꺼운 층을 통과해야 한다. 물론 두 가지 광선 모두 굴절되지만, 아래쪽에서 나온 빛은 원래의 경로보다 더 많이 굴절된다. 그 결과 태양의 위쪽 부분은 실제의 위치보다 더 높게 보이고, 태양의 아래쪽 부분은 그것보다 더 많이 높게 보이는 것이다. 실제적인 효과는 태양의 표면이 수평보다는 수직 방향에서 더 짧게 보이는 것이다. 이것은 수평선 근처에 있는 태양을 "평평하게" 보이게 한다(이런 현상은 태양이 바로 우리 머리 위에 있을 때는 나타나지 않는데, 그 이유는 꼭대기에서 온 빛과 바닥에서 온 빛이 같은 양의 대기를 지나기 때문이다).

내가 뉴저지 주의 일몰 때 본 태양의 "가장자리"는 굴절 때문에 생겼다. 빛이 통과하는 대기는 상대적으로 안정된 공기층으로 구성되어 있으며, 각각의 층과 바로 위층의 밀도가 상당히 다르다. 각 층을 통과해서 안쪽으로 휘어 산란되는 빛의 양이 다르기 때문에 그 빛을 생기게 하는 태양을 가로지르는 띠의 겉보기 위치도 휘는 정도가 달라진다. 그림 1-3을 보면 이것이 태양의 모양에 어떻게 작용하는지를 볼 수 있다.

태양 위의 한 줄로부터 오는 빛이 역전층이라고 불리는 층으로 들어간다고 가정해 보면 다른 줄로부터 나온 빛은 다음 층으로 들어간다. 물론 산란은 줄 모두를 위로 이동시키지만, 하나의 예로 굴절이 줄을 두

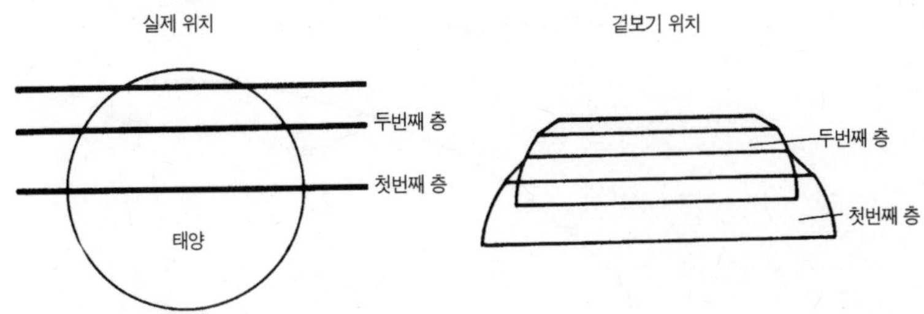

그림 1-3. 빛이 통과하는 대기는 안정된 공기 층으로 구성되어 있으며 각각의 층과 바로 위층의 밀도가 다르다.

번째 선보다 더 높은 곳으로 올린다고 가정해 보자. 그 결과는 오른쪽 그림에서 보이는 것과 같을 것이다. 두 줄 사이의 경계에서 불연속, 즉 "계단"은 태양의 가장자리에 나타날 것이다. 내가 뉴저지 주에서 일몰을 보았을 때 태양의 가장자리에는 층이 여섯 개 있었으며, 각 층은 계단을 이루고 있었다. 각 층의 색이 다른 것은 산란된 빛의 양이 다르기 때문이다.

녹색 섬광은 왜 나타날까

오래 전부터 보고 싶었지만 사진으로밖에는 보지 못했던 일몰 현상이 하나 있다. 그것은 "녹색 섬광"이라고 불리는 것이다. 조건만 맞아떨어진다면 태양의 마지막 부분이 수평선 아래로 막 사라질 때, 여러분은 순

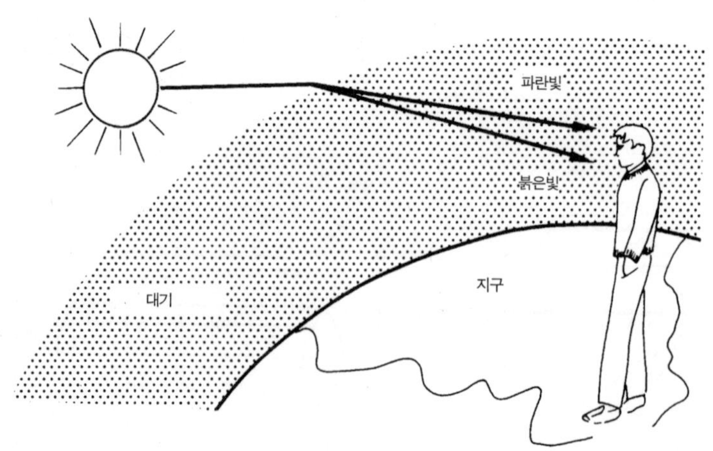

그림 1-4. 태양이 수평선 아래로 사라질 때, 빛은 그림과 같이 휜다.

수한 초록빛의 섬광을 볼 수 있으리라고 기대해도 좋다. 프랑스의 소설가 쥘 베른이 언급한 스코틀랜드의 하이랜드에서 내려오는 오래된 전설에 의하면, "그것이 나타나면 모든 거짓과 위선이 사라져 버리고, 그것을 보는 행운을 누린 사람은 자기 자신의 마음속을 자세히 볼 수 있게 되고, 다른 사람의 생각을 읽을 수 있게 된다"고 하였다.

19세기에 녹색 섬광에 대한 수많은 설명들이 나왔는데, 그 가운데는 녹색 섬광이 간에 이상이 있어 생기는 환영이라는 설명도 있었다. 그러나 녹색 섬광을 보고 이해하기 위해서 그런 고통을 감수할 필요는 없다. 빛의 광선들은 빛이 새로운 물질들과 만날 때 휘어지는데, 그 정도는 빛의 색상에 따라 달라진다. 일반적으로 푸른빛은 붉은빛보다 덜 휘어진다. 뉴턴이 프리즘에 빛을 통과시킴으로서 햇빛의 색상을 구분해 낼 수 있었던 것도, 무지개가 여러 색깔로 나타나는 것도, 바로 빛의 이러한 특성 때문이다.

태양이 수평선 아래로 사라질 때, 빛은 그림 1-4와 같이 휜다. 파란빛은 붉은빛보다 약간 덜 휜다. 따라서 여러분은 마지막으로 보여지는 색상이 파란빛이라는 것을 예상할 수 있다. 그러나 우리는 태양 광선의 마지막 빛이 대기를 통과할 때, 파란빛은 광선의 외부로 산란된다는 점을 기억해야 한다. 충분한 밀도를 가진 대기를 통과할 때 산란되지 않고 남아서 눈으로 볼 수 있는 빛의 마지막 색상이 녹색이라는 점은 밝혀져 있다. 그래서 파란 섬광이 아니라 녹색 섬광을 볼 수 있게 되는 것이다. 만약 운이 좋다면 말이다.

나는 오랫동안 다양하고 특수한 일몰 효과에 대해 논의해 왔으나 녹색 섬광을 포함해 모든 일몰 효과는 빛이 대기를 통과하며 원자들과 상호 작용하는 방식을 통해 이해될 수 있었다. 우리는 이 과정을 바꿀 수 있다. 우리는 빛이 그것을 통과할 때 무슨 일이 일어나는지를 봄으로써 대기의 구성 물질과 특성을 추론할 수 있다.

예를 들어, 일몰 때 태양이 붉게 보이는 것은 대기를 구성하는 물질들에 빛이 부딪쳤을 때 파란빛이 붉은빛보다 더 산란하기가 쉽다는 사실을 말해주고 있다. 만약 대기가 연기와 같이 상대적으로 큰 물질로 구성되었다면 이런 현상은 일어나지 않는다. 이때는 모든 빛의 색이 거의 똑같이 산란될 것이다. 이러한 사실로부터 우리는 일몰 현상은 대기가 빛의 파장(대충 원자나 분자 크기이다) 보다 훨씬 더 작은 입자들로 구성되었다는 것을 나타낸다고 결론지을 수 있다. 심지어는 대기의 샘플을 손에 넣어 그 원자들을 실험실에서 분리해 낼 수 없더라도, 우리는 이렇게 결론내릴 수 있다.

이러한 통찰은 지구의 대기를 고려할 때 특별히 대단한 것으로 보이지 않을지도 모른다. 우리는 대기의 샘플을 채취해 일정한 분석을 할 수 있다. 그러나 우주에 있는 많은 물질들은, 빛이 그 물질들을 통과할 때 나타나는 효과들을 통해서만 규명될 수 있다. 많은 예들 중에 한 가지를 든다면 멀리 있는 별들로부터 오는 빛은 수많은 광년 동안 많은 성간 매질을 헤치고 여행하여 우리에게 오는 것이다. 만약 우리가 이러한 물질들을 이해하기 위해서 빛을 이용한다면, 우리는 이 물질들이 우리의 망원경으로 오는 여행중에 어떠한 일이 발생하는지에 관한 정확한 지식을 가지고 있어야 한다. 그리고 반대로 이것은 빛이 통과하는 매질에 대해 이해해야 한다는 것을 의미한다. 분석할 수 있는 샘플을 얻을 가능성이 없다는 것은 명백하다.

성간 먼지를 뚫고서

별들 사이에 존재하는 것들 가운데 몇몇 측면들은 천문학 책을 읽은 사람들에게는 친숙한 것이다. 그곳에는 라디오파를 방출하는 거대한 가스로 이루어진 빛을 내는 구름들과 차가운 가스의 영역들이 있다. 잘 알려져 있지는 않지만, 우주 공간의 가장 어두운 부분에조차도 먼지로 된 얇은 층이 있다. 이런 먼지는 성간 물질의 총 질량 가운데 1퍼센트 정도를 차지한다. 먼지의 존재는 멀리 있는 별들로부터 오는 빛을 분석함으로써 처음 알려지게 되었다.

우주 공간에 먼지가 존재한다고 해서 성간 매질이 진공 상태라는 일반적인 생각이 뒤집어지지 않는다는 점을 먼저 말해 두어야겠다. 성간 매질에 있는 먼지의 수는 일반 고층 빌딩만한 공간에 겨우 먼지 하나가 있을 정도로 작다. 게다가 성간 먼지는 여러분이 계단을 진공청소기로 청소할 때 나오는 먼지와는 다르게 구성되어 있다.

각각의 알갱이들은 한 변의 크기가 원자 몇 백 개 혹은 몇 천 개일 정도로 너무 작아서 특별한 도구 없이는 볼 수 없다. 그러나 비록 알갱이의 크기가 작고, 공간에 넓게 흩어져 있다고 할지라도 몇 백 광년 동안 그것들 사이를 여행해야 하는 빛은 그것들의 영향을 받으며, 그것은 더 밀집되어 있기는 하지만 거리는 짧은 지구의 대기를 통과할 때 받는

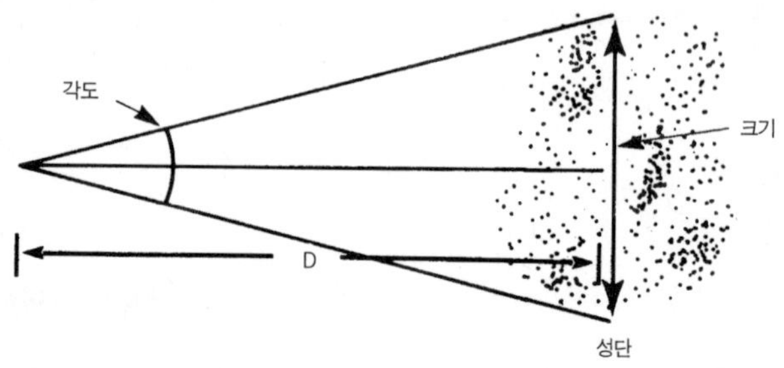

그림 1-5. 1930년에 캘리포니아 릭 천문대의 천문학자들은 그림과 같은 방법으로 은하수에 있는 거대한 성단의 크기를 측정하였다.

영향보다 결코 작다고 할 수 없다.

아직까지 관측되지 않은 성간 매질의 존재 가능성에 대한 첫번째 암시는 1930년에 캘리포니아에 있는 릭 천문대의 천문학자들에 의해 연구되었다. 그들은 그림 1-5와 같은 방법으로 은하수에 있는 거대한 성단의 크기를 측정하였다. 처음에 그들은 하늘에 있는 성단의 꼭대기와 바닥 사이의 각도를 측정하였다. 그리고 나서 성단의 별들로부터 우리에게 도착하는 빛의 양을 지구에서 가까운 곳에 있는 유사한 유형의 별들로부터 방출되는 빛의 양과 비교함으로써 성단의 거리 D를 계산해 냈다. 일단 D의 값이 구해지면, 간단한 기하학적 계산만으로도 성단의 크기를 구할 수 있다.

릭 천문대 천문학자들이 얻은 측정치들은 모순적인 결과를 낳았다. 그것은 지구로부터 성단이 더 멀리 떨어져 있을수록 성단이 더 크게 보인다는 것이었다. 이 결과는 두 가지 이유에서 받아들이기 어려운 것이었다. 첫째, 성단의 크기가 그 위치에 따라 달라져야 할 이유가 없다.

둘째, 지구로부터 얼마나 떨어져 있느냐에 따라 성단의 크기가 달라진다는 것은 지구가 광대한 우주에서 아주 특별한 위치를 점하고 있다는 의미를 가진다. 이 결론은 현대 천문학의 중요한 신조들 가운데 하나에 도전하는 것이다.

코페르니쿠스 이후로 지구가 우주에서 특별한 위치를 차지하고 있다는 어떠한 실마리도 과학자들에 의해서 승인되지 않았다. 따라서 성단의 크기에 의해 얻어진 자료는 많은 의심을 받았다. 과학자들의 유서 깊은 전통이, 바람직하지 못한 방향으로 인도하는 것처럼 보이는 그 결과들에 맞서게 했고, 그래서 천문학자들은 그 사실에 대한 대안적인 설명을 찾기 시작했다. 그러나 그것이 밝혀진 이후로 어떠한 설명도 나오지 않았으며, 물론 그들은 코페르니쿠스의 원리를 재고해야만 했다. 다행히도 탈출구는 빠르게 찾아냈다.

그들이 논쟁하였던 것과 같이 별들 사이의 우주 공간이 미세한 먼지 입자들로 차 있다고 가정해 보자. 먼지 매질을 통과하는 빛의 광선은, 빛이 광선으로부터 산란될수록 더욱 어두워질 것이다. 이것은 먼 거리의 성단에 있는 별들이 간섭하는 먼지가 전혀 없는 곳보다도 더욱 흐리게 나타날 것이라는 사실을 암시한다. 빛이 흐려지는 것이 지구와 별 사이의 거리가 멀기 때문이라는 애초의 분석은 잘못된 것이다. 만약 성단의 위치가 실제의 위치보다 훨씬 더 멀리 떨어져 있다면, 그 크기 또한 실제 크기보다 더 클 것이다.

만약 이것이 이 이야기의 끝이라면 현대 과학의 방법에 관한 교훈적인 이야기가 되지는 못했을 것이다. 천문학자들은 처음부터 끝까지

이를 설명해냄으로써 코페르니쿠스를 구해냈다. 먼지가 거기에 실제로 존재한다는 어떠한 증거도 없이. 그러나 성간 먼지라는 개념이 제안된 이후로 그것의 존재를 확증하거나 반박하는, 또한 만약 존재한다면 그것이 무엇으로 구성되어 있는지를 주장하는 관측 결과가 수도 없이 쏟아져 나왔다. 이것의 마지막 문제, 즉 먼지가 무엇으로 구성되어 있는가를 밝혀내는 것은 오늘날의 중요한 연구 과제로 남아 있다.

일몰에 관한 우리의 분석은 먼지가 멀리 있는 별들로부터 오는 빛에 영향을 미치는 한 가지 방법을 제안한다. 만약 입자들이 아주 크지 않다면 그것들은 붉은빛보다는 푸른빛을 더 많이 산란시켜야 한다. 즉, 광선이 붉은색이어야 한다는 것이다. 이러한 붉은빛은 이제 천문학 관측에서 일상적으로 측정된다. 또한 빛이 그 원천과 지구 사이를 지나는 동안에 성간 물질이 빛에 미치는 좀더 미세한 다른 효과들도 있다. 빛이 먼지 알갱이들을 통과할 때 어떻게 흡수되고 변화되는가에 대한 분석을 통해 우리는 먼지의 구성 요소에 대한 정보를 얻을 수 있다.

비록 성간 먼지의 존재가 전파된 빛에 작용하는 먼지의 영향을 관찰함으로써 제기되었지만, 먼지에 대한 대부분의 직접적인 지식은 먼지 자체가 방출하는 복사를 측정하는 오늘날의 발달된 측정 도구를 통해 얻어졌다. 먼지 알갱이가 우주 공간에서 자리를 차지함에 따라 먼지는 별들로부터 나오는 빛을 흡수하면서 서서히 뜨거워진다. 그 다음에 먼지는 난로 안에 있는 석탄처럼 적외선 복사를 방출하기 시작하는데, 눈으로는 그 복사를 볼 수 없지만 기구를 통해서는 쉽게 측정할 수 있다.

성간 먼지에 관한 모든 자료를 분석하고 내린 최종적인 결과는 다소 개략적이기는 하지만 그렇다고 알아볼 수 없을 정도는 아닌, 산만하지는 않은 별들 사이에 놓여 있는 그림과 같다. 한 가지는 분명하다. 우리의 천체는 한 가지의 먼지 입자로만 이루어져 있는 것은 아니다. 티끌의 크기나 구성 요소의 범위를 넓게 설정하지 않고서는 먼지가 빛에 미치는 영향을 제대로 설명해낼 수 없다.

우리는 약 50에서 2천 개의 원자들로 구성된(지구상의 기준으로 보면 매우 작은 크기다) 티끌의 분포를 가정할 수 있다. 가장 좋은 것은 이러한 티끌들이 그림 1-6에서처럼 실리콘이나 탄소와 같은 어떤 고체 물질이 가운데 있고, 얼음막으로 둘러싸여 있다고 가정하는 것이다. 이

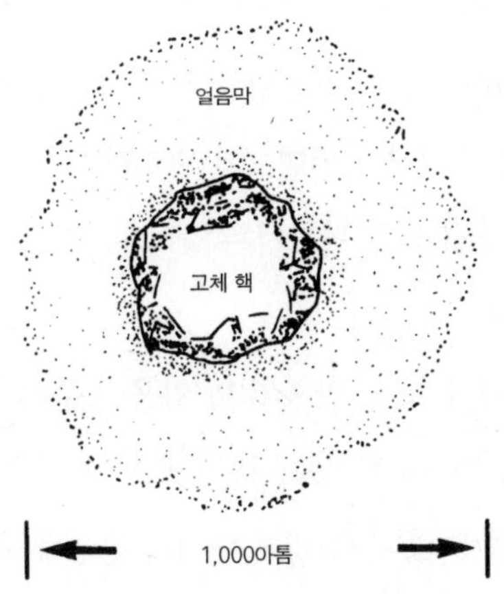

그림 1-6. 실리콘이나 탄소와 같은 고체 물질이 가운데 있고 얼음막으로 둘러싸인 티끌 무리에 의해 빛이 산란되는 현상을 분석하면 빛이 흐려지는 이유와 붉은빛을 띠는 이유를 설명할 수 있다.

얼음 알갱이는 보통의 물로 된 얼음일 수도 있지만, 드라이아이스(고체 이산화탄소)나 메탄 또는 암모니아로부터 만들어진 얼음일 수도 있을 것이다. 이러한 티끌의 무리로부터 빛이 산란되는 현상을 분석하면 빛이 흐려지는 이유와 빛이 붉은색을 띠는 이유를 모두 설명해 낼 수 있다. 그래서 일몰 때 대기에서 관찰되는 빛은 이론적으로는 대기의 구성 요소들에 관한 어떤 사실들을 알 수 있도록 해 주며, 성간 우주를 통해서 오는 빛은 거기에 존재하는 희박한 물질의 구성 요소가 무엇인지 추측할 수 있게 해 준다.

이 주제를 마치기 전에, 성간 매질과 대기가 빛에 미치는 영향에 관하여 몇 가지 점을 더 언급해야 할 것 같다. 우리는 빛이 매질을 통과하며 받는 영향에 대해 집중적으로 살펴보았지만, 사실 성간 매질과 대기의 두 경우 모두에서 대부분의 빛은 별다른 영향을 받지 않는다. 여러분은 우리의 대기에서 별이나 행성의 밝기는 천장에서 지평선 사이를 지나는 동안에, 심지어는 별이나 행성이 이 사이를 횡단하는 동안에 대기의 양이 십여 가지 이상의 원인으로 변화한다고 할지라도 그것을 우리가 알아차릴 수 있을 만큼 변하지는 않는다는 것으로 그 사실을 알 수 있다.

눈으로 탐지할 수 있을 만큼 빛의 양을 충분히 바꿀 수 있을 정도로, 공기의 두께가 변화하지 않는다면, 공기 그 자체로는 많은 빛을 흡수하거나 산란시킬 수 없다. 그리고 대기의 경우에 이것이 만약 사실이라면, 대기보다 훨씬 밀도가 낮은 성간 매질의 경우에는 더욱 그러할 것이다. 왜냐하면, 우주 아주 멀리서부터 우리에게까지 도달한 빛은 그것이 우주에서 만났던 물질들 전체보다, 출발점에서 1킬로미터까지 구간에서 더 많은 물질을 통과해 진행하게 된다.

성간 물질과 지구의 대기가 종류나 밀도 면에서 많은 차이가 나지만, 그러한 사실은 그것들이 둘 다 똑같은 자연 법칙들로 설명할 수 있고, 각각은 그 자신만의 일몰의 모습을 만들어낼 수 있다는 것을 별 무리 없이 알게 해 준다.

LLETT & Co
CROYDON
LONDON

02/ 달력과 시계

한 배우가 관객을 향해 물었다.
"시간이라고 불리는 이 요상한 것은 도대체 무엇일까?"
침묵이 흘렀고 그것은 한동안 계속되었다.
사람들이 어리둥절해 할 무렵, 배우가 말했다.
"이것이 바로 시간입니다!"

일몰은 하루의 마감을 뜻한다. 시간이 하루처럼 반복되는 단위들로 나뉘어진다는 것은 하나마나할 정도로 단순한 말이지만, 사실은 매우 심오한 것이다. 인류의 역사에서 가장 원시적인 문명에서도 시간과 시간의 흐름을 표시하는 방식들에 대한 어떤 관념이 있었을 것이다. 그것은 그들이 행하던 종교적인 축제들만 추적해 보아도 알 수 있다. 하루, 즉 일몰에서 다음 번 일몰까지의 시간의 길이는 시간을 재는 가장 자연스러운 방법이다. 계절의 순환을 쫓아 시간을 일 년으로 측정하는 것 역시 그러하다.

이 책에서 나는 일반적인 철학적 문제들을 제기해 보려 한다. 나는 이번 장에서 "시간"에 대해서 말하려고 하지만, "시간이란 무엇인가?"처럼 답할 수 없는 문제를 건드려 수렁에 빠지고 싶지는 않다. 이 질문과 관련하여 내가 들은 최고의 대답은 시카고의 즉흥 공연 그룹인 세컨드 시티의 코미디에서 나온 것이었다. 배우는 독일식 억양을 흉내내어 "우주"를 주제로 강연하고 있었다. 어느 순간 그는 "시간이라고 불리는 이 요상한 것은 도대체 무엇일까?"라고 물었다. 그리고 나서 침묵이 흘렀다. 침묵은 한동안 계속되었다. 뭔가 잘못된 것이 아닌가 하고 사람들이 어리둥절해 하기 시작할 때쯤 그가 말했다. "이것이 바로 시간입니다!" 내 생각으로는 이것이 시간, 그리고 이 질문이 제기하는 일반적인 철학적 문제에 관련된 최고의 답이었던 것 같다. 적어도 나는 이보다 더 나은 답을 들어 본 적이 없다.

정의할 수 없다는 면에서만 보면 시간은 길이, 온도와 같은 여타의 물리적인 양들과 전혀 차이가 없다. 우리는 이것들 가운데 어느 하나도 이론적으로 정의하지 못한다. 그 대신 우리는 그것들에 대해 무게, 길이 혹은 그 밖의 모든 것들의 기본적인 단위를 이용해 자의적으로 정의를 내리고, 그 기본적인 단위를 그것들을 잴 때마다 적용시킨다. 예를 들어 "무게란 무엇인가(전문가들은 여기서 내가 "질량"이라는 용어 대신 "무게"라는 일상적인 용어를 쓴 것에 대해 지적할 것이다. 이 점이 마음에 걸리는 독자는 앞으로 나오는 "무게"라는 말을 "질량"이라는 말로 대체해서 읽길 바란다)", 또는 "길이란 무엇인가"라는 질문은 "시간이란 무엇인가?"라는 것만큼이나 대답할 수 없는 물음이다. 그러나 어찌되었든 무게나 길이는 시간처럼 감정적인 부담을 안겨 주지는 않는다. 때문에 이러한 유사성은 종종 무시되곤 한다.

길이를 이론적으로 정의할 필요가 없다고는 하지만, 그래도 우리는 여전히 길이의 표준 단위가 필요하다는 점을 느끼고 있다. 한동안 1미터는 파리 인근에 있는 국제도량형국의 금고에 보관되어 있는 백금-이리듐 합금 막대에 그어진 두 눈금 사이의 거리로 정의되었다. 그러나 지금은 원자의 특성과 관련지어 정의되고 있다(후에 더 자세히 언급하기로 한다).

아직도 무게는 같은 기관에 보관되어 있는 백금-이리듐 합금 막대를 기준으로 정의되고 있다. 길이와 무게를 나타내는 모든 수치는 이 표준을 기준으로 한 것이다. 이 덕분에 우리는 거리를 재고 무게를 다는 일과 관련된 매일의 일상적인 업무를 "거리란 무엇인가" 혹은 "무게란 무엇인가"라는 성가신 문제의 방해 없이 수행할 수 있다.

나는 시간이 무엇인가에 대해 답하지 못하는 것이 사람들의 신경을 긁는 이유는 시간의 문제가 우리를 본질적으로 건드리기 때문이 아닐까 라고 생각한다. 우리는 시간의 흐름을 느낀다. 우리는 노화에 대해 알고 있고, 그것을 도저히 피해갈 수 없다는 것도 알고 있다. 이러한 느낌을 떨쳐 버리고 싶다는, 저 내면 깊숙한 욕구는 단순히 시간의 양을 측정하는 일만으로는 충족되지 않는다. 그렇지만 물리학자라는 제한된 관점에서 보자면 시간은 여타의 물리적인 양과 전혀 다를 바가 없다.

만약 우리가 시간에 대해 과학적으로 생각해 보고자 한다면, 시간을 측정할 수 있는 기본 단위를 찾아내는 일이 우선되어야 한다는 점은 명백하다. 현대인들은 시간을 재는 단위로 "초"라는 비교적 짧은 주기를 사용하고 있지만 이것은 시계를 만들 수 있는 발달된 문명에서나 가능할 수 있는 일이다. 하루와 일 년은 시계가 없이도 측정할 수 있었고, 따라서 고대 문명에서는 자연스럽게 이것들을 시간을 재는 단위로 사용하였다. 일반적인 계획은 다음과 같다. 우선 규칙적으로 반복되는 일련의 진행 과정을 발견한다. 이것은 아마도 진자의 흔들림, 수정 결정의 진동, 지구의 자전 주기, 지구의 공전, 또는 원자 안에서 전자가 회전하는 주기 등일 것이다. 시간의 단위, 즉 초, 하루, 일 년은 이러한 기본적인 진행 과정과 맞물려 정의된다.

시간의 흐름을 구분해내는 일과 관련하여 가장 처음 직면한 과제는 달력을 만드는 것이었다. 달력은 시간의 기본적인 단위 두 개를 연결시

커 주는 고안물이었다. 그것은 지구가 태양 둘레를 완전히 일주하는 데 걸리는 시간, 그리고 지구가 지축을 중심으로 완전히 한 바퀴 자전하는 데 걸리는 시간이다. 모든 농업 사회에서는 이러한 고안물이 절대적으로 필요하다. 계절과 기후는 공전 궤도상의 지구의 위치에 따라 결정되지만, 시간을 재는 가장 쉬운 단위는 하루이다. 따라서 오늘 지구가 씨를 뿌리기에 적합한 위치에 와 있다면, 달력은 우리가 다음 번에 씨를 뿌릴 때까지 며칠이나 남았는지를 알려준다. 그러나 달력을 만드는 것은 어려운 일이다. 일 년의 길이가 하루 단위로 정확히 떨어지지 않기 때문이다.

시간을 나누기 시작하다

처음으로 달력을 만든 사람들은 이집트인들이었다. 그 달력은 각각 삼십 일로 된 열두 달, 즉 모두 합해서 360일로 되어 있었고, 5일의 휴일이 있었다. 우리의 새해 첫날 축하 관습은 이집트인들의 송년회에서 유래한 것으로 알려져 있다. 그러나 이집트의 달력은 심각한 결점을 가지고 있었기 때문에 차라리 없느니만 못했다. 이 달력은 한 해를 365일로 잡았지만, 실제의 일 년은 대충 365와 4분의 1이다. 이집트인들의 달력에서는 다음 번 새해 첫날 지구의 위치가 지금보다 궤도상으로 6시간 정도 뒤에 있게 된다. 그리고 그 다음 해에는 12시간 뒤에 있게 되고, 이런 일은 계속된다. 따라서 이집트의 달력은 급격하게 계절과 어긋나게 된다.

이에 따른다면 실제로 "새해 첫날" 지구가 궤도상의 처음 위치로 돌아오게 되는 주기는 1460년이 될 것이다. 이집트인들은 이 사실을 알았고 따라서 기원전 123년에 알렉산드리아의 통치자들은 4년에 한 번씩 여분의 하루를 끼워 넣기로 했다. 이렇게 하여 윤년이 생기게 되었다. 칙령은 강한 반발을 불러오지는 않았지만, 인간의 고집스러움은 옛 역법이 한동안 계속 힘을 발휘하게 했다. 사실상 도시마다 제각각 자신들의 달력을 사용했던 것이다.

달력이 세계적으로 쓰일 수 있도록 개혁한 인물은 율리우스 카이사르였다. 사람들끼리 날짜를 서로 다르게 사용하는 것은 제국을 경영하는 데 커다란 장애물이었다. 어긋난 날짜를 다시 제대로 맞추기 위해 기원전 46년, 그는 2월에 23일을 추가하고, 다시 여분의 두 달을 끼워 넣었다. 그 해는 기록으로 남겨진 가장 긴 한 해였다. 그 해는 일 년이 무려 455일이었다. 이 이후 율리우스력은 4년에 한 번씩 여분의 하루를 끼워 넣었다. 우리가 사용하는 달의 이름은 대부분 이 율리우스력에서 유래한 것이다. 달의 이름들 가운데 대부분이 율리우스력에서 유래했다(영어로 7월을 뜻하는 줄라이는 율리우스 카이사르의 이름에서 따온 것이다). 새해 첫날은 원래 3월 1일이었다. 영어로 9월, 10월, 11월, 12월의 어원이 각각 라틴어로 7, 8, 9, 10을 의미하는 단어들에서 유래한 것도 이 때문이다.

불행하게도 실제의 일 년은 365와 4분의 1일과 정확히 일치하지 않는다. 365와 4분의 1일은 실제보다 11분 14초가 짧다. 이러한 오차는 카이사르가 율리우스력을 공포하기 시작한 그 순간부터 쌓이기 시작했다. 오차는 매 1천 년마다 약 7일에 달했다. 1543년에는 3월 11일이었던 춘분(신부들이 부활절로 정한 날)은 니케아 공의회 시대의 실제 춘분 날짜와 10일이나 차이가 났고, 그래서 1582년에 트리엔트 공의회에서 교황 그레고리우스 8세는 새로운 달력을 만들어 문제를 해결하도록 승인했다. 춘분을 3월 21일로 되돌리기 위해, 그는 10월 5일의 다음 날을 10월 15일로 만들었다.

달리 말해서 1582년은 기록상으로 남겨진 가장 짧은 해였다. 그 해의 일 년은 9일이 모자랐다. 그 때부터 1백 년마다 한 번이었던 윤년은 4백 년마다 한 번씩으로 바뀌었다. 그리하여 1700년, 1800년, 그리고 1900년은 이전 같으면 윤년이어야 했을 테지만, 그렇지 않았다. 그러나 2000년은 윤년이 된다. 그레고리력은 오늘날 우리가 사용하는 역법이다.

러시아에서는 그레고리력이 한 번도 채택되지 않았기 때문에 율리우스력이 가진 오차들은 계속해서 쌓여갔다. 1918년 소비에트 연방이 율리우스력을 폐지했을 때에는 모두 13일이 사라져 있었다. 1917년에 일어난 러시아 혁명을 10월 혁명이라고도 하고 11월 혁명이라고 하는 이유가 바로 그 때문이다.

역법 문제가 일단락되자, 사람들의 관심은 시간을 더 짧게 분할하는 일로 옮겨갔다. 이집트인들은 우리와 마찬가지로, 낮을 12개의 시간으로 나누는 관습을 가지고 있었다. 그러나 이집트인들은 한 시간을 해 뜰 때부터 해질 때 사이 시간의 12분의 1로 정의했는데, 그것은 실제 시간의 길이가 계절마다 달라진다는 것을 뜻했다. 이 체계는 해시계를 이용해서 시간의 흐름을 측정하는 데는 잘 들어맞았지만, 밤에는 문제가 많았다.

물방울로 움직이는 시계

시간을 나누는 더 좋은 방식이 보편적으로 확산된 것은 중세 시대에 들어와서였다. 많은 사람들이 그런 대단한 기술적인 진보가 "암흑" 시대 동안 이루어졌다는 사실에 매우 놀라워한다. 그러나 르네상스 이전 기간 동안 중요한 발명품들이 많이 도입되었다는 것은 분명한 사실이다. 이 시기에는 풍차, 인쇄기, 나침반(중국에서 도입됨) 말고도 훨씬 많은 눈에 띄는 진보가 이루어졌다. 대수학이 처음 사용되기 시작한 것도 이때부터였다. 나는 학교에서 배운 중세에 대한 우리의 관념이 그 시기에 기초 과학의 발전이 거의 없었기 때문에 생긴 것이라고 생각한다. 우리는 당시의 과학자들이 기초 과학의 원리들을 공유하기보다는 "핀의 머리 위에서는 몇 명의 천사가 춤을 출 수 있을까"와 같은 상상 속의 논쟁에 더 열중했다고 배웠다. 그리고 교육을 거의 받지 못했지만 손재주가 있는 대학 밖의 사람들이 도구와 기계를 서서히 개발해 나갔고, 그것이 장차 기술 발전에 기폭제가 되었다는 사실은 무시했다.

실제로, 기계식 시계가 발달하게 된 것은 15세기에 창설된 베네딕투스 수도회 때문이었다. 성 베네딕투스는 수도사들이 밤 9시, 자정, 새벽 3시에 기도를 드려야 한다는 규율을 가지고 있었다(낮 시간에도 여러 차례 정해진 기도 시간이 있었다). 이것은 적어도 한 수도사는 잠을 자지 않고 초가 타 내려가는 것을 지켜보고 있다가 그 시간이 되면 다른 사람을 깨워야 한다는 의미였다. 홀로 깨어 있는 그 수도사에게 시간을 재는 더 좋은 방법을 찾고자 하는 동기는 꽤나 강력했을 것이다. 잉글랜드 베리세인트에드먼즈의 한 수도원에서 발생한 대화재에 대해 1198년 조셀린 드 브라케뢴이라는 수도사가 쓴 기록을 통해 12세기에, 떨어지는 물방울로 움직이는 시계가 사용되고 있었음을 알 수 있다. 그는 "화재가 난 것을 발견했을 때, '우리들 가운데 몇몇 젊은이들이 물을 구하러 달려갔다. 어떤 이들은 우물로, 어떤 이들은 시계로'"라고 썼다. 14세기로 들어서면서 물시계(겨울에는 얼었을 것이다)는 흔히 볼 수 있는 기계 시계로 대체되었다.

도시들은 자신들이 가장 아름답고 정교한 시계탑을 가지고 있다는 영예를 얻기 위해 서로 경쟁했다. 프랑스 리옹의 사업가들은 도시의 위원회에 시계탑을 세워 달라고 청원했다. 그들은 "그런 시계탑이 세워진다면, 우리 시장을 찾는 상인들이 더 늘어날 것이고, 시민들은 위안과 기쁨과 행복감을 얻을 것이며, 더 질서있는 생활로 인도될 것…"이라는 이유를 달았다. 물론 당국에 억지로 떠맡겨진 이런 계획들 덕분에 우리가 근대인이 된 것은 아니다.

시계가 널리 사용되기 시작하자 시간을 하나로 통일해야 할 필요가 생겨났다. 다시 말해 공통의 시간을 확립해야 했던 것이다. 먼저 하루가 몇 시간인지를 정해야 했다. 지구의 자전은 기본적 단위를 정의하는 데 필요한 지속성과 반복성을 가지고 있는 운동인 것처럼 보였기 때문이다. 국제적인 조약에 따라 1초는 평균 태양일의 86,400분의 1로 정의되었다(태양이 우리 머리 바로 위까지 왔다가 다음 날 다시 바로 머리 위로 오는 데 걸리는 평균 시간을 평균 태양시라고 생각하면 된다. 즉 정오에서 다음 날 정오까지의 시간이다).

반복되는 진행 과정이란 면에서 지구의 자전을 시간의 기본 단위로 삼은 정의는 20세기까지 지속되기에 충분했다. 지구의 자전은 특별히 세밀하게 조사하지만 않는다면 아주 규칙적이다. 어느 하루의 길이와 다른 하루의 길이는 거의 차이가 없으므로, 하루를 특정한 수로 나눈 값으로 초를 정의하는 것은 꽤 잘 들어맞는다.

물론 이러한 말은 시간을 결정하는 다른 방법들이 지구의 자전 시간에서 보이는 불규칙성을 탐지해 낼 만큼 정확하지 않을 때에만 들어맞는 진실이었다. 왜 그런지를 알기 위해 여러분이 파라오의 전성기로 돌아가 살고 있다고 상상해 보라. 여러분이 만약 해시계말고는 일체의 다른 시계를 가지고 있지 않았다면, 일 년 중 여러 시기에 "시간"들의 길이에서 생기는 차이는 거의 아무런 문제도 되지 않을 것이다.

그러나 만약 여러분이 다른 종류의 시계를 가지고 있다면, 비록 싸구려일지라도 오늘날의 손목시계를 가지고 있다면, 해시계가 여러분의 기계식 손목시계와 일치하지 않는다는 것을 금방 알아차릴 수 있을 것이다. 이런 사실을 발견하는 데 특별히 정확한 시계가 필요하지는 않다. 일이 분의 오차 안에서 작동하는 시계 정도만 있어도 별 문제가 없을 것이다!

마찬가지로, 아주 정확한 진자식 시계(주변에서 흔히 볼 수 있는 대형 궤종 시계보다 더 복잡하다고 할 수 없다)가 19세기 끝무렵부터 개발되기 시작하면서 사람들은 지구의 자전에 영향을 주는 다양한 기제들이 초의 길이에도 영향을 준다는 것을 알아냈다. 이러한 영향들은 작다. 오늘날 우리는 가장 정확한 시계가 태양시로 정의된 일 년의 길이와 비교해 매년 일 초의 오차가 생긴다는 것을 알고 있다. 그럼에도 정확한 시간 측정에 대한 요구는 지속적으로 증가했고, 또한 그 동안 단단하다고 여겨졌던 지구가 사실은 꽤 불안정한 천체임이 밝혀짐에 따라 지구의 자전에 기초한 시간의 단위는 현대 기술에 적합하지 않다는 것이 명백해졌다.

지구를 움직이게 하는 바람

지구의 자전이 불안정할 수밖에 없는 이유는 많다. 가장 이해하기 쉬운 것은 조석의 영향이다. 우리는 달이 지구의 대양에 하루에 두 차례 조석을 일으킨다는 것을 알고 있다. 이러한 조석들은 단단한 지구 그 자체에 가해지는 여타의 비슷한 영향들과 더불어, 자전의 속도를 늦추어 하루의 길이를 늘리는 효과를 가져온다.

달의 이러한 영향이 극적으로 표현된 것이 지층에 묻힌 산호의 화석에 생긴 일일 성장 띠이다. 이러한 띠(매년 생기는 나무의 나이테와 비슷하다)들은 4백만 년 전에는 하루의 길이가 오늘날처럼 24시간이 아닌 21시간에서 22시간 사이였다는 것을 보여준다. 현재까지 나온 가장 믿을 만한 추정에 따르면 조석은 1백 년에 약 1천 분의 2초 비율로 하루의 길이를 증가시킨다고 한다. 따라서 1987년 1월 1일은 1887년 1

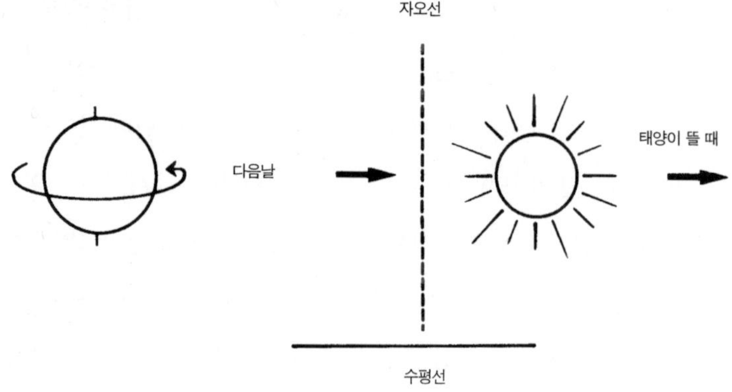

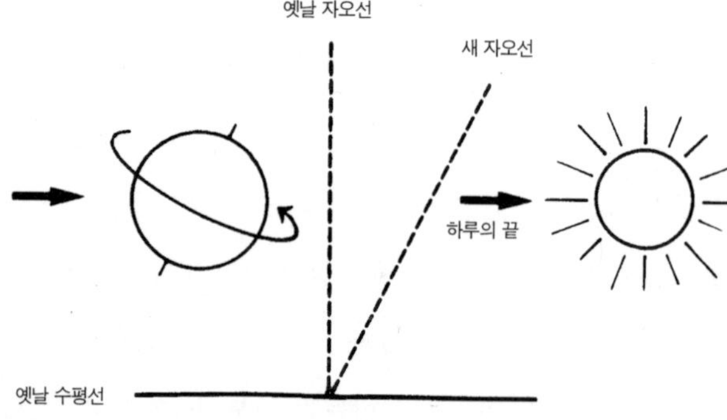

그림 2-1. 하루의 길이가 길어지는 것은 지표면에 고정되어 있는 관찰자가 볼 때 태양이 자오선을 횡단하는 시간의 길이로 하루의 길이가 정의되기 때문이다.

월 1일보다 1천 분의 2초 더 길고, 20세기는 19세기보다 약 1분이 더 길어질 것이다.

조석의 영향은 눈으로도 쉽게 볼 수 있지만 이것이 하루의 길이에 가장 큰 변화를 일으키는 요인은 아니다. 그러한 변화들은 지구의 자전축의 방향에 생기는 변화들 때문에 발생한다.

하루의 길이에 변화를 일으키는 것이 회전 속도가 아니라 지구의 자전축에 생기는 변화라는 것을 이해하기 위해서는 그림 2-1을 보아야 한다. 만약 지구가 위쪽 그림에서처럼 수직 축을 중심으로 회전한다면, 하루의 길이는 그림에서 보이는 경로를 따라 태양이 자오선을 계속적으로 완전히 횡단하는 데 걸리는 시간으로 정의된다. 이제 밤 사이에 지구의 자전축이 아래쪽 그림에서 보이는 위치로 변한다고 가정해 보자. 그러면 태양은 새로운 (기울어진) 자오선을 얻기 위해서 여분의 거리를 더 횡단해야 하고, 이것을 지상의 시계로 측정하면 더 긴 시간이 걸리는 것이다.

하루의 길이가 길어지는 것은 지표면에 고정되어 있는 관찰자가 볼 때 태양이 자오선을 횡단하는 시간의 길이로 하루의 길이가 정의되기 때문이다. 지구의 회전 속도가 느려지는 것이 아닌데도 축의 이동은 관찰자의 입장에서 볼 때는 하루의 길이에 변화를 초래한다.

이러한 과장된 예는 실제 지구에서 벌어지는 일들의 상태를 논의하기 위한 것이다. 지구가 자전하는 축의 방향은 끊임없이 변화하고 있다. 이러한 것들 가운데 눈에 띌 정도로 큰 변화에 대해서는 그리스와 바빌로니아의 천문학자들도 잘 알고 있었다. 그것들은 달이나 그 밖의 다른 행성들의 중력이 지구를 끌어당기기 때문에 생겨나는 현상이다. 축의 이러한 운동을 잘 보여주는 예는 아이들이 집에서 가지고 노는 팽이에서 볼 수 있다. 팽이는 축을 중심으로 빠르게 회전하지만, 축 그 자체는 공간에 원뿔 모양을 그리며 움직인다. 축의 느린 움직임을 섭동(攝動,

건드림)이라고 한다.

　지구의 자전축은 26,000년마다 완전한 원을 그리는 섭동을 겪는다. 섭동 현상 때문에 생기는 하루 길이의 변화는 우리가 20세기 첫무렵에 사용하던 진자식 시계를 보면 쉽게 이해할 수 있다.

　섭동말고도 지구의 자전축은 장동(章動)이라고 하는 작은 진동을 겪는다. 이 진동이 하루의 길이에 미치는 영향과 관련된 기본적인 사항들은 19세기에 와서야 겨우 밝혀졌다.

　마지막으로 지구의 자전축에는 19세기 미국의 천문학자 세스 챈들러의 이름을 따서 챈들러의 진동이라고 알려진 일정하지 않은 운동이 생긴다. 14개월을 주기로 생기는 이 진동은 바람, 지진 같은 것들 때문에 생기는 부정기적인 변수들과 함께 발생한다. 챈들러의 진동은 실제로 아주 미미하다. 그것은 북극점 주변 12미터에 해당하는 지역에서 생겨난다. 그러나 이 현상은 극도의 정확성을 요하는 작업을 하려면 반드시 고려되어야 한다. 이것이 태양일에 미치는 영향이 밝혀진 것은 현대적 시간 측정기가 개발되고 나서의 일이었다.

　여러분은 바람처럼 덧없는 것이 지구의 자전에 영향을 미칠 수 있다는 사실에 놀랄지도 모르겠다. 그러나 이 말은 이론상으로 볼 때는 놀랄 만한 일이 아니다. 바람이 서쪽으로 불기 시작하면 지구는 정확히 동쪽으로 반동하는데, 그것은 로켓이 가스를 뒤로 분출하면서 앞으로 나아가는 것과 마찬가지이다. 진짜 놀라운 일은 이러한 움직임의 변화가 측정될 수 있다는 것이다. 최신 시계와 위성을 이용하면, 바람이 지구에 미치는 영향(하루에 천 분의 일이 초 정도)을 쉽게 알 수 있다.

이러한 논의의 결론은 하루의 길이를 기준으로 정의된 초는 너무 변화가 심해서 "우리 시대의 시간"의 표준으로는 적당하지 않다는 것이다. 그 결과 1956년에 국제도량형국은 1초를 1900년의 길이의 31,566,925.9747분의 1로 개정했다. 이러한 결정은 시간의 기본 단위를 정의하는 기준을 지구의 자전에서 공전으로 바꾸는 결과를 낳았다. 이러한 정의가 특정한 한 해를 기준으로 정해진 것은 하루의 길이와 마찬가지로 각 연도의 길이가 우리가 알아낼 수 있을 정도로 달라지기 때문이다. 그러나 이러한 협의들이 계속되는 동안에도, 원자에 관한 연구는 천문학적 운동을 기준으로 시간을 측정하는 방식을 포기하도록 만드는 발견들을 계속 내놓았다. 이제부터는 원자 시계의 개발에 대해 알아보기로 한다.

작은 전자에 맞추어진 거대한 지구의 회전

원자 시계의 가장 중요한 특징은 원자핵 주위의 궤도를 도는 전자들이 훨씬 더 규칙적이고 정확하게 움직임으로써 지구의 불안정한 운동 대신 시간의 표준으로서 자리잡아 가고 있다는 점이다. 마치 운율이 엉망인 엉터리 물리학 시처럼 말이다.

진자의 흔들림은

변덕스럽다네

그래서 가장 최고의 등급을 받는 것은

전자의 운동이 어떻게 세계에서 가장 정확한 시계를 제작하는 일에 이용될 수 있는지를 이해하려면 잠시 화제를 돌려 아원자 세계의 특성들에 관해 알아보아야 한다. 우리는 모두 원자가 양의 전기를 띤 핵과 음의 전기를 띠고 핵 주위의 궤도를 도는 전자들로 구성되어 있다는 것을 알고 있다. 그보다는 덜 알려진 특징이 하나 있는데 그것은 전자와 핵 모두 같은 극끼리는 밀고 다른 극끼리는 잡아당기는 자석과 같은 성질을 가지고 있다는 것이다. 이 때문에 두 개의 자석이 서로 가까이 있을 때 하나가 움직이면 다른 하나도 움직이게 된다. 두번째 자석의 움직임은 차례로 첫번째 자석을 다시 움직이게 하고 이런 일은 마찰로 인해 에너지가 모두 소진되어 자석들이 더 이상 움직이지 않게 될 때까지 계속된다.

원자 안에서는 아무런 마찰이 없다. 전자 위로는 어떠한 바람도 불

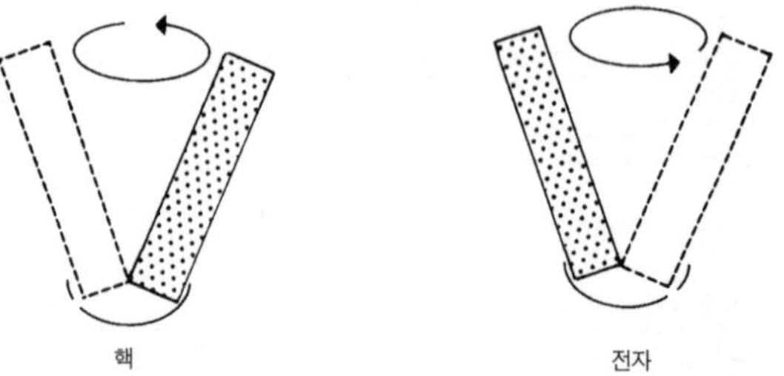

그림 2-2. 핵이라는 자석과 전자라는 자석 사이의 상호 작용은 섭동을 일으킨다. 그러나 지구의 섭동과는 달리 원자에는 이러한 섭동을 바꾸는 요소들이 거의 없다.

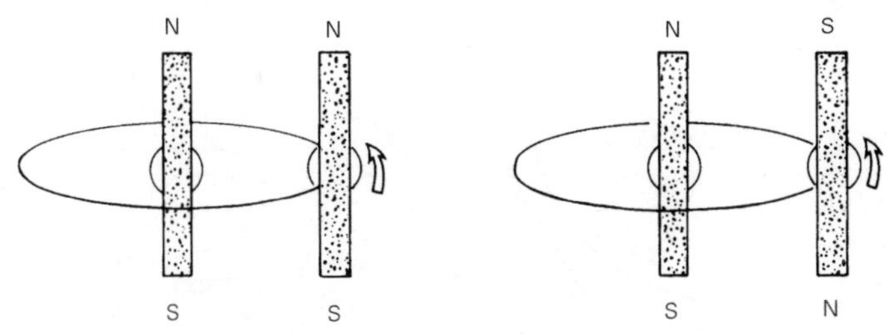

그림 2-3. 아원자의 자성은 전자의 규칙적인 섭동을 이용해 실용적인 시간 계측기를 만들 수 있도록 해 준다.

지 않는다. 따라서 자석들의 상호 작용은 영원히 계속된다. 그 결과는 그림 2-2에서 보이는 것과 같다. 핵이라는 자석과 전자라는 자석 사이의 상호 작용은 섭동을 일으킨다. 그 둘의 회전축이 공간에서 각각 원뿔을 그리는 것은 지구 자전축의 움직임과 마찬가지이다. 그러나 지구의 섭동과는 달리 원자에는 이러한 섭동을 바꾸는 요소들이 거의 없다. 전자 자석의 회전축이 완전히 한 바퀴 도는 데 걸리는 시간은 전자 시계가 한 번 "틱"하는 소리를 내는 것에 해당한다.

그림 2-3은 아원자의 자성(磁性)에 대해 보여주고 있다. 바로 이 아원자의 자성이 우리가 전자의 규칙적인 섭동을 실용적인 시간 계측기로 사용할 수 있도록 해 준다. 핵자기들은 두 가지 방식으로 배열될 수 있다. N극이 똑같은 방향을 가리키도록 하는 것과 서로 반대 방향을 가리키도록 하는 것이 그것이다.

전자의 이런 두 가지 상태는 서로 다른 에너지를 가지고 있는데, 그것은 전자에서의 미는 힘이 전자의 N극을 핵의 N극에 맞춰 정렬시키

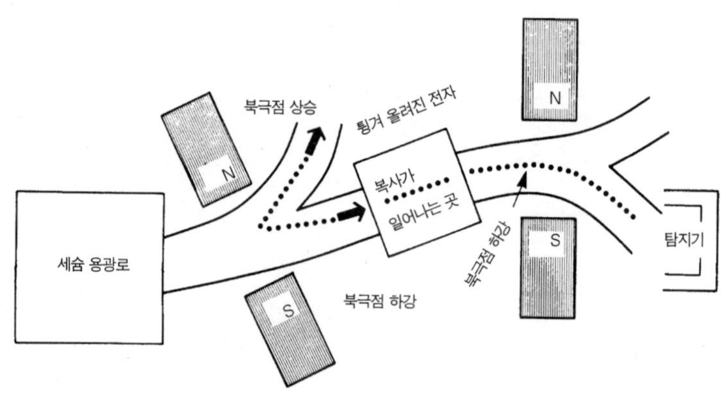

그림 2-4. 원자 시계가 작용하는 원리를 나타낸 그림이다.

기는 것이 그 반대 결과보다 더 강하기 때문이다. 전자기학의 법칙에 따르면 만약 원자가 적당한 진동수의 복사로 가득 찬 영역에 위치한다면 그것은 에너지를 복사로부터 흡수해 전자를 한 방향으로부터 다른 방향으로 튕겨 올린다.

그림 2-4는 원자 시계가 작용하는 원리를 보여주고 있다. 여러 가지 기술적인 이유로 인해, 시간 표준으로 사용되는 물질은 상온에서 액체로 존재하는 은백색의 세슘이다. 세슘은 작은 용광로에서 원자들이 끓기 시작할 때까지 가열된다. 원자들은 용광로에 난 작은 구멍을 통과해 진공 상태의 관 아래로 내려간다. 구멍의 온도와 크기는 원자들이 서로 충돌하지 않고 한 줄로 된 관을 따라 내려올 수 있도록 조정된다. 세슘 원자가 방출하는 광선은 먼저 커다란 자석의 극들 사이를 지나간다. 이 과정은 광선을 둘로 쪼개는 효과를 낸다. 광선의 N극이 아래쪽을 가

리키는 원자들은 한 방향으로 가고, S극이 위쪽을 가리키는 원자들은 그와는 다른 방향으로 간다. 그리고 나서 세밀하게 조절되는 마이크로파 복사가 일어나는 이러한 광선들 가운데 하나가 금속 방으로 간다. 이 방을 하이테크 전자레인지로 가정할 수 있을 것이다.

만약 복사의 진동수가 정확히 맞는다면 그것은 전자 자석을 원자 안에서 튕겨 오르게 할 것이다. 그리고 나서 역전된 광선은 다른 첫번째 것과 동일한 또 다른 자석을 통과하게 된다. 이 자석은 N극이 반대 방향인 이들 원자들을 분리하면서 광선을 다시 나눈다. 이 두번째 자석은 원자가 첫번째 자석을 통과해 그것의 튕겨진 스핀이 아래에 보이는 것처럼 탐지기로 가도록 조정되어 있다.

시계의 작동은 간단하다. 광선이 나오면, 마이크로파 복사의 진동수는 세슘 원자들이 탐지기에 가장 많이 도달할 수 있도록 조절된다. 이것이 끝나면, 여러분은 복사가 세슘 원자의 두 가지 상태 사이의 에너지 차로 정확하게 전환된다는 것을 알 수 있다. 그리고 세슘 원자 하나는 우주에 있는 다른 모든 세슘 원자와 정확히 일치하기 때문에, 모든 원자 시계는 다른 모든 것들과 똑같은 진동수로 작동해야만 한다.

따라서 원자 시계는 믿을 수 없을 정도의 수준으로 정확하게 마이크로파를 재현하는 법을 가르쳐 준다. 마지막으로 이 진동수들은 1조분의 1보다 더 정확할 수 있다는 사실을 덧붙여야겠다(달리 말해서, 진동수가 기록되면, 첫번째 불확실성은 열두 자리 수 다음에나 나온다는 것이다!).

따라서 이런 시계는 표준시간을 정의하는 데 사용될 수 있다. 진동수를 시간과 일치시키려면 여러분이 사용하는 모든 가전 제품에 적용되는 1초에 60주기를 갖는 전류처럼 친숙한 진동수에 관해 생각해 보아야 한다. "60주기"라는 말(현대 용어로 60헤르츠)은 전류가 1초에 120번 방향을 바꾼다는 것을 뜻한다. 만약 전류의 역전이 아주 정확하게 밝혀졌다면, 우리는 1초를 전류가 그 자신을 60번 역전시키는 데 걸리는 시간으로 정의했을지도 모른다. 이것은 또한 지구의 회전과 아무런 관계가 없는 완벽한 시간 표준이 될 수도 있다.

원자 시계의 표준은 똑같다. 마이크로파 복사는 완전히 바뀐 시계에서 그 자체를 1초에 9,192,631,770번 역전시킬 것이다. 1964년 국제 도량형 위원회는 일 년의 길이를 기준으로 정의했던 1초에 대한 정의를 이것으로 개정하는 것을 비준했다. 그리고 세슘 시계를 제작하는 기술의 비약적인 발전에 따라 1967년에 옛 정의는 폐기되고, 1초에 대한 공식적인 단 하나의 정의는 세슘 원자 안에 있는 전자들의 섭동을 이용한 것이 되었다.

1조 분의 1초의 정확성을 가지고 있으며 신뢰성 있고 복제 가능한 시계 덕분에 그 동안 불가능하다고 여겨졌던 과학의 많은 문제들이 해결되었다. 이번 장의 주제를 잘 마무리 짓기 위해 한 가지를 더 언급하겠다. 1972년 이래로 국제 시간 표준을 관장하는 위원회는 원자 시계를 이용해 하루와 일 년의 길이를 정확하게 유지시켜 왔다. 그들이 사용한 메커니즘은 간단하다. 대여섯 개의 표준 시계들을 세계 각지의 연구소들에 보관해 놓는 것이다.

지구의 회전에 의해 정의된 시간(표준시라고 한다)을 나타내는 이

시계들의 대부분이 국제 시간국의 판결로 등장한 세슘 시계들로 재는 시간과 2분의 1초 이상 오차가 생겼다. 어느 특정한 날 자정, 표준시에 따라 작동하는 모든 시계에 "윤초"가 끼워 넣어진다. 거대한 지구의 회전이 작은 전자에 맞추어지는 것이다.

03/흑점의 통계학

19세기 사람들은 태양 흑점들을
태양의 구름 덮개에 난 구멍들이라 생각했다.
저명한 천문학자 존 허셜은
솜씨가 좋은 관측자라면 망원경으로
태양 흑점 구멍 밑에 숨어 있는 시골 마을을
볼 수 있을 것이라고 주장했다.

03/흑점의 통계학

주식 시장은 어떤 특정한 사람들, 즉 자신이 결코 복권에 당첨될 것이라고 상상해 보지는 못했지만 때로는 증시에서 한몫 잡고 싶은 이들에게는 치명적인 유혹으로 작용하는 것 같다. 이러한 작은 약점이 우리 시대의 여러 시도들을 묶어 놓지는 못하는 것 같다. 예를 들어, 18세기 독일 태생의 영국인 천문학자 윌리엄 허셜은 런던에서 흑점의 출현과 곡물 가격의 상관 관계를 찾으려는 시도를 해서 어느 정도는 성공했다. 그것은 특별히 뜬구름 잡는 식의 생각은 아니었다. 그는 태양에 수많은 흑점이 발생할 때 태양은 보다 적은 빛을 방출하게 되고, 따라서 지구의 날씨가 나빠진다고 설명했다. 이것은 수확량에도 영향을 미치고, 곡물 가격도 떨어뜨린다. 그는 몇 년 동안 곡물 가격과 흑점을 조사한 뒤 그가 예상한 것과 같은 상관 관계를 발견했다고 보고했다. 그가 실제로 이 지식을 이용해서 곡물의 장래에 투자를 했는지에 관한 기록은 없다. 나는 그가 그렇게 하지 않았길 바란다. 왜냐하면 만약 그가 투자를 했다면 그는 자신이 입고 있는 셔츠까지도 잃었을 것이므로.

샤를마뉴의 죽음을 예언한 '태양의 결점'

19세기 끝무렵에서 20세기 첫무렵에 수많은 과학자들은 허셜의 주장과 유사한 연구를 함으로써 셔츠가 아닌 명성을 잃었다. 미시건 호수의 수심만큼 다양하고, 북부 인도의 겨울 대기압 같은 다양한 자연 현상들이 태양의 흑점 출현과 관련이 있다고 주장되었으며, 과학 분야에서 성장한 몇 가지의 산업은 이러한 가정된 상관성에 기초한 것이었다. 그러나

심도 깊은 연구와 더 좋은 자료들이 이용되기 시작하자 전체적인 사실들은 종이로 만든 집처럼 붕괴되었다. 흑점과 날씨의 관계가 억지로 꿰어 맞춘 것이고, 사라져가는 형태라는 사실로 돌아온 것은 불과 몇 십 년 안의 일이었다. 지구의 기후와 흑점의 발생과 소멸, 부분적인 복구 사이에 어떤 관계가 있다는 것은 잘 알려져 있지는 않지만 계몽적인 이야기이다.

나는 역사 자료들에서 태양의 흑점들이 저주로 여겨져 왔다는 점을 지적하는 것으로부터 이야기를 시작해야 한다고 생각한다. 피타고라스는 태양은 불이라는 원소의 순수한 구현체이며 우주의 중심에 있다고 생각했다. 후기 그리스 과학자들과 천문학자들은 태양이 지구 주위를 회전하며 또 어떠한 종류의 결점도 가지지 않는다고 생각했다. 서구 과학을 강타한 커다란 충격 중 하나는 태양의 표면에 작고 어두운 점들이 주기적으로 나타났다가 사라진다는 발견이었다.

서양의 천문학자들은 17세기 첫무렵에 망원경을 이용해서 태양 흑점에 대해 처음 알게 되었다. 실제 역사적인 사실은 약간 불확실하지만, 네 명의 과학자들(가장 중요한 인물이 갈릴레오다)은 새로운 도구를 통해 흑점을 처음 보게 된 것 같다. 망원경의 발전과 흑점에 대한 과학적인 보고가 동시에 일어났다는 사실은 도구가 없이 맨눈으로는 흑점들을 볼 수 없다(다시 한 번 말하지만 절대로 태양을 맨눈으로 봐서는 안 된다)는 믿음을 이끌어 냈으며, 갈릴레오 시대의 사람들이 최초로 그것을 발견하였다. 그러나 역사적인 기록은 이 일반적인 영향을 반박하고 있다. 흑점은 세계의 많은 지역에서 눈으로 볼 수 있다. 사실, 우리는 태양을 잠깐씩밖에는 볼 기회가 없지만 장시간 동안 관찰하면 누구나 흑점의 출현을 목격할 수 있다.

이러한 관찰이 많은 관심을 받지 못하는 이유는 아주 간단하다. 아무도 흑점들이 거기에 있을 것이라고는 생각하지 않았던 것이다. 아리스토텔레스의 가르침(몇몇 스콜라 철학자들에 의해 교리 수준에까지 이른)은 그리스인들로 하여금 태양에 대해 완벽한 이미지를 갖게 했다. 만약 여러분이 우주에서는 아무것도 볼 수 없다고 믿고 있다면 여러분은 탐색하려는 노력을 기울이지 않을 것이다. 예를 들어, 현대의 동물학자들은 유니콘을 찾는 데 시간을 투자하지 않는다. 더욱이, 누군가 전혀 가능성이 없는 물체를 우연히 발견했다고 주장한다면 그 실제 존재에 대해 더욱 의심스러워할 것이다. 과학자들은 태양을 관찰하는 것을 귀찮아하진 않았지만 흑점에 관한 몇몇 보고서들은 무시해 왔다.

그러나 망원경이 발명되기 오래 전부터 역사가들은 태양 표면의 흑점을 관찰하여 남긴 기록들을 발견했다. 가장 초기에 기록된 목격 자료는 기원전 3백 년 전으로 거슬러 올라간다. 그 기록을 남긴 사람은 아테네인 테오프라스토스(아리스토텔레스의 학생)였을 것으로 여겨진다. 맨눈으로 하는 관찰은 언제나 태양이 수평선 밑에 있을 때, 그리고 약간의 구름이 태양을 가리고 있을 때 가능하다. 이러한 상황에서는 태양 표면의 거대한 흑점들을 볼 수 있다. 눈으로 볼 수 있는 전형적인 방법은 1365년에 러시아의 연대기에 기록되어 있다. 사람들이 엄청난 산불로 생긴 연기 때문에 태양 표면의 어두운 점들을 본 것이다. 807년 프랑스에서도 유사한 목격이 있었는데, 샤를마뉴의 죽음의 예언으로 나온 것으로 그것은 "태양의 결점"으로 여겨졌다.

아리스토텔레스의 가르침이 알려져 있지 않거나 증세 유럽에서보다 덜 심각하게 받아들여졌던 세계의 다른 지역에서는 상황이 아주 달랐다. 기원전 28년에서 기원후 1638년 사이에 중국의 천문학자들은 최소한 112개의 흑점에 대한 이야기를 기록하였다. 단편적인 기록들은 일본과 한국에도 존재한다. 따라서 그러한 목격들이 동북 아시아에서 심각하게 여겨져 왔다는 점은 의심할 여지가 없다. 아랍 천문학자들 또한 중세 시대 동안 그러한 사건들을 기록하였다. 그 기록은 확실하다. 망원경 없이도 흑점은 발견할 수 있었던 것이다. 망원경의 발견 이후에 행성의 현대 법칙을 발견한 요한네스 케플러는 1607년 5월 18일에 흑점을 보았고, 이것을 수성이 태양의 표면을 가로질러 이동하기 때문이라고 생각했다. 흑점의 발견이 만장일치로 인정된 적은 없다.

망원경은 결국 그러한 편견을 없애는 데 성공했다. 흑점의 존재가 받아들여진 이후 20세기 첫무렵까지 흑점이 무엇인지에 대해 이해하는 데 필요한 진보는 거의 이루어지지 않았다. 흑점들의 이동은 약간 따분하다. 흑점은 나타난 뒤 몇 주 동안 태양의 표면을 천천히 통과한다. 그리고 나서 가장자리에 가서는 사라진다. 더 이상 흥미로울 것이 없다.

다시 말하지만 태양이 어떻게 만들어졌는지에 대해 신뢰할 만한 언급을 한 사람은 아무도 없었으며, 흑점들이 태양의 진행을 이해하는 데 중요할 수도 있다는 것을 언급한 사람도 없었다. 누구나 다 아는 것이지만, 흑점과 태양 작용 사이의 관계는 강 위에 뜬 부유물과 유체 역학 법칙들과의 관계 이상은 아니다. 19세기에 몇몇 기발한 생각들이 나왔는

데, 태양은 불꽃을 내뿜는 바깥쪽이 구름층으로 둘러싸여 있고, 그 안쪽에 차가운 중심부(인간이 살 수 있는 장소)가 숨어 있다는 것이었다. 이러한 공상 속에서 태양 흑점들은 구름 덮개에 난 구멍들로 여겨졌고, 저명한 천문학자 존 허셜(항성 천문학의 기초를 세운 윌리엄 허셜의 아들)은 한술 더 떠서 솜씨가 좋은 관측자라면 망원경으로 태양 흑점 구멍 밑에 숨어 있는 시골 마을을 볼 수 있을 것이라는 제안을 하는 데까지 나아갔다. 중심을 잃은 흑점 연구들에 대한 천문학자들의 판단이 너무나 확고해서, 심지어 19세기의 태양 물리학에 관한 가장 중요한 발견이 한 약제사에 의해 이루어졌을 정도였다.

흑점의 주기는 왜 11년인가

1789년 독일의 데사우에서 태어난 하인리히 슈바베는 베를린으로 약학 공부를 하러 가기 전까지 대부분의 유년 시절을 약국에서 약사 보조로 일하며 보냈다. 대학 시절에 그는 천문학에 관심을 가지게 되었고, 데사우로 돌아와서 가족 사업을 물려받은 후로도 천문학을 계속 연구하였다. 그는 지구와 태양 사이에(금성과 수성 외의) 어떤 행성들이 존재하는지를 오랜 기간 주의 깊게 관찰하여 기록한다면 천문학 연구에 중요한 공헌이 될 것이라고 생각했다. 물론 그러한 행성들을 발견하는 방법은 태양의 표면을 통과하여 정기적인 이동을 하는 흑점들을 찾는 것이었다. 그러한 이동은 이미 알려져 있던 행성들로 표가 만들어졌고, 19세기의 천문학자들은 아직 발견되지 않은 다른 행성들이 이러한 연구를 통해서 발견될 것이라고 생각했다.

그러나 이 계획에는 결점이 있었다. 만약 태양에 정기적으로 나타나는 흑점을 찾으려고 한다면 여러분은 수많은 흑점들이 불규칙적으로 나타난다는 점을 이해해야만 한다. 1826년 슈바베는 행성들의 정기적인 이동에 의해 발생하는 흑점들을 눈으로 발견함으로써 흑점들의 출현에 대해 매우 정확한 기록들을 작성하기 시작했다. 이 절차를 현대 과학자들은 "잡음으로부터 신호를 구별해 내는 법"이라고 부른다.

1829년 40세가 된 슈바베는 약국을 팔고, 남은 삶을 천문학에 바치기 시작했다. 자료가 쌓여갈수록 그는 흑점들의 출현이 확실한 주기를 가지고 있다는 것에 주목하기 시작했다. 몇 년 동안 이전보다 더 많은 흑점들이 나타나는 것 같았고, 출현은 어떤 일정한 주기를 가지고 있는 것으로 보였다. 예를 들어, 어느 한 해에 흑점이 최고로 많이 발견되었다면, 11년 후에는 그보다 더 많은 흑점이 발견될 것이다. 1843년, 이러한 주기에 관한 데이터는 이용 가능해졌고 슈바베는 자신의 발견을 발표했다.

이 예상치 못한 발견에 대한 과학계의 반응은 전형적인 것이었다. 그의 발견은 거의 10여 년 간 완전히 무시되었다. 슈바베의 자료는 1851년이 되어서야 알렉산데르 폰 훔볼트의 강력한 주장으로 인해 주목받기 시작했다. 그의 발견은 빠르게 증명되었고, 슈바베는 천문학계에서 존경받는 인물이 되었다.

흑점들의 출현 주기가 확증된 이후부터 역사적인 기록들을 되짚어 보는 것이 가능해졌고, 확실한 증거도 찾아낼 수 있게 되었다. 지난 2

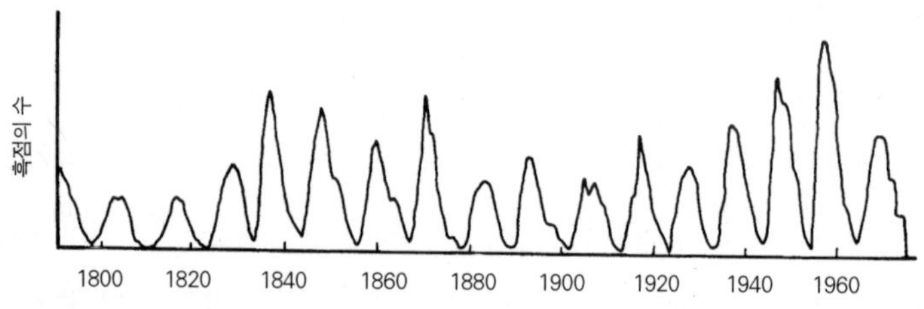

그림 3-1. 지난 2세기 동안의 흑점 출현 주기의 기록.

세기 동안의 기록은 그림 3-1과 같다. 결론은 피할 수 없는 것이었다. 이 기간 동안 흑점들의 출현은 사실상 주기적이었다.

슈바베의 발견은 우리를 두 가지 풀리지 않는 의문에 직면하게 한다. 흑점들은 왜 발생하며, 왜 11년의 주기를 가지는가? 지구와 같이 태양도 자기장으로 둘러싸여 있다. 태양에서 이 자기장은 매 11년마다 방향을 바꾼다. 만약 이러한 일이 지구에도 일어난다면, 북극 자극은 그린란드에서 11년을 보낼 것이고, 그 다음 11년은 남극에서, 그리고 다시 그린란드로 돌아올 것이다. 게다가 태양 흑점들의 자기장은 일반적인 태양의 자기장보다 보통 1만 배 더 강하다. 아무튼 흑점의 기원은 자기와 관련이 있다.

태양의 온도는 너무 높아서 원자들 사이의 충돌은 부모 핵으로부터 떨어져 나온 전자를 충분히 녹여버릴 수 있다. 태양의 물질은 물리학자들이 "플라스마"라고 부르는 것으로서 양전하들과 음전하들의 결합이다. 전체적으로 플라스마는 전기적으로 중성이다. 플라스마 안에는 음전하만큼 많은 양전하가 있다. 그리고 기본적인 문제에서 발견된 것과는 달리 이러한 전하들은 원자들끼리 결합되어 있지 않고, 독립적으로 자유롭게 이동한다.

태양에서 발견된 것과 유사한 플라스마는 중요한 특징을 가진다. 자기장의 선들은 물질에게는 "잠겨" 있어서 만약 플라스마가 이동한다면 자기선은 그것과 함께 끌려갈 것이다. 태양에는 강력한 힘(예를 들어, 태양 자체의 회전이나 태양 표면에 가열된 물질의 용승과 같은 것)이 있어서 플라스마를 움직이게 한다. 이때 생기는 이동으로 자기장은 일그러지고 자기선들은 끌려간다. 윌슨 산 천문대의 호레이스 배브콕은 1960년대 첫무렵에 태양 플라스마의 가장 중요한 움직임은 태양의 회전의 차이에 의해서 발생한다고 논박하였다. 관찰 결과들은 태양 적도에 있는 물질들이 극 근처에 있는 물질들보다 더욱 빠르게 회전한다는 것을 보여준다. 지구가 회전할 때 플로리다 주가 메인 주보다 마치 매번 조금씩 더 동쪽으로 움직이는 것처럼 보인다. 고체인 지구는 단단하기 때문에 이런 일이 일어나지 않지만, 태양에는 이와 유사한 힘이 작용하지 않는다.

우리가 그림 3-2의 왼쪽에 보여지는 것처럼 정상적인 자기장을 가지고 시작한다고 가정해 보자. 적도의 물질들은 극 근처에 있는 물질보다 더욱 빠르게 동쪽으로 이동할 것이고, 이것은 오른쪽 그림에서 보듯이 얼마 후에 자기장이 파괴된다는 것을 의미한다. 이러한 과정이 진행되면서 자기선은 스스로 주위를 감싸기 시작한다. 이 과정은 고무줄을 연필 주위에 감고 나서 연필을 돌리는 것과 유사하다. 고무줄은 자기장이 태양 주위를 스스로 감싸는 것처럼 연필 주위를 둘러싸게 될 것이다.

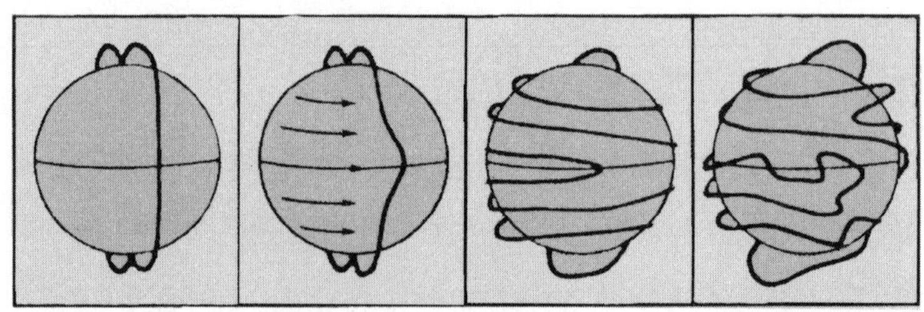

그림 3-2. 정상적인 자기장이 있는 상태에서 적도의 물질들은 극 근처에 있는 물질보다 더 빠르게 동쪽으로 이동한다. 그러나 하부 표면으로부터 오는 뜨거운 물질의 용승은 오른쪽처럼 자기장 선들의 안에 비정기적인 일그러짐을 야기시킨다.

이러한 점에서 태양 플라스마의 다른 움직임들은 중요하게 되었고, 하부 표면으로부터 오는 따뜻한 물질의 용승은 그림 오른쪽에서 보여지는 것처럼 자기선들 안에 불규칙한 일그러짐을 야기시킨다. 불규칙하게 나타나는 이러한 일그러짐은 앞선 비유에서 나왔던 고무줄이 파열되는 것과 비슷하고 그것이 바로 우리에게 흑점으로 보이는 것이다.

옷처럼 유행을 타는 과학적 진리

흑점의 성질에 대해 현대 과학자들이 내놓은 이론들에 의하면 흑점이 어두운 색을 띠는 것은 자기 효과 때문이다. 표면의 강한 자기장은 태양의 주변보다 자기장 둘레의 지역을 더 차갑게 만듦으로서 태양의 내부로부터 더 뜨거운 물질이 정상적으로 분출되는 것을 막는다. 비록 흑점과 흑점의 주위가 둘 다 우리의 기준으로(대략 4,000도와 6,000도) 는 매우 뜨겁다고 할지라도 흑점은 주변보다는 온도가 낮기 때문에 밝은 배경에 비해 어둡게 보이는 것이다.

11년 주기는 플라스마 운동이 태양 자기장을 일그러뜨리는 데 소요되는 시간과 일치된다. 1회 주기 이후 태양의 자기장은 다시 그림 3-2의 왼쪽에 나타나는 형태로 될 것이라고 가정되지만, 극성은 반대가 된다(즉, 그림에서 위쪽 주변이 먼저 N 자성을 띠었다면, 다음에는 S 자성을 띤다). 전체 과정이 반복되면 11년 후에는 우리가 처음 시작했던 그곳으로 돌아오게 된다. 이 그림에서는 실제로 두 번의 태양 주기, 즉 11년 흑점 주기와 22년 주기를 보여준다. 태양 흑점과 자기장의 방향이 일치할 때 두 위치 사이의 시간은 일치한다.

11년 흑점 주기와 같은 존재는 인간의 마음에도 이상한 영향을 미치는 것으로 보인다. 이러한 현상이 알려지자마자, 태양의 흑점 주기처럼 주기를 보여주는 다른 자연 현상들을 찾고자 하는 시도들이 여기저기서 생겨났다. 이런 시도들은 심지어는 태양의 흑점 주기가 알려지기만 했을 뿐 완전히 확립되지 않았을 때부터 생겨났다. 아마도 태양 이동의 어떤 다른 측면도 흑점 주기와 날씨가 일치한다는 점을 증명하는 것보다 더 논쟁의 여지가 많지는 않을 것이다. 우리는 앞서 윌리엄 허셜이 흑점이 곡물 가격에 미치는 영향에 대한 연구를 했다는 것을 언급했다. 1870년에 그는 곡물 가격과 11년 주기의 상관 관계를 보여주는 다음의 예들을 제시하였다.

1. 인도에서 대기압(태양 흑점이 최대일 때 가장 낮다고 여겨짐)

2 스코틀랜드의 기온(최대일 때 최고)

3. 인도양의 폭풍우(최대일 때 더 빈번히 출현)

4. 북미 오대호의 강우량(최대일 때 최고)

19세기 끝무렵 흑점이 기후에 미치는 영향에 관한 생각이 인기를 끌었던 만큼 많은 잠재된 상호 관계가 그 목록에 더해졌다. 상층 대기에서 일어나는 다양한 현상들이(오존의 집중과 같은) 흑점 주기와 연결되었다. 전세계적으로 조사된 폭우와 폭풍, 대기압과 기온은 19세기에 도출된 결론에 동의하는 것처럼 보인다. 그러나 이 글을 쓰는 이 시간에도 과학자들이 모든 증거들을 믿고 있는 것은 아니다.

이것은 과학 토론회에서 자주 듣게 되는 질문들을 제기한다. 특수한 현상에 대해 받아들여진 견해가 10년, 그리고 다음 10년에는 어떻게 변화할 수 있는가? "과학적인 진리"는 융통성이 있는 것인가? 옷처럼 그것도 유행을 타는가?

이것은 근본적인 질문들이며 우리가 증거를 짜 맞추는 방식에 대해 생각하게 한다. 과학적인 증거에는 두 가지 구성 요소가 있다. 실험적인 증거 또는 관찰한 증거, 그리고 이론적으로 이해되는 증거이다. 증거의 기준은 이 두 구성 요소들이 합쳐져 변화하며, 평가에 반영된다.

한편, 과학사에서 우리는 1919년 아인슈타인의 일반 상대성 이론의 입증과 같은 에피소드를 볼 수 있다. 이 경우 아름답고, 일관성있고, 완전하게 전개된 중력 이론은 태양 주위에서 빛이 구부러지는 현상에 대해 확실하게 예측했다. 1919년에 아서 에딩턴이 이 예측을 입증했을 때, 과학계는 이 이론을 기꺼이 수용했다. 사실상, 비록 새로운 실험들이 기획 단계에 있지만 오늘날 일반 상대성 이론에 대한 두 가지 구체적인 실험이 있다. 이 예는 특수한 효과 연구가 이론의 존재에 어떻게 영향을 미치는지에 대한 명백한 그림을 보여주며, 과학계에서는 효과의 사실성을 증명해 주는 실험 결과들을 담은 논문들을 많이 요구하지 않았다.

앞면만 있는 동전

또 다른 한편에서(더 전형적이다), 대다수의 관찰자들이 그 효과가 사실이라고 동의할 때까지 통계적인 증거들을 축적하는 것이다. 그리고 그것은 왜 그래야만 하는지에 대한 이론적인 이해가 적거나 없을 경우에조차 그렇게 해야 한다. 흡연과 폐암의 관련성도 대륙 이동의 입증과 같은 범주의 것이다. 이 두 경우 모두 원인과 결과를 연결하는, 포괄적이고 정량화될 수 있는 이론은 없다. 그러나 두 경우에서 모두 통계적인 사례 증거를 부정하기란 결코 쉽지 않기 때문에, 흡연의 경우처럼 강력한 경제적 압력이 작동하지 않는 한 거의 모든 사람들이 확신하게 된다.

관련성을 입증하기 위해서 통계적인 상호 작용에 의존해야 할 때, 어느 정도의 증거면 충분한지에 대한 결정적인 규칙이란 있을 수 없다. 규칙성이 보였다면, 각 개인은 자기 자신의 기준으로 판단하고 결정을 내린다. 유일한 원리는 더 많은 증거를 가진 이론이 더 좋은 이론이라는 것뿐이다.

다음과 같은 예가 그 주장을 입증하는 것을 도와 줄 것이다. 우리가 앞면과 뒷면 대신에 두 면 다 앞면만 있는 특수한 동전이 있다는 것을 증명하려 한다고 가정해 보자.

만약 동전을 한 번 던졌는데 동전의 앞면이 나왔을 때, 이 한 번의 실험으로 앞면만 둘이 있는 동전이 존재한다는 것이 증명되었다고 주장한다면 아무도 그것을 믿지 않을 것이다. 동전을 한 번 던졌을 때 앞면이 나올 확률은 50퍼센트나 되지 않는가!

동전이 계속해서 두 번, 세 번, 또는 심지어 열 번까지 계속 앞면만 나왔다고 하더라도 꽤 많은 사람들이 같은 주장을 할 것이다. 보통의 동전이 이런 유형을 보일 가능성은 각각 4분의 1, 8분의 1, 1028분의 1이다. 어느 경우든 도저히 불가능한 일은 아니다. 그러나 만약 30번 모두 앞면이 나온다면? 이러한 확률은 10억 분의 1이다. 나는 이때쯤이면 앞면이 두 개인 동전이 존재한다고 말하는 사람들이 나올 것이라고 기대한다. 50번째에도 앞면이 나온다면, 이제 우리는 그러한 주장이 성립되었다고 말하고 싶은 유혹을 강하게 받을 것이다. 그러나 그것을 1백 퍼센트 확신하지 않는 사람도 분명히 있을 것이다. 보통의 동전도 앞면만 50번이 나올 수는 있다. 이러한 불확실성은 통계에 근거한 논증의 본성이다.

이러한 점을 염두에 두고, 이제 사람들이 태양 흑점이 기후에 미치는 영향에 대해 정의 내리기 위해 내놓은 증거와 또 그 반대 증거들에 대해 좀더 알아보기로 하자. 태양의 주기와 기후 사이의 통계적인 관련성이 성립한다는 것에 대해 합리적으로 기대할 수 있는 한 가지 길은 몇 가지 기상학적 특징들을(온도, 강수량 등) 모니터하고, 매 11년 동안 그것이 정기적으로 발생한다는 패턴을 입증해 보이는 것이다. 불행하게도, 세계의 모든 지역에서 기록된 구체적이고 신뢰할 만한 기후 기록은 지난 1백 년 정도밖에는 되지 않으며, 몇몇 지역에서 측정된 기록들만이 한 세기 또는 두 세기 이상 되짚어볼 수 있을 뿐이다. 실증적인 목적을 위해서, 기상학 기록에 기반해서 세계의 기후 패턴을 만들어내려면 지난 1백 년 동안 모아진 자료를 모두 합쳐야 한다. 그러나 1백 년 동안에는 11년 주기가 아홉 번밖에는 포함되어 있지 않다. 다시 동전에 비유해 보면, 이 기간 동안 우리는 동전을 아홉 번밖에는 던져 볼 수 없다. 이 세기의 첫 10년 동안 흑점과 기후의 관련성을 주장하려는 많은 시도들에서, 종종 하나 또는 두 번의 주기를 관찰하고 작성한(동전으로 치면 한 번 또는 두 번 던져진) 자료들 때문에 논쟁은 더욱 설득력이 없었다.

통계의 우스꽝스러움

우리는 주장들 가운데 하나가 나타나고 사라지는 것을 보면서 몇 가지 아이디어를 얻을 수 있다. 1900년대 무렵에 빅토리아 호에 기후 관측소가 세워졌다. 이 기후 관측소의 기능 중 하나는 정기적으로 호수의 깊이를 측정하는 것이었다. 시간에 따라 수심을 측정했을 때, 그림 3-3에서 보여지는 것과 같은 결과가 나왔다. 여러분이 1920년에 이 그래프를 보았다고 가정해 보자. 이 그래프에서 여러분은 약 11년의 주기로 수심이 달라지는 현상을 볼 수 있을 것이다. 만약 여러분이 앞뒤를 제대

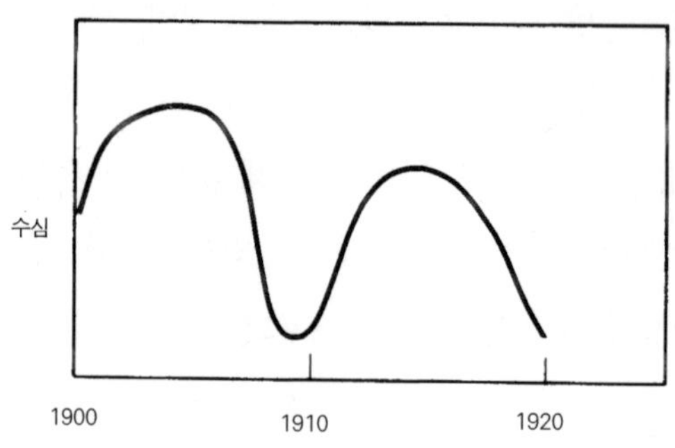

그림 3-3. 시간에 따른 빅토리아 호의 수심의 변화.

로 가리지 않는 성급한 사람이라면, 빅토리아 호의 수심이 흑점 주기와 관련성이 있다는 논문을 발표할 것이다. 경험적 증거가 여러분을 뒷받침해 주고 있는 것처럼 보이고, 어쩌면 여러분은 과학계에서 명성을 얻게 될 지도 모른다. 그러나 여러분은 틀렸다.

왜 그런지를 이해하는 것은 어려운 일이 아니다. 태양 흑점 활동과 어떤 것을 관련 짓기 시작한 사람은 마음속에 두 가지의 기준을 가질 것이다. 첫째, 잠재되어 있는 효과들은 반드시 불안정하게 움직이는 것임에 틀림없다. 예를 들어, 흑점을 지구의 반지름처럼 불변하는 것과 연결시키려는 시도는 핵심을 벗어난 일이 될 것이다. 둘째, 조사자는 일생 동안 한두 번의 주기를 보여주는 효과를 선택할 가능성이 농후하다 (즉 사람들이 실감하기 쉬운 효과는 주기적인 것이다). 이것은 변동의 크기가 한두 해 혹은 일 이십 년 사이에 벌어지는 현상에 관심이 집중될 것이라는 것을 뜻한다. 명확하게 한계를 긋기 위해, 우선 5년에서 35년 사이의 주기를 갖는 현상들만을 우리가 조사하게 될 것이라고 해 보자.

이러한 기초가 성립되면, 이제 우리는 통계적인 분석에 대한 중요한 질문을 제기할 수 있다. 어떤 확률까지를 순수하게 우연으로 얻을 수 있는 결과라고 볼 수 있는 것일까? 이 질문에 대해 생각해 볼 수 있는 한 가지 방법이 뚜껑이 열린 상자 30개가 있고 그 각각의 상자에 5에서 35까지의 숫자가 씌어져 있다고 가정해 보는 것이다. 예를 들어 9번 상자는 9년과 10년 사이의 기간 동안 이루어진 변화의 결과들에 해당한다. 일렬로 늘어선 이 상자들에 구슬을 던진다고 가정하면 구슬이 어느 한 상자에 들어갈 확률은 30분의 1이다. 다시 말해, 구슬을 무작위로 던졌을 때 그 구슬이 특정한 상자에 들어갈 확률은 약 3퍼센트이다.

이와 비슷한 상황이 우리가 날씨를 고려하는 경우에도 적용된다. 만약 우리가 우리의 분석의 기준을 불안정하게 움직이는 것 가운데 하나에 둔다면, 1년 단위의 기간 동안 특정한 기후 현상이 완전히 우연적으로 나타날 확률은 각각 3퍼센트이다. 더 나아가 우리가 날씨와 흑점을 연관시키고 나서, 그 기간이 11년이나 12년으로 판명난다면 우리는 분석이 성공적이었다고 평가할 수 있다. 순수하게 우연에 맡길 때 이 두 상자 중에 하나에 떨어지는 결과가 나올 무작위적인 확률은 30분의 2, 즉 15분의 1이다.

따라서 단 한 번의 주기가 나타난 것을 가지고 상관 관계를 설명하려는 것은 앞면만 두 개인 동전의 존재를 동전을 한 번 던져서 증명하려는 것보다 나을 것이 없다는 것은 명백하다. 한 번의 주기 이상을 보는 사람도 분명 있을 것이다. 그러나 그것은 일렬로 늘어선 상자에 구슬을 두 개 이상 던지는 것과 마찬가지이다. 공을 두 개 던졌는데, 그 공들이 모두 순수하게 우연적으로 11년 상자에 두 개 다 혹은 22년 상자에 두 개 다 들어갈 확률은 30분의 1에 30분의 1을 곱한 값의 두 배, 즉 450분의 1이다. 이것은 동전을 9번 던져서 모두 앞면이 나올 확률과 비슷하다. 이 정도는 어쩌다 한 번씩은 일어날 수 있는 일이라는 것은 직관적으로 알 수 있다.

그러나 이런 주장을 하는 사람이 처한 상황은 데이터의 귀납적 선택이라고 알려진 사정 때문에 더 안 좋다. 위에서 제시된 가능성을 계산하는 방법은 두 개의 구슬을 상자에 던질 때 일어나는 결과를 예상하는 것에만 적용된다. 반면에 날씨에서는 이미 얻어진 자료를 가지고 상황을 분석하는 것이다. 말하자면 구슬이 이미 상자 안에 있는 것과 같다. 빅토리아 호의 사례에서 주장하고 싶은 유혹을 느끼는 것은 거기에는 오직 450번 중 1번의 기회만 있기 때문에 이 특수한 결과는 무작위적인 원인들에 기인할 수 있으며, 그것은 실제 효과로 대표되어야 한다고 생각하기 때문이다. 그러나 핵심은 이러한 확률은 그것이 무엇이든 어떠한 결과를 얻는 것의 확률과 정확히 똑같다는 것이다.

다음과 같은 비유를 들면 이러한 주장이 좀더 명확해질 것이다. 구슬 2개와 상자 30개로 하는 실험 대신에, 한 줄에 상자 30개씩 450줄을 바닥에 놓고 걸어가면서 각 줄에 구슬을 두 개씩 던진다고 가정해 보자. 구슬을 던지는 일이 다 끝났을 때, 구슬 두 개가 모두 11번 혹은 두 개가 모두 22번 상자에 들어가 있는 줄이 하나 있으리라는 것을 기대할 수 있다. 따라서 실험이 끝난 후, 이 특수한 줄을 선택해 구슬들이 이

상자들 가운데 하나에 반드시 들어간다고 주장하는 것은 근거가 없는 일이다.

많은 숫자들이 날씨를 특징짓는 데 사용될 수 있다. 우리가 지표로서 예를 든 빅토리아 호수의 수위뿐 아니라 미시건 호수의 수위나 제네바 호수의 수위를 이용할 수도 있다. 각 호수는 사용된 상자의 한 줄과 일치하며, 각 호수의 수위의 분석은 각 줄에 구슬을 던지는 것과 일치한다. 만약 중요한 호수 450개의 수위에 대한 자료를 갖게 된다면, 순수하게 확률상으로는 그들 중 하나가 11년 또는 22년 주기를 보여준다고 예상할 수 있다. 빅토리아 호수에 바로 그 하나에 속하는 경우가 생길 수도 있지만 연이어 벌어지는 일들이 보여주는 것처럼 각 결과를 모두 포괄할 수 있을 만큼 일반적이지 않다.

태양 흑점은 여성의 치마 길이와도 관련있다?

통계적인 분석과 관련된 이러한 측면을 이해한 다음, 서로 다른 기후 지표들이 흑점 주기와 일치하는 것을 발견할 수 없다면 특히, 자료가 단지 1, 2십 년에 걸쳐서 수집된 것이라면 여러분은 그것이 놀라운 것이라는 점을 깨닫게 된다. 여러분이 기온을 생각할 때, 폭풍의 빈도와 오존의 수위, 지구 표면의 많은 지역에서 측정된 대기의 압력은 우리가 분석을 시도할 때 "상자들"을 사용할 수 있는 것과 같은 자료를 우리에게 준다. 그것들 중 몇 가지는 긍정적인 결과를 낳을 것이라는 점은 이상한 일이 아니다. 지난 1백 년의 역사가 보여주는 것은 실제로 모든 주장들이 우연의 결과로 일어난 자료에 근거한다는 점과, 그러므로 장기간의 시간과 공간을 포괄하지는 못한다는 점이다.

이러한 특수한 문제를 통제하는 유일한 방법은 많은 주기를 거치면서 자료를 수집하는 것이다. 만약 우리가 우리의 상자-구슬 비유에 2개 대신 4개의 구슬을 던진다면, 구슬이 11과 22번 상자에 들어갈 확률은 450분의 1에서 5만 분의 1로 떨어진다. 구슬을 여덟 개로 하면, 그 확률은 10억 분의 1 이상으로 증가한다. 흑점과 기후의 관련성에 대한 확신은 적어도 8번 이상의 주기를 통해 만들어진 매우 귀중한 자료를 필요로 할 것이다.

이러한 추론에서 얻을 수 있는 교훈은 1920년대 사람들일지라도 빅토리아 호수가 흑점 주기와 관련이 있다는 주장보다 좀더 그럴듯한 말에 귀기울였어야 했다는 것이다. 나는 1900년에서 현재까지의 자료를 보여주는 그림 3-4를 살펴보는 것보다 이 점을 더 명확히 입증해 주는 것은 없다고 생각한다. 그 두 개의 주기가 패턴을 보이지 않는다는

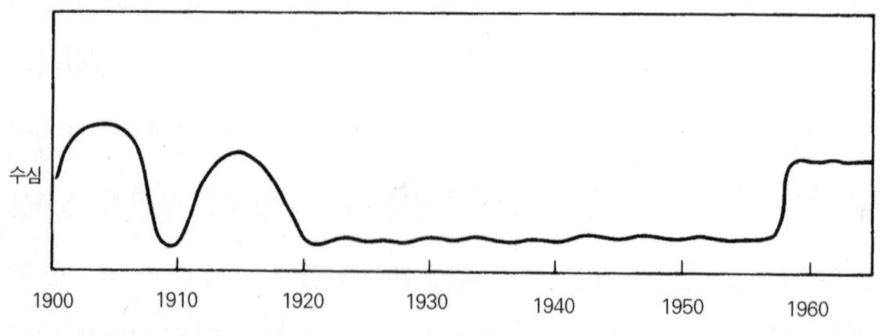

그림 3-4. 위 그래프에서 두 개의 주기는 어떤 일정한 패턴을 보이지 않는다. 따라서 빅토리아 호수의 수심이 흑점 주기와 관련성이 있다는 주장은 옳지 않다.

것은 안타깝게도 이 자료에서 명백하게 드러나고 있다.

오늘날 오직 하나의 기후 패턴, 즉 미국 서부에서 22년 주기로 발생한 가뭄 현상만이 태양 흑점과 연관지어져 진지하게 연구되고 있을 뿐이다. 이 경우, 나이테를 연구함으로써 얻어진 자료들은 17세기까지로 거슬러 올라가는 많은 주기들을 보여주고 있다.

과학자들은 "만약 노력만 한다면, 태양 흑점하고 연관시킬 수 없는 것은 아무 것도 없다. 심지어는 여성의 치마 길이하고도 연결시킬 수 있다"는 말을 농담 삼아 자주 하곤 한다. 아침부터 봄비가 내리던 어느 날, 달리 할 일을 찾지 못하고 있던 나는 이러한 말에 정말로 일말의 타당성이라도 있는지 알아보기로 마음먹었다. 나는 버지니아 대학 중앙도서관 서고 안, 과월호 잡지들의 사본이 저장되어 있는 선반으로 가서 흑점 분석과 관련된 나 자신의 "연구 과제"를 수행하기 시작했다.

게임의 규칙은 다음과 같다. 나는 어떤 해에 발행된 『뉴요커』지의 특집호를 보았다. 그 호의 표지에는 19세기 초반의 신사들처럼 보이는 옷을 입고, 오페라 안경을 끼고 나비를 보고 있는 거만하게 생긴 어린 소년이 있었다. 그 표지는 매년 2월 말에 실리는데, 덕분에 과월호들 속에서 금방 눈에 띈다. 나는 그 호를 쭉 훑어보기 시작했고, 모델의 전신 사진 혹은 그림이 실린 여성복 광고들 가운데 앞의 세 개를 택했다 (1970년대 말에 불어닥친 바지 정장 열풍은 자료 수집에 엄청난 방해물이 되었다). 나는 모델의 허리선에서 치마의 아랫단까지의 길이와 허리부터 발까지의 길이를 자로 쟀다. 그리고 전자를 후자로 나누어, 허리에서 발까지 길이 중 치마가 덮고 있는 부분의 비율을 나타내는 하찮은 수

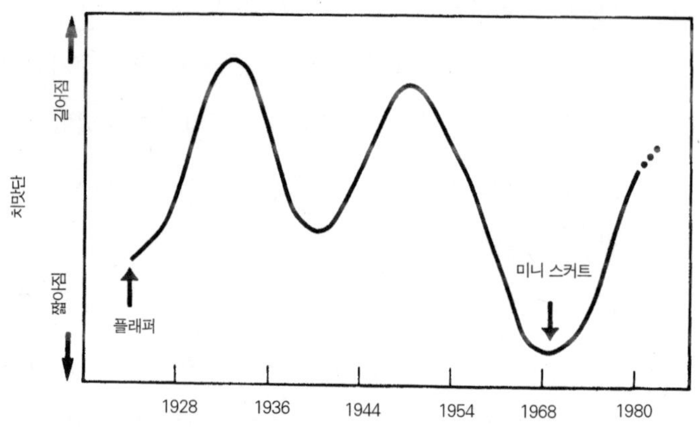

그림 3-5. 연도에 따른 치마의 길이의 변화 그래프.

를 계산해 냈다. 나는 이러한 방법으로 얻은 세 개의 숫자를 평균낸 값을 그 해의 자료로 삼았다.

1926년부터 1980년까지의 자료는 그림 3-5에 나타나 있다. 그래프에서 곡선이 하강한 시기(옷차림이 짧은 치마로 바뀐 기간을 나타내는)는 대략 플래퍼(제1차 세계대전 후 10년 동안 당시의 사회적, 도덕적 제약에 구애받지 않고 행동했던 여성들을 일컫는 말) 시대와 일치하고, 전후 시기에는 미니 스커트가 붐을 이루었다. 이 결과는 명확하다. 마치 22년을 주기로 치마의 길이가 짧아지는 일반적인 경향이 나타나는 것처럼 보인다.

빅토리아 호수의 수위에 관한 이야기가 사실이었다면, 두 개의 주기를 통해 보여지는 흑점 주기와 치마 길이가 관련성이 있다는 나의 자료들도 사실일 것이다. 따라서 앞서 내가 역설한 모든 것들이 치마 길이 효과에도 적용되는 것은 자연스러운 일이다. 패션을 설명하는 데 사용될 수 있는 지표는 수백 가지가 있고, 그것들 가운데 하나가 한두 개의 주기와 들어맞는 일이 생기는 것은 통계학적으로는 필연적인 일이다. 그러나 이러한 상관 관계가 시간을 초월해 순수하게 규칙적이라는 주장이 본래부터 얼마나 우스꽝스러울 수밖에 없는지를 알게 해 주는 이러한 류의 논증이 대부분의 사람들에게는 필요치 않을 것이라는 생각도 들기는 한다. 아무튼 앞뒤가 맞지 않거나 우스꽝스러운 통계학적 논증을 다음에 듣게 된다면, 치마 길이를 염두에 두는 것이 좋을 것이다.

04/태양 흑점이 사라질 때

"량저우에서 장충이 한 관측에 따르면, 태양은 불처럼 놀랍게 붉었다고 한다.
그 안에는 발이 세 개 달린 까마귀 하나가 있었다.
그 모양은 또렷하게 보였다. 그리고 그것은 닷새 후 사라졌다."

프랑스의 왕 루이 14세는 1638년에 태어나 다섯 살 때 왕위에 올랐고 1715년에 죽었다. 오랜 재위 기간 동안, 그는 베르사유에 궁전을 짓고, 프랑스의 문화와 언어를 전 세계의 으뜸으로 만듦으로써 유럽 궁정의 풍요로움에 대한 새 표준을 만들어냈다. 그래서 그의 명성은 "태양왕 루이"라는 별칭을 얻게 될 정도로 빛났다. 몰리에르, 라신, 라 퐁텐은 그의 후원을 받은 사람들 가운데 단지 일부에 불과했다.

프랑스를 거의 파산 지경으로 몰고 간 에스파냐 왕위 계승 전쟁 이후 얼마 안 되어 루이 14세는 세상을 떴다. 프랑스 대혁명으로 이어졌던 정치적, 사회적 상황들을 개선할 만한 정책들은 내놓지 못했지만, 그래도 그는 예술과 학문의 만개라는 풍요로운 유산을 후세인들에게 남겨주었다.

훗날 태양왕은 또 하나의 명예를 누리게 되었다. 실제 생활에서 나타나기에는 너무도 기이한 우연의 일치들 가운데 하나인데, 루이 14세의 재위 기간 동안 태양 흑점이 나타나는 일이 거의 완전하게 멈춘 것이었다.

태양의 흑점 주기가 갑작스럽게 멈추었다가 다시 시작되는 일이 어떻게 발견되었는지에 관한 이야기는 매우 드물다. 왜냐하면 그것은 대부분 역사 기록들의 해석에 달려 있기 때문이다. 그리고 그것은 물리학자들이 편안하게 받아들일 수 있는 종류의 일이 아니다. 우리 물리학자들은 문헌을 해석해내는 훈련을 받지 않았고, 이러한 연구 분야에 숨어 있는 함정에 대해서는 생각하지 못하기 때문이다. 더 중요한 것은 더 나은 관찰, 더 나은 실험, 더 완전한 계산이 가능해진 이래로 오늘날의 과학자들은 굳이 과거로 돌아가 수백 년 전에 우리의 선조들이 한 것들을 살펴볼 필요성을 느끼지 못한다는 것이다.

태양 흑점 주기가 과거에 일정했는가에 대한 의문이 생겼을 때, 선조들의 작업을 자세히 연구해야겠다고 생각하게 되는 것은 아주 드문 일이다. 역사 증거들에 대해 못마땅해하는 태도는 내가 앞으로 말하고자 하는 이야기에서 중요한 구실을 했다. 그것은 다른 과학적 발견을 둘러싼 이야기들과는 아주 다른 이야기이다.

증거의 부족이 부재의 증거가 될 수는 없다

앞서 보았듯이 과학자 집단은 아마추어 천문학자인 슈바베의 성과물과 11년의 태양 흑점 주기 사실을 소화해내는 데 오랜 시간이 걸렸지만, 일단 그렇게 되자 태양에 주기적으로 되풀이되는 과정이 있다는 생각을 확고하게 받아들이게 되었다.

태양처럼 육중하고 복잡한 물체가 단기간의 규칙적인 움직임을 보인다는 것은 대양처럼 엄청난 양의 물로 이루어진 물체가 파도처럼 작은 규모의 특징을 규칙적으로 보일 수 있다는 것을 상상하는 것만큼이나 이제는 자연스러운 일이다. 19세기 끝무렵 천문학자들의 관심이 태양의 구성 성분에 대한 질문으로 옮겨가게 되자, 태양의 주기는 이 별의 성질에 대한 중요한 단서로 여겨지게 되었다.

1893년에 월터 몬더라는 사람은 영국의 그리니치 천문대 태양 관측부의 책임을 맡고 있었다. 그의 직책 덕분에 그는 영향력있는 태양 전문가로서 전성기를 누리고 있었다. 확실히 그는 이 분야에서 초보는 아니었다. 오래된 책과 천문학 학술지들을 조사한 그는 1645년에서 1715년 사이 약 70년 동안 태양 주기를 찾아볼 수 없었다는 결론에 도달했다. 그는 이러한 결과를 "늦추어진 태양 흑점 최소화"라는 제목의 논문으로 발표했다. 이 논문은 50년 전에 슈바베의 논문이 그러했듯이 거의 아무런 관심도 끌지 못했다. 30년 동안 몬더는 자신이 발견해낸 것을 사람들이 진지하게 받아들이게 하기 위해 노력했지만 성공하지 못했다.

태양 흑점 주기의 비정상적인 현상에 대한 몬더의 제안이 왜 무시되었는지에 대해서는 서너 가지 이유를 들 수 있다. 우선 그의 주장이 17~18세기 천문학자들이 남긴 역사적 기록에 지나치게 의존하고 있다는 점이 그 한 이유다.

당시에도 매우 유능한 천문학자들이 직접 관측을 했으리라는 데에는 특별히 의심할 바가 없지만, 회의적인 학자들은 태양 흑점에 관한 기록이 별로 없다는 것이 곧 당시에 태양 흑점이 없었다는 사실을 가리키지는 않는다고 주장했다. 태양 흑점은 태양의 대기에 있는 구름이라는 것이 당시의 지배적인 생각이었고, 아마도 그래서 그렇게 쉽게 간과될 수 있었을지도 모른다. 외계 지능체에 관한 논쟁에서 한창 뜨고 있는 문구를 써서 말하자면, 증거의 부족이 곧바로 부재의 증거가 될 수는 없는 법이다.

게다가 몬더의 동료들이 그의 주장에 거의 관심을 보이지 않은 데는 더 깊은 이유가 있었다. 20세기 첫무렵은 태양을 에너지를 얻는 거대한 발전기로 바라보는 시각이 생겨나고 있던 시기였다. 태양은 철길을 빠른 속도로 내려오는 엄청나게 큰 기관차를 연상시켰다. 밖에서 기관차를 보고 있는 사람에게 기관차의 가장 중요한 특징은 지칠 줄 모르고 도는 바퀴이다. 마찬가지로 태양을 보고 있는 사람에게 태양의 가장 중요한 특징은 끊임없이 계속되는 태양 흑점 주기일 것이다. 그러나 이 두 이미지 모두에서 밖으로 드러나는 것을 만들어내는 데 쓰인 에너지는 이용 가능한 전체 에너지의 아주 작은 부분에 불과하다.

오랜 작업 끝에 여러분이 드디어 기관차에서 일어나는 일에 관한 생각의 단초를 얻어냈고, 용광로가 실제로 어떻게 작동하는지에 대해 어떤 관념이 생겼다고 가정해 보자. 이 모든 것이 명백해져 가는 순간, 누군가가 여러분에게 와서 바퀴가 계속 도는 것이 아니라 잠시 동안 멈추는 것과 관련된 증거(아마도 의심의 여지가 있을)가 있다고 말했다고 하자. 우리가 지금 그러한 순환이 끊임없이 이루어지고 있다는 것을 볼 수 있다고 해서 과거에도 계속 그랬을 것이라고 생각할 수는 없다. 이 경우 여러분의 첫 반응이 몬더의 동시대인들과 똑같을 것이라는 것은 불을 보듯 뻔한 일이다. 여러분은 바라지 않던 이 골칫거리를 무시하고 그날 해야 할 중요한 작업을 해나갈 것이다. 그것은 용광로 자체의 작동을 이해하는 것이다.

망원경의 발명과 카시니 간극

요지는 태양 흑점 주기가 항상 태양의 일부분이었다는 일반적인 가정이었다. 콜로라도 주 볼더에 있는 미국 국립 대기 연구소에서 일하는 잭 에디가 이 주제 전체와 관련된 중요한 글을 내놓았던 1970년대 가운데 무렵까지만 해도 이런 관습적인 지식이 지배하고 있었다. 그의 끈기와 개방성 덕분에 우리는 이제 과거의 태양 현상에 대해 더 명확하고 더 사실에 가까운 그림을 그릴 수 있게 되었다.

여러분이 상기하게 될 것처럼, 망원경이 소개된 이래 태양 흑점은 천체 현상들 가운데 가장 먼저 관심의 대상이 된 것들 가운데 하나였다. 태양 흑점을 관측하고 보고한 책과 학술 잡지들은 지금도 남아 있고, 그러한 보고들이 사실이라는 데는 의심의 여지가 없다. 몬더가 알아낸 것은 모든 천체 현상에 대해 열정적인 연구가 이루어진 시기였음에도 1645년에서 1715년 사이의 70년 동안 어떠한 과학 문헌에도 태양 흑점에 관한 보고가 사실상 없었다는 것이었다. 슈바베는 이전에 아무도 태양 흑점 주기를 발견할 수 없었던 이유는 그러한 발견이 가능했을지도 모를 그 시간의 대부분 동안에 실제로 태양 흑점들이 없었기 때문이라는 의견을 내놓았다.

내가 가장 인상깊었던 사실은 17세기의 과학 학술지들에 태양 흑점에 대한 보고가 실리지 않았다는 것이 아니라 태양 흑점이 묘사될 때 나타나는 내용들이다. 예를 들어 1617년에 파리 천문대의 장 도미니크 카시니는 태양 흑점을 관측하고 나서 이렇게 논평했다. "망원경이 발명된 이래 천문학자들이 태양에서 어떤 흑점이라도 본 지가 이제 20년이 흘렀다. 망원경이 발명되기 이전에도 때때로 보고되었는데 말이다."

따라서 중요한 것은 이 관측이 영국 왕립학회에서 발행하는 『철학

회보』의 편집자가 약 11년 전에 목격된 마지막 태양 흑점의 출현에 대
해서 설명하는 보고서를 썼고 계속해서 이렇게 말했다는 것이다. "파리
의 카시니 선생이 우리가 아는 한 최근 오랫동안 아무도 본 적이 없었던
태양의 흑점들을 다시 탐지해 냈다."

이런 것들을 인용하는 요지는 간단하다. 카시니는 당대 최고의 천
문학자들 가운데 한 사람이었다. 그는 금성의 고리들 사이에 난 간극
(間隙)을 발견했고, 오늘날 그 간극은 카시니 간극이라고 불린다. 『철
학 회보』는 유럽에서 가장 명망 높은 과학 학회인 영국 왕립학회에서 발
행하는 학술지였다.

태양 흑점이 오늘날처럼 그 당시에도 수백 년 동안 출현했더라면,
이 뛰어난 과학자들이 태양 흑점을 보고하는 일 따위로 골치를 썩었으
리라는 것은 도저히 생각할 수 없는 일이다. 그리고 그 정도 수준의 학
술지가 일부 사람들이 주장하는 것처럼 태양 흑점이 늘 있던 일이고 주
목할 가치가 없는 일이었는데도 단순한 관측에 대해 해설을 붙이는 것
은 그보다 두 배쯤 어려운 일이다.

솔직히 태양 흑점이 오랫동안 나타나지 않았던 시기가 있었다는 것
은 위에 인용된 두 단락만으로도 충분히 증명된 것이다. 그러나 앞으로
보게 될 것처럼, 그것들은 이제는 "몬더 극소기"라고 불리는 태양 활동
을 보여주는 수많은 증거들 가운데 극히 일부분에 지나지 않는다. 많은
천문학 기록들이 극소기의 존재를 증명해 주고 있다. 심지어는 나이테
에서까지도!

전기를 띤 입자들이 태양에서 나와 지구의 자기장으로 들어오면서

극점들을 향해 굴절하면, 분자들끼리 상호 작용을 하여 상층 대기에서 발광을 하며 오로라를 만들어낸다. 오로라와 태양 흑점 주기 사이의 연관성은 비록 간접적이기는 하지만 잘 알려져 있다.

태양 흑점 주기가 절정을 이룰 때는 수많은 흑점들이 생겨나고, 또 그보다 훨씬 많은 입자들이 태양으로부터 방출된다. 태양풍이라고 불리는 이러한 입자들은 태양계를 벗어나는 동안 지구의 자기장을 만난다. 입자들의 극히 격렬한 분출(대규모 태양 플레어와 연관된 경우처럼)은 마치 전자 광선이 텔레비전 브라운관에 영상을 만들어내는 것과 유사한 과정으로 오로라를 만들어낸다. 따라서 우리는 태양 흑점의 활동이 활발한 기간에는 오로라가 많이 발생하고, 태양 흑점의 수가 줄어들면 오로라가 생기는 빈도가 줄어들 것이라고 예상할 수 있다.

흑점과 오로라는 어떤 관계가 있을까

오늘날 북극광(북반구에서 나타나는 오로라)은 북극에 가까운 지역에서는 거의 매일, 그리고 스칸디나비아 북부와 북아메리카 북부 지역에서는 1년에 20번에서 2백 번까지 나타난다. 더 남쪽으로 내려가 런던이나 파리와 같은 위도에 다다르면, 오로라는 1년에 평균 다섯 번에서 열번 정도로 드물게 생긴다. 오로라는 때때로 그보다 더 낮은 위도에서도 생긴다. 실제로 나는 버지니아 주의 블루리지 산맥에서도 오로라를 본 적이 있다.

오로라는 역사적으로 여러 기록들에 언급되어 있다. 그림 4-1에서

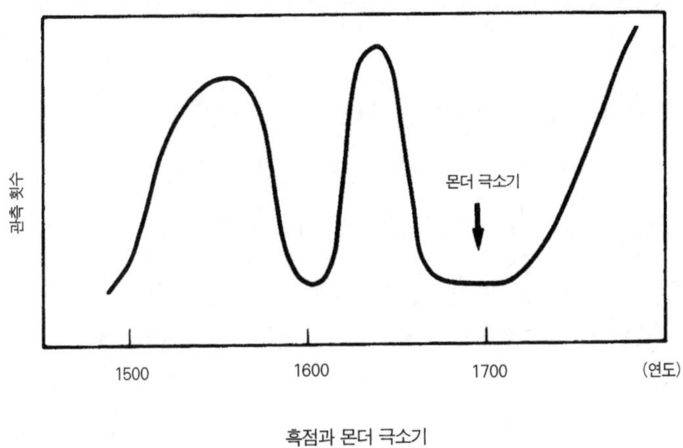

그림 4-1. 1500년에서 현재까지 기록한 오로라의 출현 빈도.

우리는 북반구의 관측자들이 1500년에서 현재까지 기록한 오로라의 빈도를 간략하게 볼 수 있다. 몬더 극소기는 이 자료를 통해 명백하게 증명되는데, 그림에서는 화살표로 표시되어 있다.

이러한 결과의 해석은 첫눈에 보이는 것만큼 그리 간단하지는 않다. 오로라가 1715년 이후에 더욱 자주 기록된 것은 아마도 사회적인 요인들 때문일 것이다. 이미 언급했듯이, 오로라는 남반구보다 인구 밀도가 높은 북반구에서 더 자주 목격되었다. 덧붙여 자연의 관찰을 중시하는 과학 혁명은 유럽의 북부 지역에서 남쪽보다 더 뒤에 생겨났다. 따라서 여러분은 오로라의 발생 빈도가 시간에 비례한다고 예상할 수 있는데, 그것은 시간이 지날수록 더 많은 사람들이 하늘을 관측하고 자신들이 본 것을 기록했기 때문이다.

이렇게 말하려면, 그림 4-1로는 오로라 관측이 사회적 조건들에 의해서 충분히 설명될 수 있다고 말하는 사람들을 완전하게 뒷받침해 줄 수 없다는 점을 덧붙여야만 한다. 만약 오로라가 오늘날 발생하는 횟수만큼 항상 생겼고, 보고들에 나타난 변화가 천체 관측에 대한 사람들의 관심이 늘어난 결과라면, 그림의 곡선은 중세시대부터 현대까지 계속 완만하게 늘어나는 모양으로 나타나야 할 것이다. 1715년 이후에 오로라를 목격한 횟수가 급격히 증가한 것은 적어도 부분적으로나마 그 해 이후로 오로라의 발생 횟수가 실질적으로 증가했기 때문, 즉 태양의 활동이 늘어났기 때문이라는 것은 분명한 것 같다.

그러나 역사적 증거의 또 다른 계열은 개기 일식과 관련이 있다. 달이 태양을 완전히 가리면 코로나라고 불리는 빛의 무리가 보인다. 코로나의 훨씬 더 중요한 측면은 20세기처럼 태양 활동이 평상적일 때는 태양 표면으로부터 무수히 많은 스트리머(높은 전위의 대천체에서 가늘게 흘러나오는 수많은 빛줄기)들이 방출된다는 것이다. 이러한 현상들은 태양 흑점과 관련된 자기장의 급격한 변화 때문에 일어난다. 따라서 만약 일식이 태양 활동의 극소기나 혹은 무활동기에 일어난다면, 이러한 장대한 광휘는 결코 보일 수 없다는 결론이 나온다. 이것은 몬더 극소기를 역사적으로 탐구할 수 있는 가능성을 열어준다. 왜냐하면 1645년에서 1715년 사이에 일식이 63회나 있었기 때문이다.

불행하게도 역사적인 증거들을 조사할 때 자주 생기는 일이듯이, 상황은 그렇게 간단하지만은 않다. 그 70년 동안 천문학자들의 주된 관심사는 태양계에서 벌어지는 천체들의 운동을 이해하는 것이었다. 그들에게 일식은 달의 궤도 운행을 예측하는 자신들의 능력을 시험해 보는 훌륭한 잣대 구실을 했고, 따라서 그들의 관측 능력은 주로 일식이 일어나는 시간을 정확하게 맞추는 일에 모아졌다. 이러한 목적을 위해서라면, 굳이 개기 일식까지 필요하지 않았고 실제로 여러 다양한 기술적 이유들로 볼 때도 차라리 부분 일식이 더 나았다.

따라서 천문학자들은 개기 일식을 보기 위해 자신들의 천문대를 떠나 여행할 특별한 동기를 찾기가 힘들었다. 물론 천문학적 관심이 태양 그 자체에 집중되어 있는 오늘날에는 개기 일식을 관측하기 위해 엄청난 거리를 이동해 임시 관측소를 세우는 것이 가치있는 일이다. 개기 일식은 17세기에는 전문적인 천문학자들에 의해서, 그것도 기존의 천문대에서 볼 수 있는 범위 내에서 일어나는 경우에만 관측되었다. 예정된 63회의 개기 일식 가운데 실제로 관측이 이루어진 것은 고작 일곱 번이었고, 그 가운데 세 번은 태양 흑점 주기가 막 다시 시작된 1700년 이후였다.

심지어 이러한 한정된 표본만으로도, 우리는 관측자들 사이에 상당한 합의를 보고 있음을 알 수 있다. 코로나는 달 주위에 생기는 좁은 고리 모양의 빛으로, "흐릿하고 구슬픈 적색"을 띤다.

이들 관측자들이 태양 흑점과 연관된 어떠한 폭발도 보지 못했다고 하는 것은 나름대로 타당한 결론이다. 그리고 이러한 결론이 다른 역사적 자료들과 마찬가지로 공격받을 수 있음에도 불구하고, 우리는 그들이 "나는 코로나의 숨막힐 듯한 아름다움을 맨눈으로 본 사람이라면 누구든 이러한 핑계들(즉 역사적 실수 혹은 무시)이 완전히 부적절한 것임

을 알게 될 것이라고 생각한다"라고 기록한 것이 최선의 것이었음을 알
수 있다.

흑점에 관한 동양의 기록

가장 해석하기 힘든 역사적 증거는 태양 흑점을 망원경 없이 맨눈으로
관측하고 남긴 동양의 기록들이다. 우리는 이러한 기록들을 유럽에서
찾아볼 수 없는 이유에 관해서는 이미 논의했다. 그러나 맨눈으로 관측
한 것들을 주의 깊게 연구해야 할 또 다른 이유가 있다. 그것은 맨눈으
로 발견될 수 있는 것은 매우 큰 흑점 혹은 흑점군의 경우일 뿐이며 그
러한 현상들이 반드시 태양 활동의 극대기에 일어난다고 보증할 수는
없다는 것이다.

심지어 몬더 극소기 동안에조차 소수의 태양 흑점은 나타난다. 더
욱이 태양 흑점은 대기중에 두꺼운 안개가 끼는 경우에만 관찰될 수 있
고, 따라서 일부 지역(즉 황사가 빈번히 발생하는 중국 북부 지방)에서는
다른 지역보다 훨씬 더 많이 볼 수 있을 것이다. 마지막으로 동양에서조
차 기록의 지속 여부는 사회적 영향을 크게 받았다. 예를 들어 전쟁이
일어나거나 사회적 대격변이 일어나면 왕실의 천문 담당 부서들은 수십
년 동안이나 직무를 멈춘다.

태양 흑점이 빈번하게 목격되는 것은 왕조가 몰락할 징조로 여겨졌
고, 따라서 정치적 상황에 따라 기록을 할지 안 할지를 결정했다. 이러
한 불규칙한 상황들은 같은 시기에 정치적 격변을 겪지 않은 다른 나라

들(예를 들어 중국과 한국)의 기록과 비교함으로써 어느 정도 보완할 수 있다.

더욱 심한 불확실성은 옛 기록을 어떠한 목적으로 다루든 전형적으로 마주치는 문제인데, 기록자들이 종이 위에 써 내려간 것을 한 점의 의심도 없이 해석하는 것이 항상 가능하지는 않다는 것이다. 예를 들어 서기 352년의 기록 가운데 이런 것이 있다. "량저우(凉州)에서 장충이 한 관측에 따르면, 태양이 불처럼 놀랍게 붉었다고 한다. 그 안에는 발이 세 개 달린 까마귀 하나가 있었다. 그 모양은 또렷하게 보였다. 그리고 그것은 닷새 후 사라졌다." 아마도 태양 흑점을 가리키는 내용일 테지만, 이것이 태양 흑점에 관한 기록임은 어느 정도의 교육을 받은 사람들만이 알 수 있다.

이러한 모든 장애를 염두에 둔, 영국 왕립 그리니치 천문대의 데이비드 클라크는 중국, 일본, 한국으로부터 이용 가능한 기록들을 수집했다. 그는 그 기록들에서 차이가 나는 곳을 몇 군데 발견했는데, 그 가운데 사회적 요인 때문에 기록되지 않았다고 보기는 어려운 부분이 세 곳 있었다. 따라서 그것들은 몬더 극소기와 비슷한 태양 활동의 변화 때문일 것이라고 추측할 수 있다. 그 세 개는 7세기, 13세기, 17세기에 각각 일어났다.

만약 이러한 결과를 진지하게 받아들인다면, 몬더 극소기는 하나의 고립된 사건이 아니고, 태양 흑점 주기는 아마도 불규칙하고 산발적인 태양 활동의 특징이라고 생각될 수 있다.

이제 지금까지 나온 증거들을 바탕으로 몬더 극소기가 실재했는지에 관해 여러분이 직접 결정해야 한다고 상상해 보자. 합리적인 결정을 내리기 위해서는 먼저 역사 기록들과 씨름해야만 할 것이다. 역사 기록의 대부분은 결함이 있는데 특히 동양에서 태양 흑점을 보고한 기록과 북부 유럽에서 오로라를 보고한 기록이 그렇다. 반면에 17세기 과학자들이 남긴 기록은 여러분에게, 그리고 물론 나에게 설득력있는 증거가 될 수 있다.

이미 말했듯이, 나는 카시니, 그리고 『철학 회보』의 편집자로부터 얻은 증거에 기초해 몬더 극소기가 실재했다고 생각한다. 왜냐하면 그 당시 오랜 시간 동안 태양 흑점이 없던 시기가 존재했다는 사실을 인정하는 것말고는 그들의 말들을 해석할 수 있는 어떠한 방법도 찾을 수 없기 때문이다.

다행스러운 것은 우리가 역사적 기록에만 전적으로 의존하지 않아도 된다는 것이다. 과학자들간의 학제적 연구가 이루어낸 또 다른 모범적 사례 덕분에 몬더 극소기의 직접적인 증거가 미국 퍼시픽노스웨스트 지역에 있는 가솔송나무의 나이테에서 발견되었기 때문이다.

이러한 기묘한 연관성을 이해하려면, 태양 활동의 극대기에는 태양풍이 상대적으로 강력해진다는 사실을 상기해야만 한다. 지구 근처에서 부는 태양풍은 보통의 바람이 나무를 휘게 하는 것과 마찬가지로 지구의 자기장을 휘게 한다. 이렇게 휘어진 자기장은 전기를 띤 입자들을 지구 밖으로 굴절시켜 내보내는 경향을 갖게 된다. 우주선(宇宙線)이라

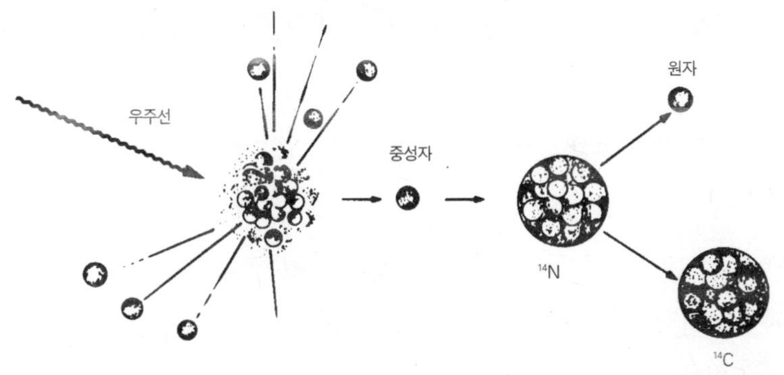

그림 4-2. 상층 대기에 도달한 우주선은 원자핵과 충돌해 중성자 하나 혹은 두 개를 포함하는 파편 조각이 되어 퍼진다.

고 불리는 이러한 입자들은 우주 공간으로부터 지구 대기 위로 마구 쏟아져 내린다. 그리고 우리가 관심을 가진 것들은 기본적으로 태양 이외의 별들로부터 생긴다. 따라서 우리는 태양 활동이 적을수록 지구에 부딪히는 이러한 종류의 우주선들의 흐름의 강도가 더 세지는 상황에 놓인다.

이제, 상층 대기에 도달한 우주선은 원자핵과 충돌해 중성자 하나 혹은 두 개를 포함하는 파편 조각이 되어 퍼진다(그림 4-2). 이 중성자가 또 다른 원자인 질소의 핵과 충돌하면, 그 안에 있던 양성자들 가운데 하나가 방출된다. 연쇄적으로 발생하는 이러한 사건의 결과, 대기중의 질소 원자는 핵에 여섯 개의 양성자와 여덟 개의 중성자가 있는 원자로 바뀐다. 이 원자는 탄소 원소의 화학적 특성을 갖지만, 탄소와는 차이가 있다. 탄소-14라고 하는 이 원자의 질량수는 보통의 탄소 원자가

12(양자 6, 중성자 6)인 데 비해 14이다. 탄소-14 원자들은 지구의 생물권에서 보통의 탄소와 섞여 생물체들의 몸으로 흡수된다.

보통의 탄소-12 원자들처럼 탄소-14 원자들도 살아있는 식물에 흡수되어 분자 속에 섞여 들어가는데, 그 분자들 가운데는 나무의 나이테를 구성하는 것들도 포함된다. 일단 흡수된 탄소-14는 방사선 붕괴 과정을 시작한다. 탄소-14의 반감기는 5,600년인데, 이것은 5,600년 후면 원래의 탄소-14 원자핵의 절반이 붕괴하고 다시 2,800년 후에는 4분의 3이 붕괴한다는 것을 뜻한다. 따라서 2800년 전에 형성된 나이테를 가진 나무를 찾아내서 그 나이테 안에 있는 탄소-14의 양을 측정하면, 그 양은 그 나이테가 형성될 당시의 정확히 4분의 1이 된다.

한편 보통의 탄소-12는 붕괴를 하지 않기 때문에 지금 나이테 속에 있는 것들은 처음부터 있던 것들이다. 따라서 나이테 속에 현재 들어 있는 이 두 탄소 동위원소들의 양을 분석하면 그 나무가 형성될 당시의 환경에 탄소-14의 양이 얼마였는지를 추론해 낼 수 있는 방법이 생긴다. 그리고 이것은 앞서 이미 보았듯이 태양 흑점에 관해서도 뭔가를 말해준다.

이러한 원리를 적용하는 가장 좋은 방법은 오래된 나무를 조사하는 것이다. 아무튼 몬더 극소기 동안 존재했던 많은 나무들은 아직까지도 죽지 않고 살아 있다. 극소기 내내 이들 나무는 해마다 나이테의 수를 늘려왔고, 대기중의 탄소를 섬유 조직 속으로 흡수해 왔다. 이들 나무에 들어 있는 탄소-14의 양을 일 년 동안 나이테가 증가한 양으로 적절히 분리하여 측정하면, 과거 우주선의 유출에 관해서 추론할 수 있다.

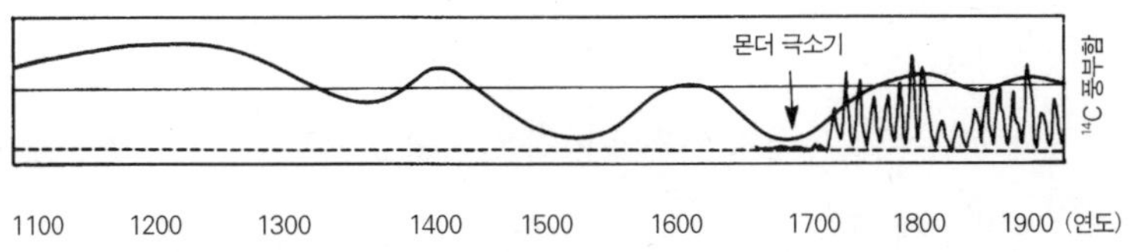

그림 4-3. 미국 퍼시픽노스트웨스트 지역에서 자라는 수령 8백 년 이상의 가솔송나무들에 들어 있는 탄소-14의 양에 대한 그래프.

그리고 이것들은 태양 흑점 활동에 관해 우리가 알고자 하는 것에 관해서도 말해준다.

그림 4-3은 미국 퍼시픽노스트웨스트 지역에서 자라는 수령 8백 년 이상의 가솔송나무들에 들어 있는 탄소-14의 양을 그래프로 나타낸 것이다(태양 흑점 주기를 망원경으로 관측한 현대의 자료들도 합쳐져 있다). 이 그림에서 보이는 자료는 "뒤집어져" 있어, 아래쪽 방향이 탄소가 더 높게 농축되어 있는 상태인데 그것은 탄소-14의 증가가 태양 활동의 감소에 상응하기 때문이다. 이런 방법으로 그래프를 표시하는 것은 태양 활동의 증가를 항상 위쪽으로 표시될 수 있도록 해 준다는 장점이 있다.

탄소-14의 평결은 명쾌하다! 나이테 측정에서 몬더 극소기는 명확한 진폭으로 나타난다. 같은 유형의 두번째 극소기, 즉 스푀러 극소기는 1500년 무렵에 나타났다. 그리고 비교적 덜 언급되는 세번째 것이 14세기에 있었는데, 이 마지막 것은 중세 소극소기라고 불린다. 스푀러와 중세 극소기는 동양에서 맨눈으로 태양 흑점을 관찰했던 기록들의 간극들에 상응함으로써 특정한 역사적 자료들에 신뢰성을 부여한다. 나이테에서 탄소-14를 직접 추출해 측정하는 것은 여타의 역사적 증거들을 의심하는 사람들에게 최후의 일격을 가하고, 몬더 극소기가 존재했음을 뒷받침해 준다.

그러나 태양 흑점 주기가 규칙적이지 않음을, 또한 과거에 그 주기의 시작과 멈춤이 변덕스러웠음을 받아들이게 되면, 우리는 아주 어려운 수수께끼와 마주치게 된다. 태양처럼 크고 무거운 물체가, 게다가 40억 년 동안이나 끊임없이 에너지를 방출해 온 물체가 어떻게 그렇게 불규칙적이고 예상치 못할 행동을 보일 수 있는가? 이 질문은 태양을 연구하는 현대의 과학자들이 풀어야 할 극히 중요한 질문들 가운데 하나로 남아 있다.

그럼에도 깊이 파고들면 이 몬더 극소기와 관련된 이야기는 과학 연구에 관한 중요한 철학적 시사점을 드러내 준다. 과거의 세계가 오늘날 우리가 보는 세계와 본질적인 면에서 늘 같았다는 것은 자연스럽게 나올 수 있는 가정이다.

오늘날 지구에서 일어나는 자연 현상들이 늘 그렇게 똑같았다고 주장하는 지질학자들과 노아의 홍수와 같은 이례적인 사건들이 역사를 압도해 왔다는 격변설을 지지하는 그들의 동료들 사이에 벌어진 대논쟁 이래로 과학자들은 특별하고 반복되지 않는 사건들이 과거에 발생해 왔다는 사실을 애써 피해 왔다. 안정성을 선호하는 태도는 지구 과학자들 사이에서 아주 강하게 드러나지만, 사실 그것은 어느 정도는 모든 자연 과학자들 사이에 만연해 있는 태도이다. 몬더 극소기처럼 부분적인 증거와 단서만 있는 경우, 그들은 본능적으로 이렇게 말한다. "여기에는 뭔가 잘못된 것이 틀림없이 있을 거야"라고. 특히 만약 그 주어진 증거가 역사 기록들처럼 낯선 자료들에서 나온 것이라면 더욱 더 그럴 것이다. 잭 에디가 모았던 것들처럼 도저히 반박할 수 없는 증거들만이 마음을 움직이게 한다.

역사 기록들은 이런 무미건조한 과학 학술지들에 얼마나 더 많은 놀라움이 숨어 있을지 우리를 궁금하게 한다.

05/구름 만들기

마른 비는 비구름으로부터 빗방울이 떨어지는 속도보다
증발하는 속도가 더 빠르기 때문에 발생하는 현상이다.
그러므로 땅으로 떨어지는 빗방울은 사실상 하나도 없다.
나는 몬태나 주 동부에 사는 한 나이 든 강우량 계측원으로부터
자신의 모자는 젖었지만, 신발은 젖지 않았다는 이야기를
들은 적이 있다.

구름은 대기의 풍경에서 아주 많은 부분을 차지하고 있기 때문에, 우리는 비가 올 것인지를 걱정하기 전에는 구름을 유심히 보는 일이 거의 없다. 하지만 구름은 우리 머리 위에서 늘 변화하고 있다. 그리고 우리에게 나무 그늘 밑 잔디에 누워, 모양을 바꿔가며 흘러가는 구름을 보는 것 이상의 평화스러운 일은 없다. 이렇게 느긋하게 구름을 보는 것만으로도 여러분은 많은 과학적 지식을 얻을 수 있다. 나른한 여름 오후를 그냥 흘려보내는 데 이 이상 좋은 핑계거리가 또 있을까?

대부분의 사람들처럼 나도 초등학교에서 구름의 이름을 배웠다. 그리고 그 이름들은 시루스, 커뮬루스 같은 라틴어였기 때문에, 나는 그 이름들의 기원이 고대로 거슬러 올라가는 줄 알았다. 구름에 관한 책을 읽기 시작했을 때, 나는 우리가 사용하는 구름의 이름 체계가 고작 19세기 끝무렵에 생겨났다는 것을 알고서는 깜짝 놀랐다. 확실한 것은 그 이전에는 아무도 구름의 구조에서 보이는 규칙성에 대해 생각하지 않았다는 것이다. 심지어 연안 생물에 대한 세심한 항목들을 만들고, 날씨에 관한 책을 쓴, 그 위대한 아리스토텔레스마저 구름을 분류해 볼 생각은 하지 않았다. 그는 그 외 거의 모든 것을 분류한 사람임에도 불구하고 말이다. 나는 이러한 무관심 때문에 늘 변화하는 구름의 모양에 대해서 결국 이런 의문을 갖게 되었다. 항상 변화하는 것을 왜 굳이 분류하려들까?

1803년에 다소 괴짜 기질이 있던 영국인 루크 하워드가 "구름들의 변형에 관하여"라는 논문을 썼는데, 이를 통해 근대적 구름의 이름 체계가 시작되었다. 수백 년 동안 무시되어 왔던 구름에 관하여 어떤 한 사람이 왜 갑자기 관심을 가지게 되었는지는 아무도 모른다. 하워드는 보통의 퀘이커교도들처럼 자라났고, 학교에 갔는데, 그는 다음과 같이 말했다. "그 학교에서 나는 라틴어 문법을 지나치게 많이 배웠습니다, 그리고 그 밖에 것은 지나치게 조금 배웠어요." 그는 약제사였고, 역사학자들은 일본에서 아사마 산(淺間山)이라는 거대한 화산이 폭발해서 전 세계에 걸쳐 굉장한 관심을 끌었던 1783년 이후 그가 구름을 관찰하는 것에 흥미를 가지게 되었을 것이라고 추측했다.

하워드가 제안한 분류 체계는 근대적 체계의 골격을 갖추고 있었다. 그것은 구름을 두 형태, 곧 층이 있는 구름과 쌓여 있는 구름으로 나누었다. 전자는 층운(層雲, stratus)이라는 이름을 갖게 되었는데, "펼쳐지다"라는 뜻의 라틴어에서 유래했다. 후자는 적운(積雲, cumulus)이라고 불렸는데 "쌓이다" "누적되다"라는 뜻의 라틴어에 어원을 두고 있다. 정말 구름들이 이 두 그룹으로 나누어지는지는 여러분이 이제부터 며칠간 틈틈이 관찰한다면 아주 손쉽게 검증할 수 있다.

하워드의 분류 체계는 기상학이라는 새로운 과학으로 받아들여져 좀더 정밀해졌다. 하지만 보다 세밀한 연구는 새로운 도구의 발전을 통해, 즉 인간이 하늘을 날 수 있도록 해 준 기계의 발전과 함께 이루어졌다. 특히 제1차 세계대전에서 군용 항공기 조종사의 필요에 의해서였다. 앞으로 알게 되겠지만 구름은 국지적 기상 조건들의 특징으로 간주되고 따라서 조종사들에게는 굉장히 중요한 것이다.

우리는 자연 세계에 대한 우리의 지식의 놀랍도록 많은 부분이 군사적 필요 때문에 생겨났음을 알게 될 것이다. 예를 들면 해안가들이 구성되는 방식에 관한 우리들 지식의 대부분은 제2차 세계대전에서 미국 해군이 상륙 작전을 실행하고, 많은 부대가 태평양의 섬들에 정박하는 데 필요한 작업들에서 나온 것이다. "순수한" 자연의 탐구와 군사적인 연구의 구분은 시사 평론가와 과학자라는 구분처럼 명확한 것은 아니다.

어쨌든 구름을 분류하는 근대적 체계는 그림 5-1과 같다. 네 가지 주요 유형과 그 하위 분류가 그림에 나타나 있다. 각각의 그룹들의 차이는 구름의 상이한 구성과 각 구름의 형식이 형성되는 방식과 일치한다.

조금이라도 구름을 관찰할 시간이 있다면, 아래 구름 스케치가 보여주는 형식들은 하늘에서 아주 풍부하게 생겨나는 구름들에 대한 일부분밖에 안 된다는 사실을 대번에 알아챌 것이다. 다른 구름 형태들에 관한 상세한 기술은 두 권짜리 《국제 구름 도감》 같은 출판물들에서나 찾을 수 있을 것이다. 하지만 전문가들이 나눈 하위 분류의 세부 사항에

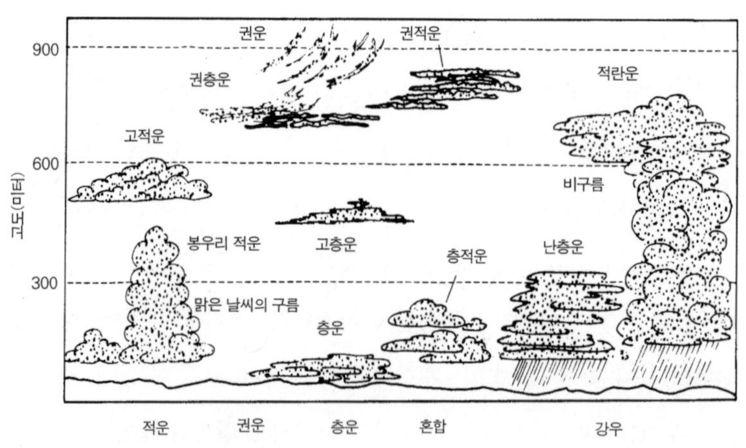

그림 5-1. 구름을 분류하는 근대적 체계.

대해서는 무시하고 기본적인 구름의 유형들만을 이해하고자 한다면, 이 그림만 가지고도 충분하다.

물방울의 운명

구름의 형성에 숨어 있는 물리적 과정, 즉 공기가 물로 액화하는 현상에 대해서는 많이 들어보았을 것이다. 찻주전자가 끓을 때 올라오는 증기의 분출, 또는 풀에 맺힌 이슬을 본 적이 있는 사람은 누구나 그 과정을 보았을 것이다. 어떻게 이러한 액화가 일어나는가 하는 것은 뒤에서 충분히 다룰 것인데, 왜냐하면 그것은 가장 흥미로운 자연 현상들 가운데 하나이기 때문이다. 하지만 구름을 이해하는 첫 단계에서는 공기중에서 분자들의 형식이 작은 물방울의 형식으로 합쳐진다는 것 정도만 알면 된다.

뚜껑 없는 냄비 안에 들어 있는 물 분자에 관해 생각해 보는 것으로 시작하자. 절대 영도보다 높은 온도에서 분자들은 끝없이 서로 서로 충돌하면서 복잡한 운동을 한다. 이러한 충돌들 안에서, 어떤 분자들은 에너지를 얻어 더 빨리 움직인다. 물론 에너지를 상실하고 훨씬 느리게 움직이는 것들도 있다. 그러므로 냄비 안에 있는 물 분자들의 평균 속도는 온도에 의해서 결정되고, 항상 그렇듯이 그 가운데는 평균보다 더 빠르게 움직이는 것들이 있을 것이다. 여러분은 이것을 시장 경제와 유사한 것으로 생각할 수 있다. 즉 어떤 집단이건 평균적인 수입이 있지만, 집단의 어떤 구성원은 부자일 것이고 어떤 사람은 가난할 것이다.

한 분자가 물의 표면에 접근할 때, 그 분자는 주변의 다른 분자들이 끌어당기는 힘을 느낄 것이다. 이러한 힘은 그 분자를 액체 형태로 만들려고 하는 힘이다. 끌어당기는 이런 힘은 반드시 존재해야 한다. 왜냐하면, 공기방울은 그 형태를 유지하려 하고, 내부 분자들 사이의 인력이 없이는 그러한 형태를 유지할 수 없기 때문이다. 다음에는 차에 왁스칠을 한 후 비가 온 경우이다. 마치 액체가 서로를 끌어당기는 것처럼, 물이 매끈한 표면 위에서 구슬처럼 맺힐 것이다. 이것은 물 분자들 사이에서 내부적인 인력이 존재한다는 직접적인 증거이다.

평균적인 물 분자가 표면에 접근한다면, 다른 분자들의 힘은 그것을 머물러 있게 하기에 충분하다. 하지만 훨씬 빠른 분자들 가운데 하나가 표면에 접근한다면, 그 분자는 아마 탈출에 성공할 것이다. 잠시 후, 냄비 위에 공기는 수많은 도망친 분자들로 가득 찰 것이고, 그들끼리 공기중에서 다른 분자들과 충돌하고 있을 것이다. 물리학 용어로 우리는 이것을 공기중의 액체를 특징짓는 증기압이 있다라고 말한다. 그것은 진공 상태에 있는 물 분자에 의해 가해지는 압력으로 정의된다.

증기압은 사실 물질의 보편적인 속성이다. 이것은 물과 같은 액체에만 있는 것은 아니다. 심지어 강철 덩어리에서도 극소량의 분자가 도망나온다. 그리고 이러한 분자들의 증기압적 특질도 있을 것이다. 우주 비행사들은 달 표면에서 미세한 증기압을 측정한 바 있다. 그것은 달 표면에 있는 암석들로부터 나온 원자들이다.

그러므로 공기중에 노출되어 있는 물 냄비는 분자들을 잃게 될 것이다. 하지만, 이미 공기중에 있는 분자들을 얻기도 할 것이다. 이것은 공기중에 떠 있는 물방울에게도 마찬가지다. 분자들은 떠나고, 돌아온다. 만약 돌아오는 것이 떠나는 것보다 많다면, 그 방울은 커질 것이다. 만약에 그 반대라면, 물방울은 줄어들 것이다. 그러므로 물방울의 운명은 공기 안에 얼마나 많은 물 분자가 있는가에 달려 있다.

구름은 어떻게 만들어지나

공기중의 물의 양은 기온에 좌우된다. 공기가 더울수록 분자들의 움직임은 더 빠를 것이다. 그리고 그들 사이의 충돌도 더욱 격렬해질 것이고, 공기 분자들 사이에 더 많은 "쉴 공간"이 있을 것이고, 더 많은 물 분자들이 그 안으로 들어갈 것이다. 어떤 기온에서든 공기 안에는 물 분자가 들어갈 수 있을 만큼의 많은 공간들이 있다.

공기 안에 실제로 있는 물 분자의 수를 이론적으로 수용할 수 있을 만큼의 수로 나눈 것을 기상학 용어로 상대습도라고 한다. 상대습도가 높을 경우 공기는 거의 물이 가지고 있는 만큼의 분자를 가지고 있다. 결론적으로 작은 물방울은 그 표면에서 잃는 만큼의 많은 분자들을 받아들일 것이고, 그러므로 증발되는 데 시간이 많이 걸릴 것이다. 만약 그 물방울이 여러분의 피부를 축축하게 하는 일이 생긴다면, 그것은 증발하고 에너지를 빼앗아오는 데 실패한 것으로 여러분을 불쾌하게 만들 것이다. 그리고 여러분으로 하여금 날씨가 후덥지근하다고 말하게 만들 것이다.

사막에서처럼 상대습도가 낮을 때는 작은 물방울은 얻는 것에 비하여 훨씬 많은 분자들을 잃을 것이고, 그러므로 증발이 빨리 일어날 것이다. 따라서 여러분은 마른 비를 만나게 될 것이다. 마른 비는 비구름으로부터 빗방울이 떨어지는 속도보다 증발하는 속도가 더 빠르기 때문에 발생하는 상황이다. 그러므로 땅으로 떨어지는 빗방울은 사실상 하나도 없다. 나는 몬태나 주 동부에 사는 한 나이 든 강우량 계측원으로부터 자신의 모자는 젖었지만, 신발은 젖지 않았다는 이야기를 들은 적이 있다. 물론 약간의 과장 혹은 농담이 섞인 말이라고 생각하지만, 그 과장된 이야기 안에는 진리의 분자가 어느 정도 들어 있음이 틀림없다.

구름은 공기중의 물 분자들로부터 생겨난다. 이야기는 공기가 태양으로 뜨거워진 대지를 만나는 것으로 시작된다. 이러한 공기의 조각은 뜨거워질 것이고 그 위에 있는 공기에 비해 덜 조밀해지고, 결국 상승하기 시작할 것이다. 상승함에 따라(보통은 기포의 형태를 띤다), 자신이 낮은 기압 속에 있게 됨을 발견하고, 그것은 팽창한다. 이러한 팽창은 반대로, 그 기포가 주변의 기온과는 무관하게 냉각되게 만든다. 풍선이 상승함에 따라 기포는 더욱 차가워진다. 물론 올라가면서 기포는 원래의 물 분자를 회복하게 된다. 하지만, 그 온도가 낮아지기 때문에 상대습도는 증가하게 된다. 왜냐하면 비록 바닥에 남아 있을 때와 동일한 양의 수분을 가지고 있다고 하더라도 높이 올라갈수록 가지고 있을 수 있는 양이 줄어들기 때문이다.

결국 상승을 계속하던 기포는 공기가 더 이상의 수분을 가지고 있을 수 없는 지점에 이르게 된다. 다음에 발생하는 일은 좀 복잡하지만, 그 결과는 구름(고도와 온도에 때문에 생기는 물방울 혹은 얼음 결정들의 집단)의 형성이다. 대부분의 구름은 대체로 물방울에 의해 만들어진다. 그리고 우리는 그것을 이제 진행되는 논의의 표준으로 간주할 것이다.

수분이 물방울로 응결될 때는 열이 발생한다. 물방울이 커질 때, 주변에 있는 빠르게 움직이는 물 분자들을 계속해서 흡수하고 있다는 것에 주목하면 그것을 이해할 수 있을 것이다. 이들 분자들끼리의 충돌은 그 분자들을 뜨겁게 한다. 그리고 그 열은 주변으로 방출된다. 그러므로 구름이 형성될 때, 그 주변의 공기는 뜨거워진다. 이것은 양력의 증가로 이어져 공기를 하늘 위로 올라가게 한다. 상승함에 따라 공기는 다시 한 번 팽창하고, 냉각되고, 많은 물방울을 형성하고, 더욱 큰 구름을 만든다.

구름의 형성은 비가역적 작용이 아니다. 개별적인 물방울이 그 주변의 상대습도에 따라 커지고, 작아지고 하는 것처럼 한 번 형성된 구름도 마찬가지로 커지거나, 사라지거나 한다. 예를 들면, 어떤 구름이 하강 기류를 만나면, 보다 압력이 높은 아래쪽으로 하강하게 될 것이다. 이 경우에 구름 속에 있는 공기는 뜨거워지고, 분자들은 물방울의 표면을 떠나게 되어 대체할 것이 없어진다. 결국 구름은 사라질 것이다. 종종 보게 되는 구름이 잔뜩 낀 하늘에 있는 맑은 공간들은 이러한 과정으로 만들어진다. 그것은 차가운 공기가 내려가면서 구름들을 지워가고 있는 지점이다.

대신 구름은 상승하는 공기 기포가 그 주변과 균형을 이루면서 형성되는 것이다. 이러한 경우 각각의 물방울은 그 주변으로부터 분자를 잃는 만큼 얻게 될 것이고, 따라서 그 구름은 안정적이다. 이러한 종류의 구름은 거의 변화하지 않은 채로 바람에 의해 먼 거리를 이동하게 될 것이다.

구름 형성에 관한 이 간략한 그림은 여러분이 구름을 보기 시작할 때, 무엇을 제일 먼저 주목해야 할지 말해준다. 아무리 구름의 구조가 복잡하다고 할지라도 그 바닥은 언제나 평면에 가깝다. 파도 치는 여름의 적운에서 검고 위협적인 비구름까지 이 법칙은 동일하게 적용된다. 그 이유는 명확하다. 상승하는 공기의 온도는 얼마나 공기가 팽창하는가에 달려 있고, 다음으로 이것은 주변 공기의 압력에 의해 좌우된다. 그러므로 주어진 지역에 있는 모든 상승하는 기포들은 똑같은 고도에서 물방울로 응결되기 시작할 것이다. 이것이 바로 구름의 바닥이 평평한 이유다(물론 독특한 상황에서는 이 규칙의 예외가 있다).

구름을 만드는 데는 그다지 많은 물이 필요하지 않다. 작은 여름 적운 하나는 한 면이 몇백 미터나 되지만, 그것은 100~120리터의 물, 즉 욕조를 채울 정도의 물밖에 머금고 있지 않다. 한 구름이 대지를 스칠 때, 우리는 그것을 안개라고 부른다. 전형적인 안개를 따라서 여러분이 1백 미터를 걷는다면, 여러분은 고작해야 마른 목을 축이기에도 부족한, 16세제곱 센티미터의 절반밖에 안 되는 물과 만날 수 있을 뿐이다. 구름이란 사실상 실체가 없는 사물이다!

건강을 위협하는 안정되고 따뜻한 공기층

하늘의 구름들은 공기의 움직임에 대한 실마리가 될 수 있다. 따뜻한 여름 오후에 흔히 볼 수 있는 적운에서 분리된 뭉게구름은 작게 흩어져서 상승하고 있는 공기의 흐름을 나타낸다. 강한 기류들은 많은 양의 공기를 운반하면서, 액화가 시작되어지는 지점을 "한방 먹이면서" 구름을 높은 고도까지 밀어 올리는데, 이때는 숨어 있는 열이 방출되는 것에 특별히 도움을 받는다. 열대 지방의 기상을 연구하는 기상학자들은 이러한 솟구쳐 오른 적운들이 적도 지역의 열을 가져가는 역할을 하며, 공기 순환을 아주 높이 끌어올림으로서 그 열을 극점들까지 운반한다는 것을 발견한다.

반대로 층운은 넓은 지역의 공기 덩어리들이 상승하면서 생겨난다. 이것은 아마, 대지로부터 거대한 규모로 발생하는 상승 기류의 결과로 생기는 현상일 것이다. 즉 공기 덩어리가 대기 안에서 완만하게 상승할 때 일어난다.

이러한 과정은 층운의 더욱 익숙한 유형들(높은 고도에서 생기는 깃털 모양의 권운)에서 일어나는데, 이는 날씨가 변화할 조짐이다. 이

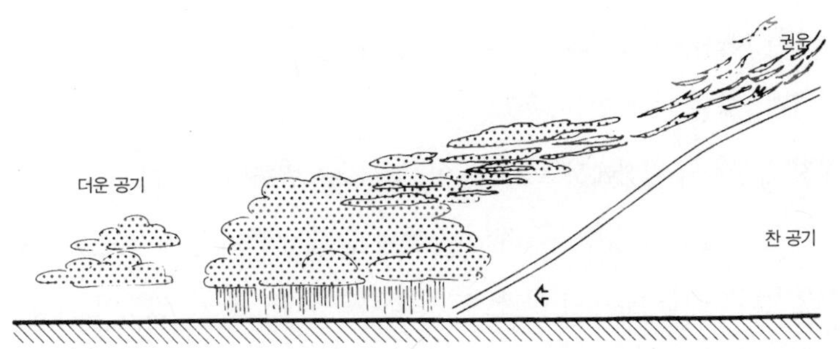

그림 5-2. 덥고 축축한 공기는 왼편에서부터 움직여 나가고, 그 앞에 있는 차가운 공기 덩어리 위로 올라가게 된다.

구름들은 그림 5-2에서 볼 수 있는 조건에서 형성되기 시작한다. 따뜻하고, 축축한 공기는 왼편에서부터 움직여 나가고, 그 앞에 있는 차가운 공기 덩어리 위로 올라가게 된다. 더운 공기가 끌어올려짐에 따라 그것은 팽창하고, 이미 설명한 과정에 의해 구름이 형성된다.

이러한 일, 즉 폭풍우의 첫번째 전조는 이 시스템의 맨 끝에서 일어나는, 굉장히 높은 고도에서의 권운(卷雲)의 형성이다. 흰 머리털이나 실올같이 생긴 권운은 라틴어로 "섬유"를 의미한다. 따라서 권운은 아주 적절하게 묘사된 이름이다. 9킬로미터 고도에서 형성된 이들 구름들은 대부분 얼음 결정들로 이루어져 있다. 이것 때문에, 때때로 햇빛이 이들을 통해 무리나 무리해(태양으로부터 22도 정도 떨어진 하늘에서 빛나는 점) 같은 이상한 현상들과 그밖에 시각 효과들을 볼 수 있다. 이 모든 것들은 햇빛과 얼음 사이의 상호 작용에 의해 생긴다.

날씨의 전위에 있는 더운 공기가 계속해서 발달하면, 그것의 더 많은 부분들이 밀려 올라가고, 층운의 층이 형성된다. 결국, 충분한 양의 물방울이 구름 안에서 형성되고, 이것은 비를 내리게 하는 원인이 된다. 권운이 나타나면 날씨의 변화를 예측할 수 있다. 만약 그것이 충분히 차갑다면, 구름 안에 있는 수증기는 결정화되고 곧 눈이 오게 될 것이다. 하지만 구름의 관점에서 보자면, 이것은 작은 변화일 뿐이다.

혼합 구름의 범주, 즉 쌓인 구름과 층진 구름이 함께 있는 경우는 보통 안정된 대기층에서 나타난다. 그림 5-3에서 볼 수 있듯이 이것은 더운 공기의 층인데, 이것은 차가운 공기층의 꼭대기에 앉아 있고, 차가운 공기는 지면과 접촉하고 있다. 차가운 공기는 더운 공기보다 더 밀

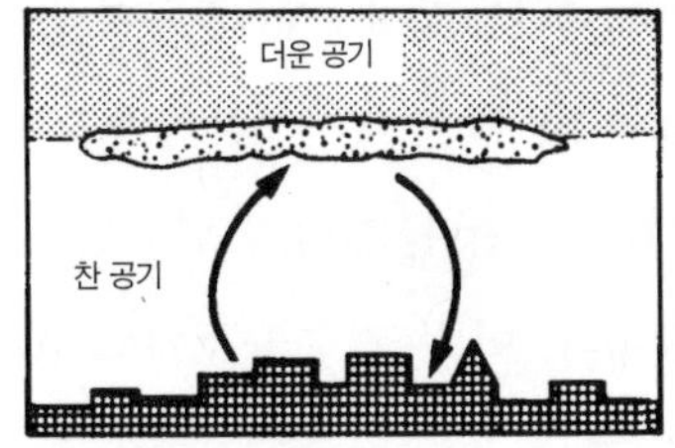

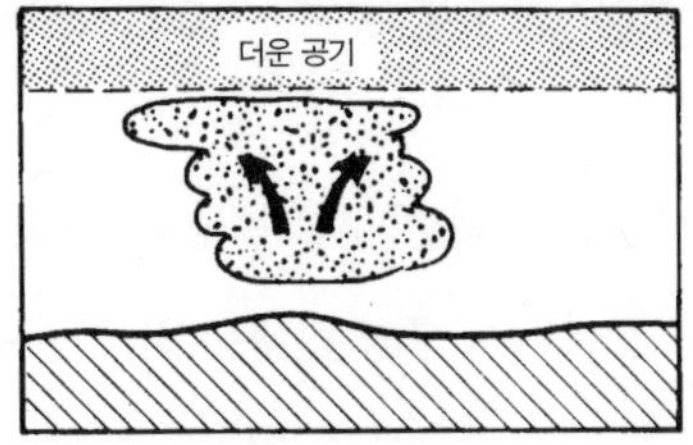

그림 5-3. 쌓인 구름과 층진 구름이 함께 있는 경우는 보통 안정된 대기의 층에서 나타나는데 이러한 공기층이 거대한 도시 지역에서 발생한다면 건강에 심각한 위협이 된다.

집되어 있기 때문에, 이러한 상황을 바꿀 수 있는 어떠한 힘도 없다. 즉 이러한 상태는 거의 변하지 않는다. 역전층(逆轉層)이라고 이름 붙여진, 이 같은 안정되고 따뜻한 공기층이 거대한 도시 지역에서 발생한다면, 건강에 심각한 위협이 된다. 오염 물질들이 차가운 공기 속에 갇혀서 떠날 수가 없게 되는 것이다. 그 결과가 스모그이다. 이러한 역전층을 변화시킬 어떤 일이 발생하기 전에는 공기로 주입되는 물질들이 늘어남에 따라 스모그는 점차 심해질 것이다. 어떤 경우에 그것은 실제로 생명에 위협이 되기도 한다.

역전층은 뜨거운 공기가 상승하는 것을 효과적으로 막는다. 대지와 접촉해서 데워진 공기가 역전층과 만나면, 보통 그 공기는 냉각되어 하강하면서, 대류환이라는 것을 형성한다. 만약 꼭대기에서 응결이 일어날 수 있을 만큼 차갑다면, 층적운 층이 생성될 것이다. 층적운은 층운처럼 평평하지만, 또 적운처럼 상대적으로 공간을 적게 차지한다.

만약 더 높은 고도에서 역전층이 발생한다면, 다른 유형의 혼합 구름들이 발생할 것이다. 때때로 여러분은 강력한 상승 기류에 의해 발생했으나, 그 상승 기류가 역전층에서 멈추어진 어떤 높은 구름을 보게 될 것이다. 그러한 구름은 평평한 꼭대기를 가졌거나, 그림 5-3의 오른쪽처럼 아마 모루의 형태를 하고 있을 것이다. 이 두 경우 모두에서 구름은 역전층을 눈으로 확인할 수 있게 해 준다.

구름을 즐기기 위한 진지한 작업

구름 형성에 대한 기본적인 이해와 함께, 우리는 구름을 관찰하는 즐거움이라는 진지한 작업에 다다르게 된다. 좋은 날씨를 특징짓는 것이 바로 적운이기 때문에, 적운들은 한가하게 관찰할 수 있는 주제다. 적운을 관찰하려 할 때 제일 먼저 주목할 것은 그것이 일정한 형태를 유지하고 있지 않다는 것이다. 그것은 계속해서 변화하는데, 여러분의 눈앞에서 파도 치는 백색 탑들이 사라지고 나타나고 할 것이다. 이것은 대부분의 경우 각각의 구름에 하나 이상의 상승하는 공기 풍선이 기여하고 있기 때문이다.

각각의 풍선이 응결 수준에 도달할 때, 그것은 구름 안에서 기둥을 형성한다. 만약 바람이 분다면, 그 기둥은 결국 바람에 날려 없어질 텐데, 상대적으로 가는 윗부분이 먼저 사라질 것이다. 이러한 일이 일어나는 동안 구름은 이동할 것이고, 다음 풍선이 도달할 때는 구름의 다른 위치에서 기둥을 형성할 것이다. 만약 공기가 아래로 움직이는 지역으로 구름의 일부분이 흘러가는 일이 발생한다면, 습기가 재흡수되는 것처럼 구름은 부서져 버릴 것이고, 물방울들 역시 재흡수되고 말 것이다. 이것이 구름을 관찰하는 것을 아주 매력적으로 만들어 주는, 대기에서의 수증기의 끝없는 뒤섞임이다. 다음 번에 여러분이 구름층의 위쪽에 있다면 주변을 둘러보고, 파도 치는 탑의 부분을 표시해 두길 바란다. 그렇게 하면 공기가 올라가고, 흡수되어져 맑아지는 틈들을 볼 수 있을 것이다.

또 다른 흥미로운 구름의 현상은 공기 단면이 두드러지는 것인데, 이것은 공기와 산맥이 상호 작용한 결과이다. 그것이 가장 잘 보이는 장소는 알팔라 산맥 같은 봉우리와 계곡이 널려 있는 곳이다. 맑은 날, 각각의 봉우리에 두터운 층운이 열을 지어 있고 계곡 위로는 맑은 하늘이 펼쳐져 있는 것을 보게 될 것이다. 그림 5-4에서 스케치해 놓은 것처럼 말이다.

여기서 일어나는 것은 그림에서 보이는 것처럼 산이 공기를 위로 끌어올리면서 나타나는 것이다. 낮은 압력의 지역을 지나가면, 공기는 차가워지고 응결이 일어난다. 이것은 산꼭대기에 구름을 형성한다. 공기가 산꼭대기에 이르고 나서 다시 내려오기 시작함에 따라, 그것은 압

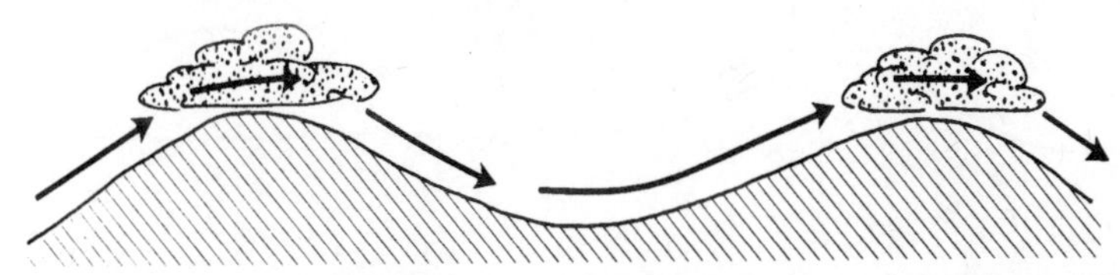

그림 5-4. 맑은 날에는 두터운 층운들을 볼 수 있다

축되어지고 뜨거워진다. 그리고 언덕 경사로를 따라 응결되어진 물방울들은 증발하고 공기로 돌아간다. 구름은 사라지는 것이다. 이러한 결과로 만들어진 것을 "렌즈" 구름이라고 하는데, 이것은 봉우리 꼭대기 위에 자리잡고 있다.

이러한 상황에 대해 기억해야 할 중요한 점은 바람은 구름을 통해 불고 있으며, 구름 속의 개별적인 물방울은 계속해서 상호 변화하고 있다는 것이다. 이 구름은 강물이 흘러드는 연못과 유사할 것이다. 연못에는 동일한 양의 물이 있지만, 그 물은 결코 같은 물이 아니다. 같은 방식으로 구름은 언제나 동일한 양의 물방울을 포함하고 있지만, 그 물방울들은 언제나 다른 것들이다. 이것은 렌즈 구름이 아무리 강한 바람이 불어와도 언제나 산꼭대기에 머물러 있을 것이라는 것을 의미한다. 이런 점에서 이것은 매우 유동적인 경향이 있는 일반적인 구름들과는 다르다.

이 주제의 매력적인 변주는 가끔 산이나 언덕의 순풍에서 볼 수 있다. 그림 5-5에서 볼 수 있듯이 언덕 위로 부는 공기는 순풍면 위에서

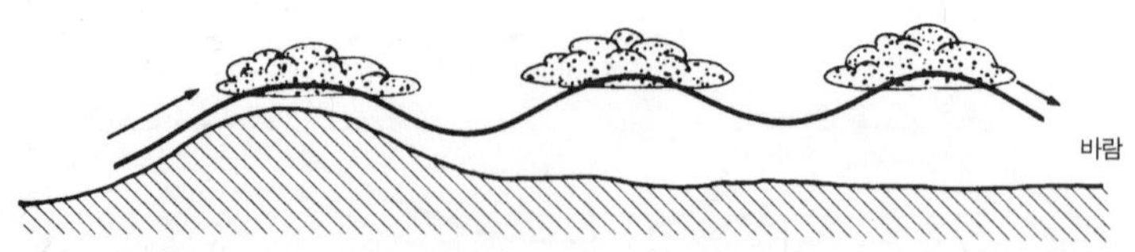

그림 5-5. 언덕 위로 부는 공기는 순풍면 위에서 굽이치며 운동하게 되는데 이것은 거센 바람에 깃발이 펄럭거리는 것과 같다

굽이치며 나아간다. 왜 이렇게 되는지를 상세하게 설명하지 않고, 나는 거센 바람에 깃발이 펄럭거리는 것과 유사한 결과라고만 말하겠다. 파동 구조의 효과는 주어진 공기 덩어리를 고도가 높은 영역으로 들어갔다 나오게 한다. 각각의 물결 치는 그 꼭대기에서는 렌즈 구름의 형성에 필요한 조건이 존재한다.

그 결과는 그림에서 본 것처럼, 언덕 위에 평행하게 흩어진 구름과 같은 계열이다. 나는 와이오밍 주 세리단 근처의 로키 산맥의 빅혼 영역의 동쪽면에서(미국에 있는 주간 고속도로 중에서 가장 최고이고, 단연 장관인 휴게소가 있다) 그러한 구름 세 개를 본 것을 기억한다. 그 구름들은 거의 반시간이 넘게 머물러 있었다. 그 동안 점심을 먹고 아이들에게 놀이터에서 놀도록 했다. 한 순간도 눈을 뗄 수 없을 정도로 놀라운 광경이었다!

유사한 현상은 거의 모든 산에서 일어나는데, 낮은 구름 면이 산의 한쪽 면으로 불어오고, 반대편은 맑을 때 발생한다(그림 5-6). 이러한 조건에서 구름들은 산의 낮은 점으로 흩뿌려지는데, 이는 댐에서 물이

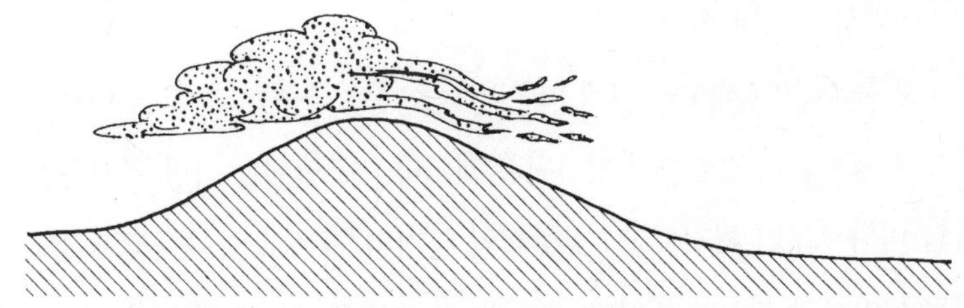

그림 5-6. 렌즈 구름은 낮은 구름 면이 산의 한쪽 면으로 불어오고, 반대편은 맑을 때 발생한다. 그러면 구름은 산의 아래쪽으로 흩어진다.

분출되는 것과 같다. 구름이 내려오기 시작하면, 공기열로 사라지고, 수증기로 재흡수된다. 그 결과 조각진 덩굴 모양으로 구름은 천천히 흩뿌려진다. 덩굴들은 정적으로 느껴지지 않을 만큼 꽤나 역동적으로 움직이고 있고, 그 작용은 충분한 즐거움을 누릴 수 있을 만큼 길다. 흩뿌려지는 안개는 또한 보다 차가운 공기가 계곡 아래로 내려가는 운동에 대한 표시여서 공기의 운동을 명확히 볼 수 있는 것이기도 하다.

내가 스탠퍼드 대학의 대학원생이었을 때, 학과 사무실이 건물 꼭대기에 있음으로써 생기는 불편함을 상쇄하고도 남을 만큼, 태평양의 구름들이 산타크루즈 산맥을 넘어 샌프란시스코 만으로 사라지는 광경은 굉장한 것이었다.

샌프란시스코로 말하자면, 미국에서 아마 가장 유명한 구름의 고장일 것이다. 해안으로부터 골든게이트를 통해 거의 매일 안개가 끼어 때때로 거대한 다리를 완전히 덮을 정도였고, 가끔 탑을 제외한 모든 것을 뒤덮기도 하지만, 그 아름다운 모습을 카메라에 담는 것은 언제나 사진작가들의 꿈이었다. 전문적으로는 이류(移流) 안개라고 불리는 이 구름은 오랜 시간 태평양의 물 같은 차가운 표면을 긴 시간에 걸쳐 공기가 이동하면서 형성된 것이다.

비록 그것이 해수면 위에 머물러 있음에도 불구하고, 그 공기는 물방울이 형성되는 지점까지 차가워질 것이다. 이 안개는 가장 차가운 지점인 바다로부터 확장되고, 정상적인 공기의 기온이 높아져서 응결을 막는 높이까지 계속될 것이다. 이류는 다른 말로 정상적인 구름 작용의 반대라고 할 수 있다. 여기서 높이와 차가움은 동의어이다.

그럼에도 불구하고 골든게이트를 통해 안개가 들어오는 것과, 얼음 결정들의 조각난 무리들이 폭풍을 전하는 것은 동일한 물리적 과정을 통해 형성되는 것이고 이것은 내가 아는 한 자연의 법칙의 보편성에 대한 아주 훌륭한 예이다.

항공기 사고는 매우 드물다. 통계에 의하면 차를 타고 이동하는 것보다
비행기를 타고 여행하는 것이 더욱 안전하다고 한다.
하지만, 비행기 사고가 일어날 때는 대규모의 인명 피해가 발생하기 때문에,
통계고 뭐고 간에 내가 타고 있는 비행기가 착륙할 때면,
델타 191기와 같은 경우를 생각하지 않을 수 없다.

1985년 8월 2일, 그 날은 몹시 더운 날이었다. 오후 내내 기온은 섭씨 38도에 달했다. 저녁이 가까워지면서 더위는 조금씩 꺾이고 있었다. 오후 여섯 시, 러시아워가 최고조에 달한 시간이었다. 공항 상공은 비행기들로 가득했다. 비행기에서는 익숙한 착륙 안내가 나오고 있었다. "기장이 마지막 도착을 위해 안전 벨트 표시등을 켰습니다…." 승객들은 읽고 있던 책과 신문 등을 한쪽으로 밀어 놓고 착륙 준비를 했다. 집으로 가는 사람들, 어떤 곳을 방문해야 하는 사람들, 다른 비행기로 갈아타려는 사람들 등 저마다 목적을 가진 사람들로 북적거리고 있었다. 대부분의 공항에서 볼 수 있는 전형적인 모습 그대로였다.

최적의 날씨는 아니지만 일상적인 날씨였다. 적운과 층운이 넓게 흩어져 있었고, 텍사스-오클라호마 주 경계에 폭풍우의 조짐이 어렴풋이 보이고 있었다. 여섯 시가 되기 바로 직전에 작은 폭풍우가 공항 근처에서 발생했다. 국지적 폭풍우로, 폭우가 내리기는 했지만 걱정할 정도는 아니었다.

그러나 폭풍우 구름 속에서 곧 착륙할 몇몇 승객들에게는 아주 치명적인 무엇인가가 일어나고 있었다. 그 안에서 무슨 일이 일어나고 있는지는 알 수 없지만 아마 5장에서 다룬 적이 있는 증발하여 냉각되는 것과 관련된, 차고 밀도 높은 공기가 형성되고 있었을 것이다. 이 상대적으로 무거운 공기는 대지로 급격하게 가라앉았다. 공기의 이러한 하강이 17L 활주로에 착륙하고 있는 일련의 항공기들에 어떤 영향을 미칠지는 짐작도 할 수 없었다.

6시 1분, 아메리칸 에어라인 351기가 활주로 표시선 밖에서 고도

6백 미터 상공으로 지나가고 있었다. 순식간에 항공기는 폭우를 만났고, 약 20초 사이에 시속 300킬로미터에서 280킬로미터로 비행 속도가 떨어졌다. 조종사는 이러한 조건에도 불구하고, 비행기를 6시 4분에 안전하게 착륙시켰다.

착륙할 준비를 끝낸 다음 번 항공기는 개인 회사 소유의 소형 리어제트 비행기였다. 이 비행기는 6시 3분에 활주로 외부 표시선을 지나갔고, 이전 항공기처럼 폭우를 만나 속도가 느려졌다. 속도의 하락으로 인해 비행기는 급격히 하강했고, 조종사는 항공기를 안전하게 착륙시킬 수 있는 고도를 유지하기 위해 동력을 공급했다. 이 리어제트 비행기는 6시 5분에 착륙했다. 이제 보게 되겠지만, 이 리어제트는 찬 공기의 묵직한 물방울과 하강하는 공기를 직접 만난 첫번째 비행기였다.

다음 착륙 항공기는 델타 191기였는데, 포트로더데일을 떠나 로스앤젤레스로 가는 중에 이곳을 경유하는 항공기였다. 비행사들 사이에서는 속설 같은 것이 있는데, 그것은 바로 앞의 비행기가 안전하게 착륙했다면, 자신이 탄 비행기도 안전하게 착륙할 것이라는 것이다. 그러나 불행하게도, 비행기와 관제탑에 있는 어느 누구도 델타 191기가 6시 4분에 활주로 외곽 표시선을 지나갈 때 차가운 공기가 대지와 부딪치고, 그 충돌점에서부터 바깥쪽으로 공기가 소용돌이 치고 있다는 것을 몰랐다. 재난의 첫번째 징조는 비행기가 6시 5분 33초에 강한 하강 기류를 만난 것이었다. 비행기의 왼쪽 날개가 오른쪽 날개보다 아래로 밀려 내려가서, 비행기를 회전하게 만들었다. 조종사는 이러한 급작스런 움직임에 가까스로 대처했고, 델타 191기는 항로를 계속 유지했다.

그 다음 방해물은 시속 96킬로미터에 이르는 두 번에 걸친 연이은 바람의 출몰이었다. 이것도 조금 있다 보겠지만, 이렇게 갑작스런 바람은 비행기 속도를 떨어뜨렸고 비행하던 고도에서 이탈하게 만들었다. 왜냐하면, 이미 항공기가 지표면 가까이에 있었기 때문에 손쓸 여지도 없었다. 그리고 6시 5분 52초에 공항을 벗어나 고속도로 너머의 경작지에 바퀴들이 닿았다. 조종사는 필사의 노력을 기울였지만 비행기는 들판을 두 번 튀어 오른 후 다시 하늘로 올라갔고, 114번 고속도로에 이르렀는데, 그 지점은 약간 왼편으로 기울어진 곳이었다. 엔진 하나가 지나가는 차와 충돌했고, 비행기는 다섯 개의 가로등을 쓰러뜨린 뒤 활주로 앞에 있는 들판을 가로질러 미끄러졌다. 결국 비행기는 착륙하기로 예정되어 있었던 활주로에 파편들을 흩뿌리면서, 거대한 물탱크와 충돌하는 것으로 착륙을 마무리했다. 이 사고로 133명이 사망했고, 31명이 부상했다.

이러한 일들이 일어나는 동안에도, 다음 번 착륙 예정 비행기들은 공항 위를 "선회(착륙 시도를 중단하고 다시 하늘로 올라가는 것)"하라는 명령을 전달받았다. 델타 191기의 뒤에는 아메리칸 539기가 있었다. 이 비행기는 6시 6분 활주로 외각 표시선의 6백 미터 상공을 통과하고 있었고, 급작스럽게 상승했다. 이것은 9백 미터 상공에서 하강하는 차가운 공기의 남은 부분과 맞닥뜨렸는데, 약간의 강한 충격과 폭우를 맞았을 뿐 심각한 속도나 고도의 저하는 없었다.

많은 사람이 그렇게 자주, 아주 대담하게 먼 거리를 비행기로 날아다니는 시대에 이러한 이야기는 정신을 번쩍 들게 하고 심지어 공포심까지 생기게 한다. 물론 항공기 사고는 매우 드물다. 통계에 의하면 차를 타고 이동하는 것보다 비행기를 타고 여행하는 것이 더욱 안전하다고 한다. 하지만 비행기 사고가 일어날 때는 대규모의 인명 피해가 발생하기 때문에, (나도 그렇지만) 통계고 뭐고 간에 내가 타고 있는 비행기가 착륙할 때면, 델타 191기와 같은 경우를 생각하지 않을 수 없다.

항공기 안전에 종사하고 있는 과학자와 기술자들은 단지 자연 현상을 이해하는 것으로는 만족하지 않는다. 그들의 목표는 각각의 사건을 분석하여, 그 원인을 밝히고, 이후에는 그런 사건이 재발하지 않도록 하는 것이다. 이 댈러스 참사 이후, 그들은 구름 운동과 그로부터 발생하는 바람에 대해 생각하게 되었다. 하지만 이들이 어떻게 생각했는지를 이해하기 위해서는 우리는 우선 비행기가 어떻게 공중에 머무를 수 있는지에 대해서 알아야 한다.

돌변하는 바람은 왜 위험한가

물리학자들은 공기가 느리게 움직일 때보다 빨리 움직일 때 압력이 훨씬 낮아진다는 사실을 꽤 오래 전부터 알고 있었다. 우리 주변에서도 이러한 현상에 대한 예를 볼 수 있는데, 이를테면 바람 부는 날에 벽난로를 보면 된다. 돌풍이 불면, 즉 굴뚝 위에서 바람의 속도가 빨라지면, 불길은 위로 빨려 올라가는 것처럼 보인다. 이것은 방안에 있는 공기가 굴뚝을 통해 기압이 낮은 밖으로 밀려나면서 생기는 결과이다.

공기가 비행기 날개 위로 흘러갈 때(그림 6-1을 보라)도 이와 비슷한 상황이 전개된다. 굴곡진 위쪽을 지나가는 공기는 아래쪽의 공기보다 더 많이 이동하기 때문에 더 빨리 움직인다. 그러므로 날개 위쪽의 공기의 압력은 아래쪽보다 낮고, 따라서 날개를 위로 밀어 올리는 힘이 생긴다. 양력이라고 불리는 이러한 힘은 아래로 잡아당기는 중력과 반대로 움직이고, 비행기를 공중에 떠 있게 한다. 양력 발생에서 중요한 점은 이것이 비행기와 바람의 상대적인 속도에 달려 있다는 것이다. 예를 들면, 시속 80킬로미터로 날고 있는 비행기 날개가 받는 양력은 지상에 착륙해 있는 비행기에 시속 80킬로미터로 부는 바람이 발생시키는 양력과 똑같다. 그렇기 때문에 우리는 가만히 착륙해 있는 경비행기가 강력한 돌풍에 의해 심하게 흔들리는 장면을 볼 수 있는 것이다. 마찬가지로, 비행기가 육지 위를 시속 350킬로미터의 속도로 달리고 있고, 시속 32킬로미터로 부는 맞바람을 받는다면, 날개를 들어올리는 양력은 공중에서 시속 350킬로미터로 날 때 받는 양력과 동일할 것이다.

바로 이것이 지면 가까이에 부는 돌변하는 바람이 왜 그토록 비행기에게 위험한가의 이유이다. 비행기가 동일한 속도를 유지하고자 한다

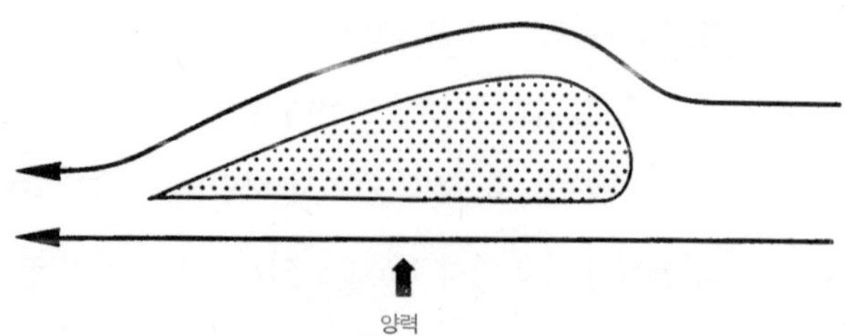

그림 6-1. 비행기 날개 위쪽의 공기의 압력은 아래쪽보다 낮고 따라서 날개를 위로 밀어 올리는 힘이 생긴다.

면, 갑작스런 돌풍은 날개의 양력을 심하게 증가시키거나 감소시킬 것이다. 이것은 댈러스의 그 운명적인 오후에 일어난 종류와 같은, 비행기의 갑작스런 고도의 변화를 야기할 것이다. 그렇다면, 갑자기 돌변하는 바람은 어떻게 생겨나는가?

10년 전만 해도 대부분의 기상학자들은 델타 191기를 파괴한 차가운 공기 풍선의 하강을 부정했을 것이다. 이제 우리가 그러한 현상에 대해 알게 되고, 배울 수 있는 것은 시어도어 후지타라는 사람의 노력 덕분이다. 그는 일본에서 태어나 그곳에서 공부했지만, 1956년 이후로는 시카고 대학에 있었다.

후지타는 국제적으로 저명한 토네이도 전문가이다. 그는 후지타계를 만든 사람인데, 후지타계란 기상학자들이 토네이도의 크기와 그것이 야기할 피해를 판단하는 표이다. 후지타계는 지진에 관해 리히터계가 하는 역할과 유사한 역할을 토네이도에 대해 적용하는 것이다. 즉 이러한 재난의 강도를 수치로 측정할 수 있게 해 준다.

내가 후지타의 작업을 소개받은 것은 1970년대 첫무렵, 시카고 근처의 아르곤 국제 실험실의 초빙 과학자로 갔을 때의 일이었다. 그는 그곳에서 자신의 작업에 대한 세미나를 열고 있었고, 미 중서부에서 발생하는 토네이도의 심각성과 중요성에 대해 설명했는데, 그의 강의는 많은 수의 수준 높은 청중들을 매료시켰다. 후지타의 강의에서 가장 나를 놀라게 한 것은 토네이도의 메커니즘에 대한 논의가 아니었다. 비록 그것은 굉장히 재미있었지만, 그것보다도 세계 정상의 토네이도 전문가로서 대부분의 시간을 지구 전체에 걸쳐 토네이도를 쫓아다님에도 불구하고 실제로 그것이 발생하는 것을 한 번도 본 적이 없다는 사실이었다. 한 번도 볼 수 없는 아주 드문 현상에 대해 아주 깊이 관련되어 있는 사람들을 생각하니 약간 슬픈 생각도 들었다(나는 세미나 이후 몇 년간 그 이상한 상황이 개선되는 일에 관여하게 된 것이 기쁘다).

바람의 효과들을 연구하면서 후지타는 종종, 폭풍우에 대해 조사했다. 1974년, 그는 웨스트버지니아 주의 베클리 인근에서 다소 특이하게 피해를 입은 나무를 보았다. 그가 본 것은 그림 6-2를 보면 상상할 수 있을 것이다. 왼쪽 그림은 토네이도의 소용돌이치는 바람으로부터 기대되는 패턴이다. 그 나무 줄기는 이러한 바람의 방향과 일치하여 거친 원형을 하고 있어야 했다. 그런데 실제로 그가 본 것은 오른쪽 그림과 같은 모양이었다. 이러한 줄기 모양을 후지타는 "성형(星刑) 돌풍" 패턴이라고 불렀는데, 모든 줄기가 중심점으로부터 벗어나는 방향을 하고 있다. 이러한 효과를 설명할 수 있는 가장 좋은 방식은 공기가 수직으로 나무를 때리고, 충돌점에서부터 밖으로 퍼져갔다는 것이다.

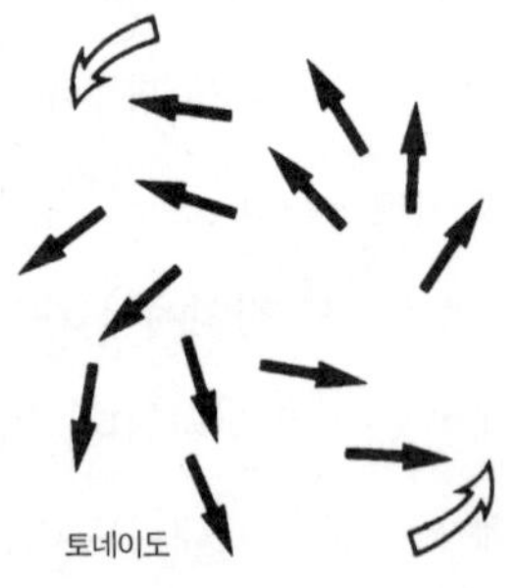

그림 6-2. 토네이도로부터 기대되는 패턴.

이와 유사한 패턴은 싱크대에서 수돗물을 세게 틀 때 볼 수 있다.

이러한 개념은 당시에는 기상학자들로부터 큰 신뢰를 얻지 못했다. 구름에서 발달한 하강 기류라는 것이 가능하다고 할지라도 그것이 대지에 도달할 때는 이미 그 에너지의 대부분을 상실하고 말 것이라는 게 일반적인 의견이었다. 그러므로 그것이 나무를 쓰러뜨리거나 항공기의 비행에 영향을 미칠 수 없을 것이라고 추측했다.

하지만 시간이 지나면서 후지타는 그러한 패턴들을 더 많이 발견했다. 특히 미국 중서부 옥수수 농장에서 줄기가 쓰러져 있는 방향이 바람의 방향을 아주 잘 보여주고 있었다. 나는 1977년에 보았던 한 슬라이드를 기억한다. 그것은 광대한 옥수수밭 옆에 있는 경사진 양철 지붕을 얹은 헛간을 찍은 사진이었다. 헛간을 중심으로 수백 미터에 걸쳐 부러진 줄기들이 일렬로 펼쳐져 있었는데, 이러한 모습은 공기가 하강하면서 생긴 힘이 경사진 지붕에 의해 비껴나가면서 생겼다고 밖에는 설명할 수 없다.

이러한 하강 기류의 존재는 더 이상 의심의 여지가 없었다. 1970년대 끝무렵에 콜로라도 주에서 있었던 일련의 연구들을 통해 이러한 운동의 수많은 예들이 발견되었고, 두서너 건은 연구 센터 근처에서 일어났다. 실제로 후지타는 "한 번은 제가 호수로 거의 날아갈 뻔했습니다. 그래서 그 존재를 증명하게 되었지요"라고 했다. 후지타는 그 공기 기류를 하강 돌풍downbusrt이라고 이름 붙였고, 그것을 바깥쪽으로 4킬로미터 이상 퍼져나가는 대돌풍과 4킬로미터 이내에서 퍼져나가는 소돌풍, 두 범주로 구분했다. 항공기의 안전과 관련해서는 후자가 훨씬 중요하다. 왜냐하면, 상대적으로 작은 크기의 돌풍은 탐지하기가 매우 어렵기 때문이다.

댈러스 참사의 원인

항공기에 영향을 미치는 공기 운동의 종류들은 일반적으로 난류와 갑자기 발생하는 바람 시어wind shear 두 범주로 나누어진다. 난류는 비행기의 요동침과 흔들림을 발생시킨다. 비록 승객들을 불편하게 만들기는 하지만, 난류가 비행기를 행로로부터 벗어나게 하는 일은 거의 없다. 바람 시어는 양력을 변화시키는 모든 바람으로 정의된다. 소돌풍은 바람 시어의 특수한 한 예이다. 또 다른 예는 날개 위의 공기의 상대속도에서 변화를 일으키는 급작스런 돌풍이다.

여러분은 그림 6-3에서 보이는 단순한 바람 패턴을 생각함으로써 소돌풍이 저공 비행에 미치는 영향에 대해 알 수 있을 것이다. 이 바람은 보이는 것처럼 구름에서 수직으로 내려온 다음, 지평선을 따라 이동한다. 왼쪽으로부터 이러한 바람으로 접근하는 비행기는 갑자기 강한 맞바람을 만나게 될 것이다. 그리고, 공기 속도에 비례해서 비행기 속도가 빨라졌음을 발견할 것이다. 위에서 상세하게 살펴본 것처럼 양력은 상승할 것이고, 이에 따라 비행기도 상승하기 시작할 것이다. 이를 극복하기 위해 조종사는 엔진의 힘을 낮추어 비행기를 하강하게 할 것이다. 그리고 비행기가 강한 하강 기류의 중심 지역을 지나게 될 때 양력은 감소하게 될 것이고, 비행기는 아래로 밀려갈 것이다. 그러다가

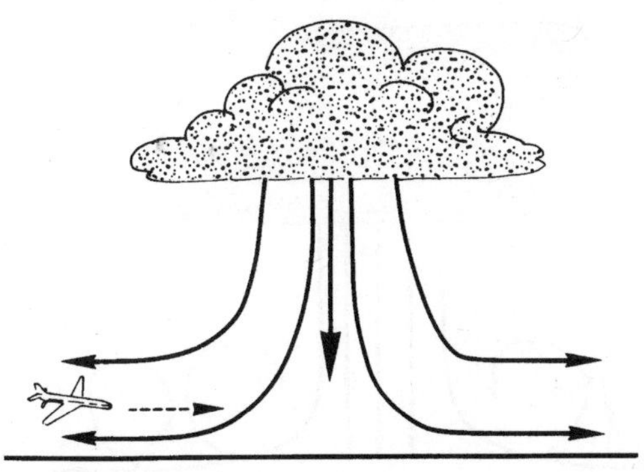

그림 6-3. 이러한 단순한 바람 패턴을 생각함으로써 저공 비행에 소돌풍이 미치는 영향에 대해 알 수 있다.

항로의 오른쪽 지역에서 비행기는 갑자기 강한 뒷바람을 만나게 될 것이다. 그러므로 양력은 공기 속도와 비행기 속도와는 비례하고, 조종사가 가능한 한 빨리 양력을 올려야 될 만큼 갑자기 떨어질 것이다. 운이 없다면 그는 균형을 잃을 것이고, 소돌풍은 또 하나의 희생양을 얻을 것이다.

댈러스 공항에서 일어난 것 같은 아주 거대한 소돌풍들은 상황이 더욱 복잡하다. 접촉 지점으로부터 외부로의 공기 유출이 완만하게 일어나는 것이 아니라 이러한 돌풍은 아마 그림 6-4에서처럼 소용돌이 구조의 유형을 발전시킬 것이다. 이러한 소용돌이는 미 서부 지역에서 촬영된 바 있는데, 바람에 불어 올려진 모래들이 이러한 회오리들을 보이게 만들었다. 그것은 또한 후지타의 연구실 안에서도 만들어진 일이 있는데, 이때는 바람의 유형을 보기 위해 연기를 이용했다.

이러한 소용돌이 구조 속으로 들어가는 항공기는 매우 급격한 바람

그림 6-4. 소돌풍은 소용돌이 구조의 유형을 발전시킨다.

의 속도 변화를 겪는다. 또한, 이러한 소용돌이의 폭은 대략적으로는 항공기의 날개 길이와 똑같기 때문에 한쪽 날개 끝이 밀리는 동시에 다른 쪽 날개는 들리는 경우가 생겨날 수 있다. 사람들은 델타 191기의 급작스런 회전이 이러한 현상 때문에 일어난 것으로 생각한다.

복잡한 소돌풍들의 소용돌이 구조는 또 다른 결과를 낳는다. 소용돌이를 지나갈 때, 항공기는 갑작스럽게 방향이 바뀌는 바람에 부딪힌다. 예를 들면 A라고 이름 붙인 지점에서 항공기는 강한 맞바람을 만난다. 하지만 B에서는 동일하게 강한 뒷바람을 맞는다. 그러므로 비행기는 아주 짧은 순간에 격렬한 양력의 변화를 겪게 된다.

소돌풍에 대한 사실들과 그것이 비행에 미치는 영향과 더불어 우리는 1985년에 후지타가 댈러스 공항 사건을 재구성한 것에 주목할 수 있다. 그림 6-5는 네 단계에 걸쳐 발전하는 돌풍을 보여준다. 그리고 각각의 단계는 위에서 언급한 네 대의 비행기들 각각의 비행 경로를 덧붙인 것이다.

아메리칸 에어라인 351기가 도달했을 때는 하강 돌풍이 비행 경로 위에 있었기 때문에 비행기는 강한 바람과 강한 비를 만났지만 바람 시어는 없었다. 몇 분 후 리어제트 비행기가 같은 장소를 지나갔다. 이때는 하강하는 돌풍이 거의 땅에 도달했다. 이 비행기는 강한 하강 기류를 만났고, 그림에서 보여지듯 급작스런 고도 저하를 겪게 된다. 비행사는 이러한 손실을 엔진의 힘으로 보충하면서, 돌풍의 나머지 부분을 통과하고 안전하게 착륙한다.

몇 분이 더 흘러 돌풍은 대지를 강타했고 특징적인 소용돌이 패턴을 보이면서 밖으로 퍼져나갔다. 그것이 델타 191기가 만난 상황이었다. 항공기는 몇 개의 소용돌이를 통과하면서, 갑작스런 회전과 동시에 양력의 급속한 변화를 겪게 된다. 조종사는 이러한 상황에 대처할 수 있었다. 하지만 비행기가 A라고 붙여진 유출 지점을 지나갈 때, 뒷바람에 의해 발생하는 양력의 손실은 조종하기에는 너무 큰 것이었기 때문에 치명적으로 고도를 상실하게 됐다.

몇 분 후 소돌풍이 완전히 발전했다. 이러한 사고 때문에 아메리칸 에어라인 539기의 착륙이 허가되지 않았고, 돌풍 속으로 들어갈 때 이 비행기는 고도 9백 미터를 유지했다. 그 덕분에 소용돌이 구조의 심장부 위로 날 수 있었고, 바람 방향의 급작스런 변화를 피할 수 있었다. 선회했다는 것을 제외하면, 그 항공기는 아무 피해도 없었다.

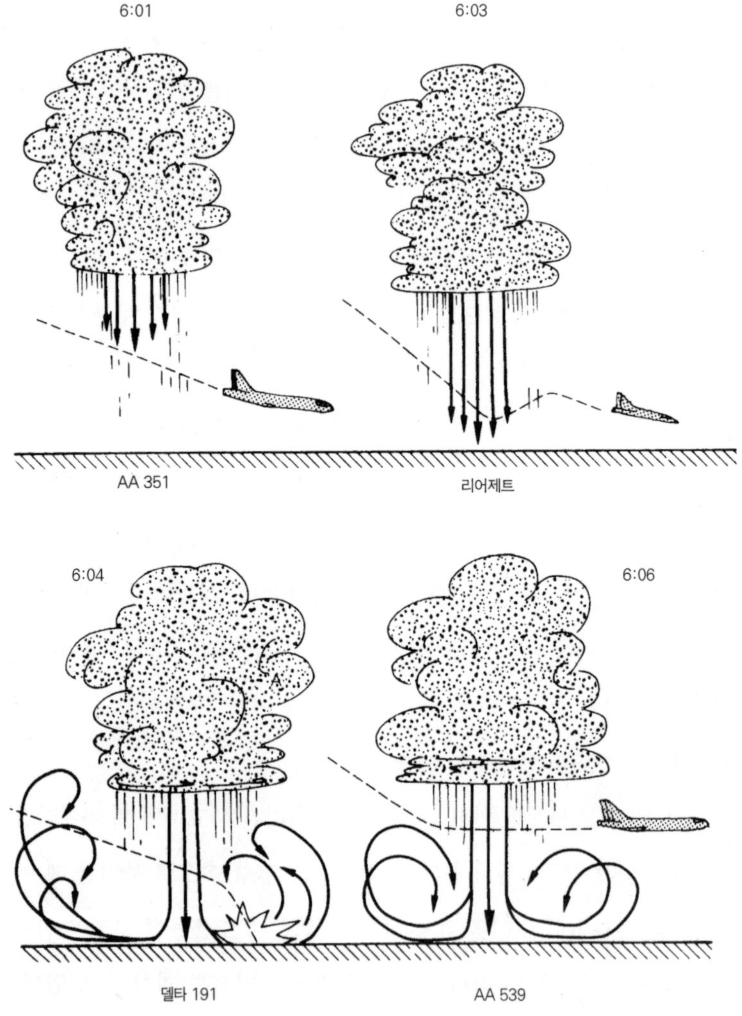

그림 6-5. 후지타 박사가 재현한 댈러스 공항 사고 장면. 네 단계에 걸쳐 발전하는 소돌풍을 보라.

이러한 대형 공항에서의 소돌풍의 영향에 관한 상세한 기술은 사건 조사팀에 소환된 후지타 박사가 작성한 것이다. 이것은 기상관제 레이더와 비행 기록장치, 중앙관제탑 기록들, 비행기 승무원과의 대화들에 근거한 사건 조사 작업에서 매우 정밀한 부분이다. 이것이 아주 명확하게 보여주는 것은 소돌풍은 항공기에게 아주 큰 위협이 된다는 사실이다. 또한 소돌풍을 피할 수 있는 효과적인 방식도 가르쳐 준다. 주요 폭풍우와 다른 위협적인 날씨 조건들처럼, 소돌풍도 탐색되어진다면, 효과적으로 대처할 수 있다는 것이다.

"만약 탐지된다면"이라는 것이 여기서 결정적인 부분인데, 왜냐하면 초기 소돌풍에 대한 탐지는 극도로 어려웠기 때문이다. 그 거대한 사촌인 대돌풍macroburst과는 달리 소돌풍은 대형 폭풍우나, 거대한 구름이 없이도 얼마든지 발생할 수 있다. 작고 고립된 뇌우도 충분히 댈러스에서 일어난 참사의 원인이 되기에 충분하다. 이것은 공항을 폐쇄하는 것으로는 소돌풍에 대응할 수 없다는 것을 의미한다. 오헤어나 러과디아 같은 대형 공항을 뇌우가 근방에 있다는 것만으로 매번 폐쇄한다면, 공항은 문을 닫아야 할 것이다. 그렇게 된다면, 미국 동해안을 여행하는 승객들은 러과디아 공항의 착륙 유도선이 정비될 때까지는 이륙을 하지 못할 것이다. 이러한 문제를 해결할 수 있는 유일한 실용적인 방안은 돌풍이 일어나는 것을 예보할 수 있는 방식을 발견하거나, 돌풍 자체를 탐색할 수 있는 도구를 찾아내야 한다는 것이다.

두 경우 다 기술적인 문제를 안고 있다. 돌풍을 직접 찾아내는 것은 어려운 일인데, 왜냐하면 지역적 날씨를 모니터하기 위해 국가에서 사용하고 있는 레이더들은 소돌풍같이 소형이거나 국지적인 것들을 잡아낼 수 있게 설계되어 있지 않기 때문이다. 그 이유는 간단하다. 일상적인 레이더 작업이란 밀도가 차이나는 것들을 반영하여 그것을 측정하는 것이기 때문이다. 예를 들면, 구름 속의 물방울은 건조한 공기와는 차이 나는 신호를 보내온다. 구름은 레이더 스크린으로 명확하게 볼 수 있다. 그러므로 텔레비전 날씨 방송에 나오는 것 같은 레이더 그림에 관해서는 여러분은 의심할 필요가 없다. 마찬가지로, 비가 올 때의 큰 물방울들은 구름 속에 있는 작은 방울과는 다른 이미지를 만들어낸다. 그러므로 레이더는 비가 오는 지점을 알 수 있다.

그러나 소돌풍 안에 있는 공기가 비록 더 차갑긴 하지만, 그 안의 공기의 밀도는 주변 공기의 밀도와 그다지 큰 차이를 보이지 않는다. 레이더 탐지기를 통한 신호의 차이는 매우 작다. 그 모든 의도나 목적들에 있어서 소돌풍과 주변 환경은 분리되지 않기 때문이다. 이러한 사실에 덧붙여 둘 것은 항공 교통 관제관은 하강하는 공기가 타격받을 장소를 습격하기 몇 분 전에야 발견할 수 있다. 여러분은 지금 일급의 기술적인 문제들을 접하고 있다.

논의된 문제들을 해결하고 검사할 수 있는 오늘날의 유일한 해결책은 도플러 레이더라고 불리는 것을 사용하는 것이다. 이 레이더는 광선의 반사를 이용해 대상의 속도를 측정한다. 이런 종류의 레이더는 우리 주변에서도 볼 수 있는데, 경찰관들이 사용하는 속도 측정계가 바로 이것이다. 반사된 광선의 주파수의 이동은 여러분의 자동차가 어느 정도

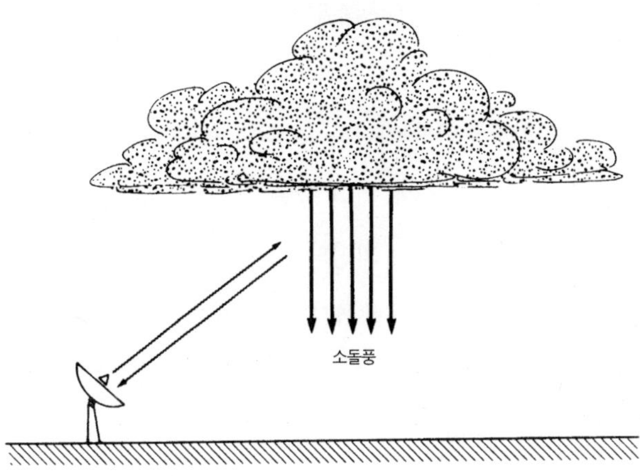

그림 6-6. 도플러 레이더 안테나의 네트워크는 계속해서 하늘을 촬영하고 스캔하다가 돌풍의 신호가 확인되면 자동 경보 체계를 작동시켜 돌풍이 일어날 지역에서 항공기가 멀어지도록 경고를 보낸다.

빠르게 이동하고 있는지를 보여준다. 날씨 레이더의 경우 주파수는 구름이 얼마나 빠른지, 공기 덩어리가 얼마나 빠르게 이동하는지를 말해준다.

공항에 있는 도플러 레이더는 그림 6-6에서처럼 사용된다. 레이더 안테나의 네트워크는 계속해서 하늘을 촬영하고 스캔하고 있다. 만약 소돌풍이 가능한 상황이 발생한다면, 위험 지역의 근방을 모니터하면서 빠르게 하강하는 공기의 돌풍을 감시한다. 공기의 돌풍이 시작되면, 반사되는 광선의 작고 갑작스런 주파수의 변화까지 기록될 것이다. 효과적으로 작업하기 위해서 몇몇 레이더 기지는 공기 덩어리의 진행을 서로 정보를 주고받을 것이다. 그 신호가 확인될 때, 자동 경보 체계는 돌풍이 발생하기 전까지 그 지역에서 항공기가 멀어지도록 경고할 것이다.

주요 공항에서 그 같은 시스템을 설치하는 데는 상당한 장애물들이 있다. 우선 도플러 레이더는 가격이 비싸다. 테스트 프로그램 없이도 설치할 수 있는 그런 장비가 아니다. 그러나 보다 더 중요한 것은 우리는 소돌풍과 하강 기류 현상에 대한 충분한 지식이 없기 때문에 이러한 설치를 하는 것이 사고를 막는 최선의 길인지 확신할 수 없다는 사실이다. 진정으로 우리의 목적을 수행했다고 말할 수 있으려면 더 많은 과학적 작업이 이루어져야 한다.

'거대한 개미핥기'라고 불리는 구름

지금까지 소돌풍에 대한 두 가지 대규모 연구들이 완결되었다. 그것들은 NIMROD와 JAWS라 불린다. 첫번째 연구를 위해 1978년 시카고 근처에 있는 세 대의 도플러 레이더가 이용되었다. 두번째 연구는 1982년에 시작되었는데, 덴버 지역에서 세 개의 도플러 레이더와 27개의 작은 기상학 기지들이 이용되었다. 1986년 여름, 미국 남서부 지역에 있는 유사한 연결망들을 통해 시작되었다. 이 작업들의 목표는 대형 공항 근처의 지역들에 있는 하강 돌풍들을 확인하고 연구하는 것이다.

이러한 조사들을 통해 많은 소돌풍들이 관찰되었고, 그 속성들에 대한 아주 가치있는 정보들이 수집되었다. 내가 놀란 것 중 하나는 돌풍의 주파수였다. 예를 들어 1982년의 여름, JAWS 네트워크는 186이나 되는 주파수를 기록했다. 이런 현상은 드문 것으로서 놀랄 만한 수치이다. 이것은 일반적인 빠른 바람이라고 생각되는 것들이 많은 경우 사실은 소돌풍이라는 것을 의미한다.

　　이들 연구들의 결과들은 여러 가지 방식에서 실망스러운 것이기도 하다. 결과들은 하강 돌풍 현상이 기대했던 것보다는 훨씬 복잡하고, 다면적이라는 것이다. 비록 댈러스의 소돌풍은 폭우를 동반했지만, 많은 돌풍들은 비를 전혀 동반하지 않는다. 덴버 근처에서 관찰된 소돌풍들의 80퍼센트, 그리고 시카고 근처에서 발견된 30퍼센트는 "마른" 변종들이었다. 게다가 어떤 돌풍들은 수직으로 떨어지는 반면 다른 것들은 바람에 의해 비스듬히 떨어지기 때문에 대지 근처에서 비대칭적인 소용돌이를 만들어낸다. 어떤 돌풍들은 땅에 도달하지 않고, 중간에서 사라진다. 때때로 돌풍은 내려오는 도중 비틀어져서 지표면에서 돌풍과 같은 분출을 유발하고 토네이도 같은 사이클론 모양을 한다. 때때로 이러한 소용돌이들은 나머지로부터 분리되어 머리가 밖으로 나와 빠른 바람이 만든, 마치 덤블링을 하며 도는 통 같다. 명확하게 말해 소돌풍에 대한 단순한 패턴은 없다. 그것들은 현상의 전체 집합을 만들어내고, 그것을 다루기 위해서는 세부적인 것들을 연구해야 된다.

　　우리는 소돌풍 과정의 설명에서 그 원인으로 관심을 돌릴 때에도 마찬가지로 당혹스럽다. 구름의 어떤 단일한 유형이 소돌풍을 발생시키는 것이 아니다. 그것들은 기둥 모양의 뇌우 구름으로부터도 발생하지만, 또한 고립된 비구름이나 다양한 형태의 거대한 적운으로부터도 발생한다. 가장 장관인 것은 후지타 박사가 "거대한 개미핥기"라고 부른 구름이다. 그것은 그림 6-7에서 보여지는 것과 같다. 원인이 매우 복잡하기 때문에 주어진 구름에서 하강 돌풍이 발생할지 안 할지를 예측하

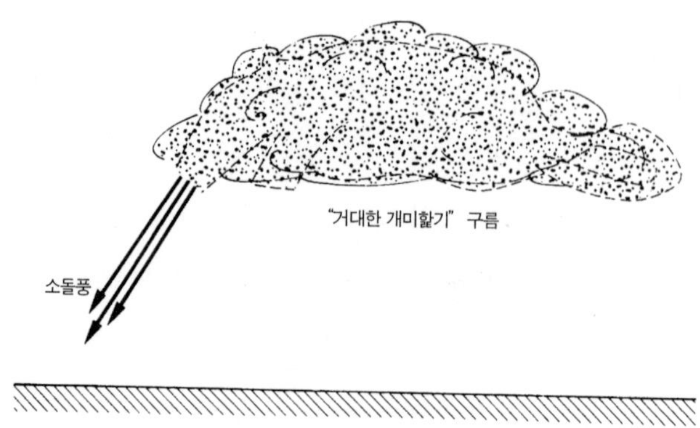

그림 6-7. 후지타가 "거대한 개미핥기"라고 부른 구름.

는 우리의 능력은 당연히 불충분할 수밖에 없다.

사실 소돌풍의 발생에 대해 확신을 가지고 이야기할 수 있는 것은 단지 하나밖에 없다. 거대한 공기 덩어리가 있는 어딘가에서부터 땅으로 급속히 하강하기에 충분할 만큼의 급속한 냉각이 이루어진다는 것이다. 가장 명확한 요인(하지만 이것 하나만은 아니다)은 증발하면서 냉각하는 현상 때문이다. 물이 증발되어질 때, 그것은 액체에서 가스 상태로 가기에 필요한 초과 에너지를 주변부의 열을 통해 가지고 간다. 여러분은 더운 날 열을 식히기 위해 얼굴에 물을 뿌려본 적이 있을 것이다. 같은 현상이 구름 안에서도 일어난다.

예를 들면 그림 6-8은, 콜로라도 주에서의 관찰된 "마른" 소돌풍의 모습이다. 빗방울은 구름으로부터 떨어지기 시작하지만, 공기중에서 증발하고 만다. 이러한 증발은 주변 공기의 열을 빼앗아가고, 그 바깥 주변보다 더욱 밀도가 높아질 것이고, 땅으로 하강할 것이다. 이러한

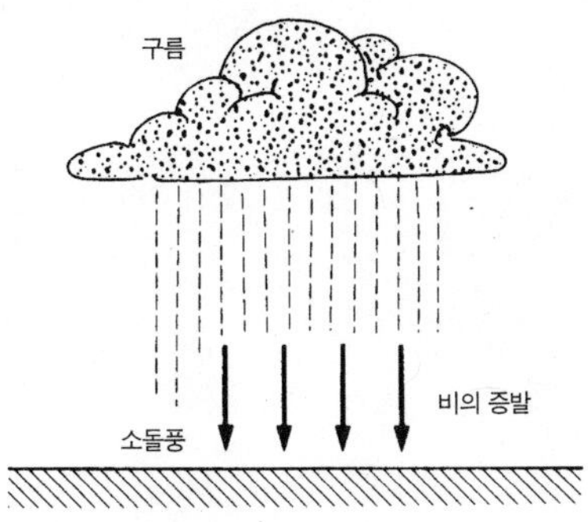

그림 6-8. 콜로라도 주에서 관찰된 "마른" 소돌풍의 모습.

일이 방목장이 아니라 공항에서 일어난다면, 델타 191기 같은 사고를 불러일으킬 것이 뻔하다.

이것이 우리가 소돌풍에 대해 현재까지 가지고 있는 지식이다. 우리는 소돌풍들을 관찰하고, 목록을 만들고 발생 원인들의 복잡한 계에 대한 것들을 배우고 있다. 우리는 여전히 어떤 한 구름이 소돌풍을 발생시킬지 아닐지를 예상할 수 있을 만큼 충분한 지식을 가지고 있지 않다. 또한 우리는 우리의 항공기를 보호할 효과적인 경보 시스템도 충분히 갖추지 못하고 있다. 우리가 그러한 지식을 갖춘 다음에야, 우리는 후지타 박사의 다음과 같은 종류의 말에 만족하게 될 것이다. 후지타에게 어떤 사람이 이착륙 시에 우리가 무엇을 생각할 수 있는지에 관해 물었다. 그는 이렇게 대답했다. "여러분이 3백 미터 위에 있는 동안은 소돌풍로부터 안전할 거요."

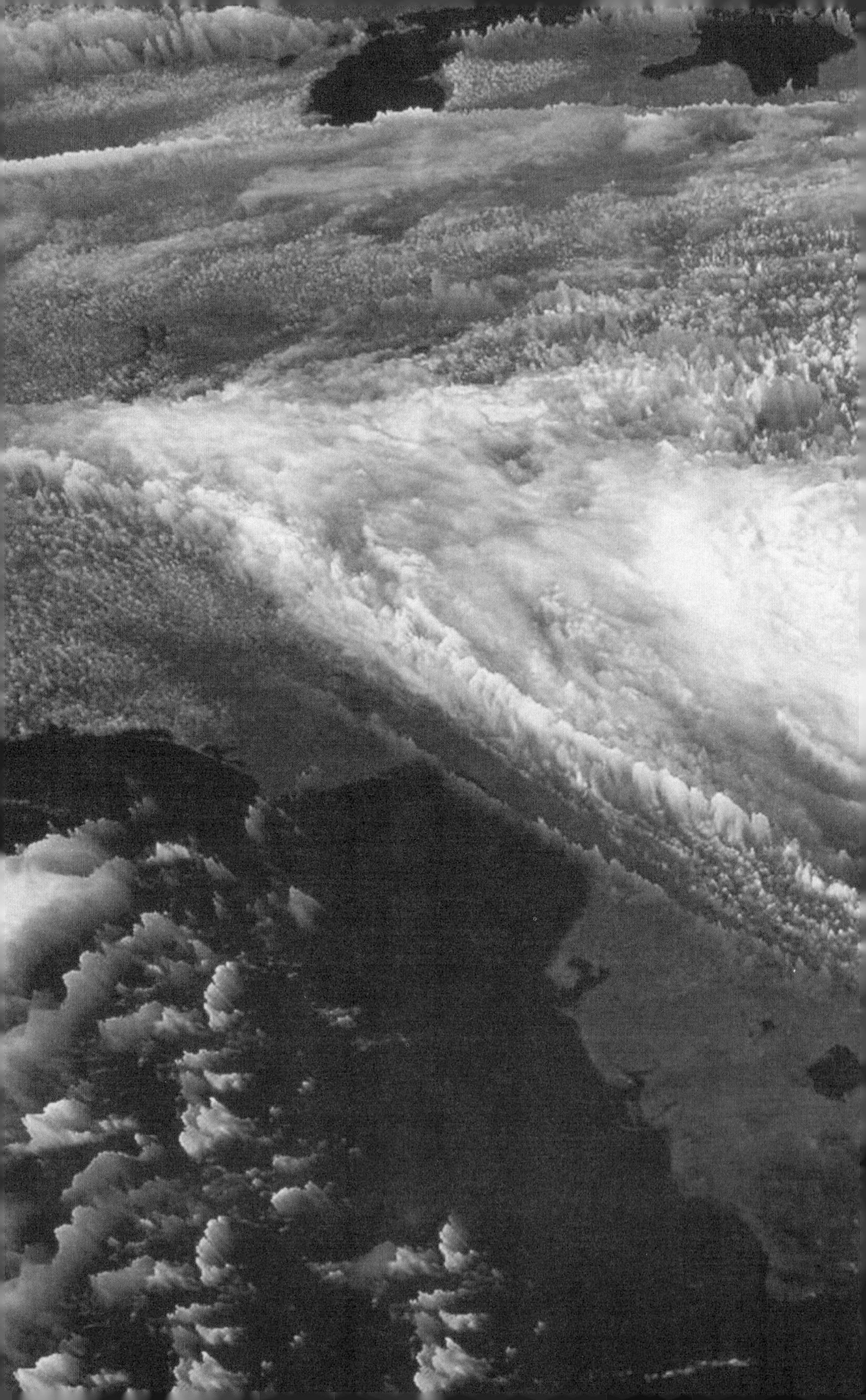

07/"젤더"라는 이름의 허리케인

"허리케인이 보고 싶으세요?"
그들은 물었다.
"무슨 허리케인이요?"
대답 대신 몇 개의 버튼들을 누르자
카리브 해 연안의 바다가 스크린에 펼쳐졌다.
그리고 작은 기호가 빨간색으로 빛났다.
그것은 플로리다 해안에서 생겨난 실제의 허리케인이었다.

내가 그것에 대해 처음 들었던 것은 서배너 강 연구소들을 방문하고 있을 때였다. 이 연구소들은 제2차 세계대전 때 설립되어 연방 정부를 위해 연구를 하고, 듀퐁 그룹이 운영하고 있는데, 미국에서 아주 중요한 핵화학 연구(무기 재료를 생산하는 동시에 의학에 쓰이는 동위원소를 만드는 곳이다)를 하는 곳이다. 이곳은 조지아 주와 사우스캐롤라이나 주의 경계에 위치하고 있는데, 스크럽파인 나무로 뒤덮여진 숲에 자리잡고 있는, 첨단 기술로 가득한 신기한 곳이었다.

그 날 내 관심을 사로잡은 것은 핵물리학과는 단지 지엽적으로만 관련된 것이었다. 연구소에는 아주 복잡한 기상 관측 시스템이 있었다. 연구소 주변의 열두 군데의 장소에서 5분마다 바람의 방향과 속도, 강수량 등에 관한 정보를 보내왔고, 컴퓨터는 이것을 미 국립 기상청에서 제공하는 규칙적인 주변 지역 정보들과 합쳐서 기록하고 있었다. 그 결과 실험실 주변의 기상에 관해 매 분마다의 그림이 그려졌다.

기상 관측소를 가동하고 있던 여자는 내가 들어갔을 때, 자신의 일을 즐기는 것처럼 보였다. 그녀는 자신의 장난감을 자랑하고 싶어했다. "사고 하나만 만들어 줘요." 그녀는 말했다. 그녀는 내가 핵 물질의 우연적인 방출과 관계된 사건을 만들어 주기를 원한 것이다.

"방어막을 해제해서 플루토늄을 유출시켜 보는 것은 어떻겠어요?" 나는 내가 생각해낼 수 있는 최악의 경우를 만들어서 대답했다. 그녀는 제어장치의 버튼 몇 개를 누르더니, "플루토늄 양은 어느 정도로요?"라고 물었다.

나는 다시 한 번 최악의 경우를 떠올리며 "한 1, 2파운드쯤이요"라고 대답했다.

몇 개의 버튼을 더 누른 다음 그녀는 "그 밖에 다른 건 없어요?"라고 물었다.

나는 가능한 한 내 방식대로 좀더 허세를 부리고 싶었지만, 핵화학에 대한 전문성의 결여가 나를 붙잡았다. 나는 플루토늄이 원자로에서 누출될 때 어떤 일이 벌어지는지에 대해 전혀 모르고 있다는 것을 인정해야 했다. 나를 초청한 핵 기술자가 플루토늄 누출 사고가 어떤 것인지에 대해 설명해 주었다. 작동자가 컴퓨터에 몇 개의 명령어를 집어넣자 갑자기 실험실과 주변 지역의 지도가 스크린 위에 나타났다. 그리고 한 원자로 근처에 붉은 점 같은 것이 나타나더니 점점 커지기 시작했다. 갑자기 기상 관측 시스템들이 선명해졌다. 바람의 방향을 안다는 게 이러한 사태가 터졌을 때 어떤 일이 일어나게 될지를 예상할 수 있게 해 주었다.

화면 위의 붉은 점이 연구소의 경계(지름이 320킬로미터 정도 되는 거대한 숲 지대)에 접근함에 따라 스크린은 깜박거리기 시작했다. 경고 신호가 나타나고, 구름이 경계 지역을 건널 것이라고 예고하면서 그러한 일이 일어날 때는 방사열의 수준이 어느 정도일지, 그리고 주 정부와 연방 기관에 바로 알려야 한다는 것까지 이야기해 주고 있었다. 그 시스템이 심지어 전화번호도 알려줄 거라는 생각이 들 정도였다.

이 일은 매우 인상깊었다. 여러분이 이 설명들을 읽는 데 걸리는 시간보다 더 짧은 시간 동안에 그 시스템은 내가 일으킨 가상의 사고를 복구하기 위해 취해야 할 조치들에 대해 자세히 알려주었다. 그 기상청

직원은 나의 반응에 흡족한 것처럼 보였고, 그 성공의 기쁨에 마음이 넓어진 것 같았다.

"허리케인이 보고 싶으세요?" 그들은 물었다.

"무슨 허리케인이요?"

대답 대신 몇 개의 버튼들이 눌러지고, 미국 남동부의 지도와 카리브 해 연안의 바다가 스크린에 펼쳐졌다. 플로리다 해안에서 꽤 떨어진 바다에서 작은 기호가 빨간색으로 빛났다. 그림 7-1은 허리케인을 나타낸다. 가상의 것이 아니라 실제의 것말이다.

그림 7-1. 허리케인을 나타내는 기호.

나는 이 기호를 본 방문자들 대부분이 했을 법한 질문을 했다. "오늘 오후에 비행기를 타고 돌아갈 수 있을까요?" 보통 이런 특별한 폭풍은 생기기 며칠 전에 그 존재를 감지해낸다. 하지만, 나는 1985년 가을에 찾아왔던 허리케인 글로리아를 결코 잊을 수 없다.

허리케인 글로리아의 일생

글로리아는 아주 특별한 태풍이었다. 왜냐하면, 그것은 매우 정확한 경보가 가능해진 후 미 동부 해안을 강타한 첫번째 폭풍이었기 때문이다. 글로리아는 동부 해안으로 움직이면서 대단한 대중적인 관심을 끌었다. 운이 좋았기에, 글로리아는 그 분노를 바다에서 풀어버렸고, 뉴욕과 코네티컷에 상륙했을 때는 상대적으로 작은 피해밖에 입히지 않았다. 그럼에도 글로리아는 많은 이전의 폭풍들처럼, 그 짧은 방문 기간 동안 사람들의 삶을 바꿔 놓았다. 내가 아는 한 저명한 편집자는 폭풍 때문에 버지니아 여행이 취소되었다. 그리고 그날 밤 버지니아 해안 내륙의 샬러츠빌에 있는 여관들은 때 아닌 대목을 만나게 되었다.

그 다음 주 내내 언론은 폭풍과 그 영향에 대한 분석을 집중적으로 실었다. 나는 이전에 허리케인에 대해 많은 생각을 한 것은 아니었지만, 리포터들로부터 계속되는 전화는(그 중에 하나는 폭풍의 나선 모양과 은하계의 나선 모양과 관계가 있는지 알고 싶어했다) 내가 아주 흥미로운 주제 하나를 간과하고 있다는 사실을 깨닫게 했다. 내가 발견한 것처럼, 매일 반복되는 지구의 자전으로부터 그 바다의 상태에 이르기까지 허리케인의 생명 주기는 우리 행성의 많은 두드러진 특성들이 집약된 것이다. 그리고 폭풍의 메커니즘(폭풍이 움직이기 시작하면서 행동하는 방식)은 매우 흥미로운 물리학 원리들을 설명해 준다.

허리케인은 적도에서 발생해 회전하는 큰 폭풍우들의 한 형태이다. 그것은 나선형으로 움직이는 공기와 구름들의 흐름 및 저기압대로 특징지을 수 있다. 유럽 사람들은 콜럼버스의 항해를 통해 허리케인의 존재를 알게 되었다. 허리케인은 남대서양을 제외하고는 지구의 모든 바다에서 나타난다. 동양에서는 그것을 태풍이라고 부르고, 대서양에서는 허리케인이라고 부른다. 그리고 다른 곳에서는 열대성 사이클론이라고 부른다. 그것은 몬순, 즉 아프리카와 아시아에서 발생하는 강한 폭우를 동반하는 계절풍과는 명확하게 구분된다.

많은 사람들은 허리케인에 이름을 붙이는 것에 대해 큰 흥미를 느낀다. 물론 이름을 붙이는 것은 그것을 식별하고 이야기하기 편하게 하기 위해서이다. 하지만, 어떻게 이런 관습이 시작되었는지를 밝혀내는 데는 다소 어려움이 있다. 내가 들은 이야기 중에 그럴듯하게 여겨진 것은 이러한 관습이 소설가이자 사전 편집자인 조지 스튜어트가 1941년에 쓴 베스트셀러에서 나왔다는 것이다. 《폭풍》이라는 제목의 그 책에는 기상청에서 근무하며 폭풍에 이름을 붙이는 인물들이 나온다. 어떤 것에는 소녀들의 이름을, 다른 것에는 유명한 장군들의 이름을 붙이는 식이다. 어찌됐건 소녀들의 이름을 붙이는 그러한 관습은 제2차 세계대전 전에 군의 기상학자들이 실행하기 이전에는 사용된 적이 없다. 이런 식의 무작위적인 이름 붙이기는 1953년에 알파벳 순서에 따라 이름을 붙이는 것으로 대체되었다. 그 해 첫 폭풍은 A, 다음 번은 B 등으로 말이다. 1979년에 소년의 이름과 소녀의 이름을 번갈아 사용하는 현재의 체계가 채택되었다. 그러므로 G로 시작되는 이름을 가진 글로리아는 1985년도의 일곱번째 폭풍이었다.

일기예보에 조금이라도 관심을 가진다면, 아마 대부분의 이름들이 알파벳의 전반부에만 속한 이름들이라는 것을 알게 될 것이다. 여러분은 제이크Zeke 혹은 젤더Zelda라는 허리케인 이름을 들어본 적이 있는가? 이에 대한 관찰은 허리케인에 대한 중요한 진실을 암시한다. 허리케인은 상대적으로 적게 발생한다. 백여 가지가 넘는 가능한 기상 상황 중에서 대서양 허리케인은 매년 단지 다섯에서 열다섯 개 정도만 발생한다. 이것은 저번에 불어닥쳤던 오필리아 같은 것은 굉장히 드문 경우라는 것을 의미한다. 하지만 이름 붙이기에 대한 재확인은 그만두고, 우리는 다음의 두 가지 큰 과학적인 질문에 대한 답을 알고 싶어진다. 허리케인이 발생하는 정확한 원인은 무엇인가? 그리고 왜 자주 발생하지 않는가? 우리가 이 두 가지 질문에 대해 정확히 답할 수 없다는 사실은 곧 드러날 것이다. 열대 폭풍이 허리케인으로 발전할지 안 할지를 예상할 수 있는 능력은 현재로서는 과학의 영역 밖에 있다.

왜 허리케인은 적도는 지나지 않을까

그림 7-2는 대서양에서 발생하는 허리케인의 전형적인 진로 몇 가지를

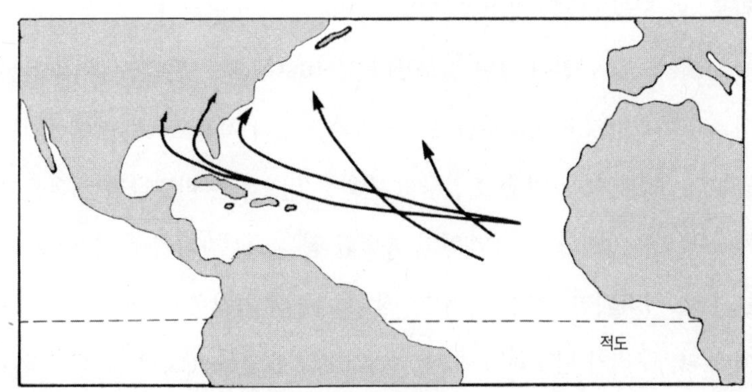

그림 7-2. 대서양에서 발생하는 허리케인의 전형적인 진로.

표시한 것이다. 폭풍은 아프리카 서부 해안의 약한 저기압 지역에서 시작한다. 그것은 적도 지역의 무역풍을 따라 서쪽으로 이동하고, 북쪽으로 휘어지며 대서양을 관통한다. 허리케인이 되기 위해서는 횡단하는 동안 바다 표면에 있는 물의 열기로부터 에너지를 얻어야 한다. 카리브 해 근방의 어디에선가 폭풍우가 북쪽으로 회전하고, 멕시코 만, 그리고 북아메리카의 동부 해안 같은 육지에 접근하거나 바다 위로 불어야 한다. 이 그림은 허리케인이 지나갈 수 있는 경로들을 보여주고 있다.

지구 표면의 일부 구역에서 일어나는 일반적인 운동 체계에 반해서 수백 킬로미터를 횡단하는 폭풍 체계에 대해 우리는 많은 질문을 제기할 수 있다. 예를 들면, 그것을 가능하게 하는 에너지는 어디로부터 얻는가? 폭풍 안에 있는 에너지는 가장 강력한 핵무기의 에너지를 능가한다. 그것은 어디로부터든 얻어내야 한다. 왜 직선 운동을 하는 대신 저기압 지대를 따라 휘어지는가? 왜 폭풍은 무역풍을 따라 직선 횡단하는 대신 적도로부터 휘어져 올라가는가? 그리고 내가 몰두하고 싶어하는 질문, 왜 허리케인은 한 번도 적도를 지나간 적이 없는가?

에너지의 근원에 관한 질문부터 시작하자. 지구 위의 모든 기상 현상들과 마찬가지로 허리케인도 태양열과 지구의 자전으로부터 에너지를 얻는다. 이들 둘은 기후 조건들의 변화를 일으키는 바람들과 기온들의 차이를 만들어낸다. 허리케인의 특별한 점은, 그 파괴력에 있다기보다는 한번 시작되면, 점점 커지고, 상당히 오랜 기간동안 지속된다는 점에 있다. 우리가 탐구하고자 하는 에너지는 그것을 시작하게 하는 것과 그것을 유지하게 하는 에너지이다.

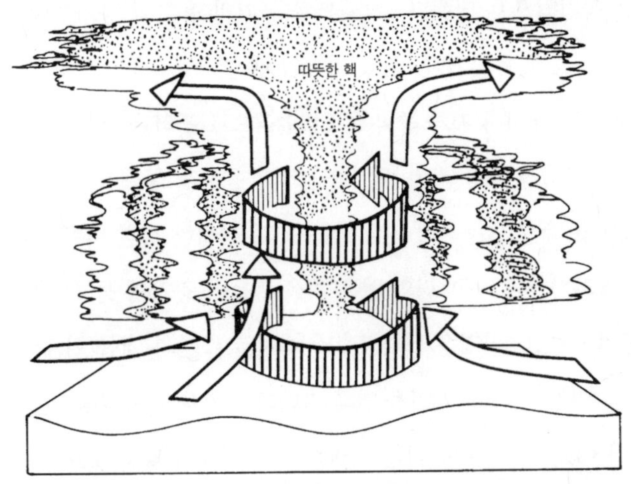

그림 7-3. 성장한 허리케인의 구조. 중심부의 더운 공기는 허리케인이 사라질 때까지 거의 그대로 유지된다.

성장한 허리케인의 구조는 그림 7-3에서 보여지는 것과 같다. 허리케인은 다른 폭풍들과 달리 중심부가 데워져 있다는 점에서 다르다. 사실 이것은 이 야수의 가장 놀라운 특징 가운데 하나인데 그 안의 온도는 거의 사라질 때까지 떨어지지 않는다. 그림에서 보이는 것처럼 주변 공기는 고도가 낮은 쪽에서 특징적인 커브를 그리면서 폭풍의 중심으로 몰려간다. 공기가 중심에 도달했을 때, 그것은 상승하기 시작한다. 그런 상승이 일어날 때 수증기는 응결되어 물방울을 형성한다. 5장에서 논의한 이후, 우리는 이러한 응결이 구름을 형성한다는 것을 알고 있다. 사실 이러한 과정은 폭풍 지대를 뒤덮는 짙은 구름의 주요 원천이다. 물방울을 만들면서, 이러한 응결은 열을 발생하여 폭풍의 중심을 따뜻하게 하고 저기압으로 만든다. 그러므로 공기의 유입이 증가하며, 전체 시스템은 이로써 유지된다. 상승 기류의 맨 윗부분, 즉 수면에서 약 16 킬로미터 높이에서 공기가 중심에서 바깥쪽으로 흘러나온다.

일단 허리케인이 생겨나면, 수증기의 응축을 통해 지속적으로 열이 유입되고 계속 활동하게 된다. 해수면과 근접한 강한 바람이 수면을 휘감아 올라가면서, 물보라의 얇은 판을 만들어 공기와 물 사이의 접촉면을 증가시키고, 이것은 바다로부터 대지로 수분과 열을 쉽게 전달하게 한다. 여러분은 허리케인을 열대 바다의 뜨거운 표면 위로 움직이며, 물로부터 에너지를 빨아들이는 거대한 진공 청소기 같은 것으로 생각하면 된다. 응축열을 통해 영양분을 공급받을 뿐 아니라, 이러한 방식으로 바다 표면에 실제로 영향을 미침으로써 그 과정을 훨씬 쉽게 만드는 것이다. 결국, 바다가 폭풍 에너지의 궁극적인 원천이라는 것은 그 힘이 육지에 상륙하면서부터 급격하게 소멸된다는 사실에서도 확인할 수 있다.

물리학의 가장 흥미로운 부분, "기상력"

난로의 주전자에서 나오는 김에 차가운 칼날을 갖다 대면, 응축이라는 간단한 과정이 에너지와 관계 있음을 볼 수 있다. 또한 칼 위에 공기방울이 맺힐 때, 칼날을 만져보면 얼마나 빨리 뜨거워지는지를 알 수 있다. 수천 제곱 킬로미터의 공기와 물로부터 나오는 응축열을 생각하면, 이 폭풍의 에너지원이 그것에 얼마나 충분한 에너지를 제공하는지 짐작할 수 있을 것이다.

논지에서 벗어나는 일이겠지만, 잠깐 우리는 응축의 과정이 상전이(相轉移)라고 불리는 물리학적 과정의 예임에 주목해야 한다. 이러한 과정들은 현대 물리학에서 굉장히 중요하기 때문에 이것을 논의하는 데 다음 장 전체를 할애할 것이다. 지금은 단지 그것이 허리케인에 에너지를 제공한다는 점에만 주목하기로 하자.

이 특별한 수수께끼를 풀려면 우리는(적어도 내게는) 더 재미있는 질문에 집중해야 한다. 왜 바람과 폭풍은 그렇게 움직이는가? 왜 폭풍의 영역으로 들어가는 바람들은 우리가 직관적으로 기대하는 것처럼 저기압 지대로 직진하지 않고, 휘어져서 들어가는가? 폭풍 중심부의 소용돌이 운동을 유지하는 힘은 무엇인가? 이러한 질문에 대한 답은 물리학의 가장 흥미로운 부분 중 하나인, "가상력(假像力)"이라고 불리는 주제로 우리를 안내한다. 이러한 종류의 고찰은 결국 우리를 20세기 첫무

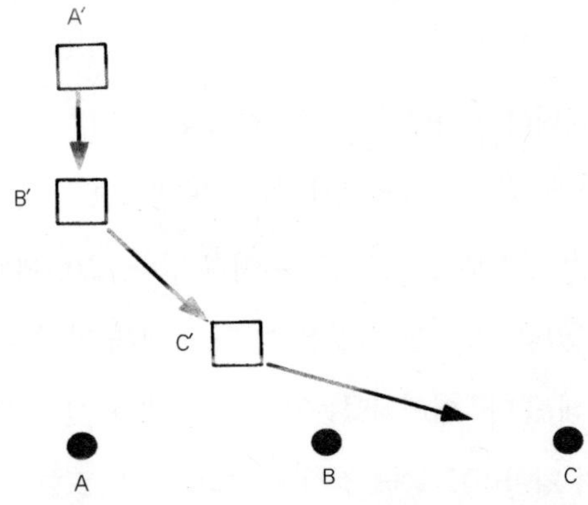

그림 7-4. 허리케인이 회전하는 것은 지구가 자전하기 때문이다.

렵의 상대성 이론으로 이끌고 갈 것이다.

위성 사진에서 볼 수 있는 허리케인(혹은 다른 거대한 폭풍)의 회전은 지구의 특성 탓인데, 그것은 지구가 축을 중심으로 자전하기 때문이다. 이 점을 보기 위해 그림 7-4를 참조하자. 저기압인 점 A에 반응하여, A′의 공기 덩어리는 운동을 한다. 그것은 여러분이 폐 속에 공기를 집어넣기 위해서 횡경막을 확장하여 가슴 안을 저기압으로 만드는 것처럼, 공기 덩어리는 낮은 압력 지점으로 이동할 것이다. 그 공기 덩어리가 이동하는 동안 A는 지구의 자전에 따라 동쪽으로 이동할 것이고, 공기 덩어리가 B′에 도달하는 동안 저기압 지역은 B로 이동한다. 여기서 공기 덩어리는 "중간 경로 보정"을 거친다. 대기압의 힘은 이제 B로 향하게 만들고 의무를 다하기 위해 새로운 방향으로 향할 것이다.

이러한 과정이 무기한 반복되리라는 것은 쉽게 알 수 있다. 공기 덩어리가 C′에 도달했을 때, 저기압 지역은 C로 이동해 있을 것이고, 덩어리가 D′로 이동했을 때, 그 지역은 다시 D로 이동하는 식으로 말이다. 이러한 결과는 사진을 통해 명확하게 볼 수 있다. 계속 이동하는 저기압을 쫓아다니다가 나선형 행로를 걷게 된다.

사실, 이러한 "중간 경로 보정"은 늘 발생하고, 그림에 나오는 선들처럼 분절되어 있기보다는 오히려 이어져 있다. 그럼에도, 이 그림은 올바로 그려져 있다. 그리고 그것은 그 시계 반대 방향의 회전 패턴에 관해서도 설명해 준다. 이해되었는지 시험해 보고 싶다면 남반구에 있는 유사한 공기 덩어리를 통해 검사해 보라. 그것 또한 나선형 행로를 보여줄 것이고, 시계 반대 방향으로 회전할 것이다.

이 문제를 풀려면, 우리는 지구 밖에서 누군가가 보고 있다고 가정해야 하고 그는 자전과 그 결과로 일어나는 운동을 둘 다 볼 수 있는 위치에 있어야 한다. 하지만 이러한 관찰 지점을 갖지 못한 사람의 경우에는 어떠할까? 아주 최근까지 인류는 이런 유리한 위치에서 관찰할 수 없었다. 그렇다면, 지금 우리가 이야기한 동일한 일련의 사건을 지구 표면에 있는 누군가는 어떻게 기술할까?

지구 위에 있다면, 여러분은 자전을 인식하지 못한다. 여러분으로서는 지금 전혀 움직이지 않는 단 위에 서 있는 셈이다. 여러분의 관점에서는 저기압 지역으로 움직이는 공기는 단지 나선형으로 이동할 뿐이다. 여러분이 이런 현상에 대한 노련한 관찰자라면, 여러분은 아이작 뉴턴이 세 가지 운동의 법칙에 대해 쓴 것을 알 것이다. 여기서 우리에게 필요한 것은 이 가운데 첫번째 법칙이다. 그것은 다음과 같다. 다른 힘이 가해지지 않는 한 정지하고 있는 사물은 계속 정지하고 있을 것이고, 움직이고 있는 사물은 계속 운동할 것이다.

이제 바람으로 다시 돌아와 보자. 이 운동은 직선 운동이 확실히 아니다. 그러므로 지구 위에 있는 관찰자는 바람의 회전 운동을 일으키는 어떤 힘이 있다는 결론을 내릴 것이다. 이러한 힘의 상세한 작용은 프랑스 수학자 귀스타브 가스파르 코리올리에 의해서 증명되었기 때문에, 그의 이름을 따서 코리올리 힘이라고 불린다. 지구 위에 있는 우리의 지혜로운 관찰자들은 이제 직선 운동으로부터 벗어나 공기가 안쪽으로 움직이는 것은 코리올리 힘의 작용 때문이라고 말할 것이다. 이러한 힘은 관찰되어지는 대상의 운동 방향의 수직에서 작용할 것이다. 왜냐하면, 그러한 힘이 존재해야만 이런 종류의 운동의 일탈이 일어나기 때문이다.

코리올리 힘을 보여주는 다른 예들은 많이 있다. 과학 박물관에 가면, 천장에 매달린 거대한 진자가 있을 것이다. 여러분은 그 진자가 언제나 같은 면 위에서 흔들리고 있지 않다는 것을 알 수 있다. 워싱턴에 있는 스미스소니언 재단에는 진자 아래에 붉은 색 작은 블록들이 원으로 정렬되어 있고, 매 십 분마다 다른 빨간 블록을 넘어뜨리는 것을 볼 수 있다. 관람객들은 이러한 광경을 보면 열광한다. 나에게 왜 그런지는 묻지 말기 바란다. 지구 거주자의 결론은 다음과 같다. 코리올리 힘은 흔들리고 있는 진자를 언제나 그렇게 옆으로 움직이게 만든다. 지구 밖의 관찰자는 이렇게 옆으로 움직이는 운동이 진자 아래 있는 지구가 진자 아래에서 자전하기 때문이라는 것을 명확하게 알 수 있다. 어느 경우든 그 결과는 마찬가지이다. 진자는 회전하고, 블록들은 모두 여지없이 넘어질 것이다.

"코리올리 힘"이 말해주는 것들

이 코리올리 힘은 허리케인의 궤도의 모양도 설명해 줄 것이다. 폭풍이 아프리카에서부터 서쪽으로 움직이기 시작할 때, 코리올리 힘은 폭풍을 적도에서 빗나가 극점으로 향하게 할 것이다. 이것이 폭풍의 극점으로 진행하는 데 기여할 것이라는 것은 이미 말한 바 있다. 이러한 흐름이 허리케인을 무역풍(그것은 동쪽으로 분다)의 영역 밖으로 나가게 할 때,

그것은 온대에 해당하는 위도대의 기후를 지배하고 있는 편서풍의 운동에 종속된다. 결국 폭풍은 속도가 느려지고, 방향이 바뀐다. 기상학자들은 이것을 "뒤로 휜다recurves"라고 표현한다. 그 휘어진 경로는 그림에서 보여진 것과 같다.

이러한 코리올리 힘은 극점에서 최대가 되고 적도에서 완전히 사라진다. 이것이 북반구의 폭풍(시계 반대 방향으로 돈다)이 적도를 건너서, 남반구 폭풍(시계 방향으로 돈다)이 되지 못하는 이유이다. 허리케인이 적도에 접근하는 것이 관찰된 경우가 있는데 그것은 산산이 흩어져 버렸다. 이것은 코리올리 힘이 그들을 이끌어 주지 않는다면, 어디로 가야 할지 모르는 것과 같다.

코리올리 힘을 특별하게 만드는 것은 그 존재가 관찰자의 위치에 달려 있다는 것이다. 만약 여러분이 인공위성을 통해 지구를 관찰한다면, 코리올리 힘은 전혀 발견되지 않을 것이다. 모든 것은 지구의 자전과 관련되어 완벽하게 설명된다. 여러분이 지구 위에 있을 때만 이러한 힘이 작동하는 것이다. 그러므로 운동을 기술하는 방식은 관찰되는 관점에 달려 있다. 이러한 독특함 때문에 물리학자들은 코리올리 힘을 "가상"의 것이라고 부른다. 이것은 모든 운동을 언급할 수 있는 "정확한" 준거 틀이 있어야 한다는 고전물리학에 대한 신념에 따르면 다소 혼란스러운 상황이다.

이 점을 명확히 하기 위해서 나는 서둘러 다음을 지적하고자 한다. 즉 두 관찰자가 폭풍 속의 공기의 운동에 관하여 기술하는 것이 다를지라도, 그들은 그 운동의 양적인 설명에 관해서는 전적으로 동의할 것이다. 예를 들면, 공기 덩어리가 A′라는 점에서 B′라는 점으로 가는 데 얼마나 걸 릴까라는 질문을 한다면, 둘 다 같은 답을 내놓을 것이다. 그것은 관찰자들 이 서로 다른 준거 틀을 가지고 있어서, 말로는 다르게 표현할지 모르지만, 수학적으로 같은 값에 도달할 것이라는 점을 이야기하는 것이다. 다른 식 으로 설명하자면, 그들이 보는 사건들은 다르게 보일 수 있지만, 그들의 준 거 틀을 통해 관찰자들에게 보여지는 사건을 지배하고 있는 자연 법칙들은 동일하다는 것이다.

허리케인과 코리올리 힘에 대한 논의를 요약하자면, 이러한 상황 들은 일상적인 사건들의 영역 밖에 있는 현상이고, 우리가 느낄 수 있는 가상적 힘의 한 예라는 것이다. 유사한 경험인 원심력에 대해 이야기해 보자.

우리는 차가 급하게 방향을 바꾸며 돌 때, 몸이 문 쪽으로 밀리는 것을 느낀다. 이러한 경험을 뉴턴의 운동 법칙에 근거해 생각해 보면, 그 이유는 다음과 같다. 나는 차 안에 앉아 있다. 이것은 뉴턴의 용어로 는 나는 정지하고 있는 물체라는 뜻이다. 갑자기 나는 바깥쪽으로 밀려 났다. 이것은 운동 상태의 변화를 의미하고, 그러므로 어떤 힘이 나에 게 작용한 것이다. 이 힘은 나를 자동차가 움직이는 원 운동의 중심으로 부터 나를 밀치는 힘이다. 그러므로 나는 이 힘을 "중심에서 도망가기" 라고 부른다. 나는 그 힘이 작용하고 있다는 것을 아는데, 왜냐하면 그 것을 느낄 수 있기 때문이다.

이것으로도 설명이 충분하기는 하지만, 이제 같은 경험을 지표면 위에 서 있는 어떤 사람의 관점으로 보자. 이 사람은 여러분을 보고 있고, 자동차는 직선 도로를 달리고 있다. 그리고 자동차는 커브를 돌기 시작할 것이다. 거기에는 여러분에게 작용하는 어떠한 새로운 힘도 없다. 여러분은 자동차가 돌기 전까지는 직선으로 움직이고 있다. 그러므로 밖에 있는 관찰자에게는 힘이 작용하는 것이 보이지 않는다. 여러분이 문 쪽으로 쏠리는 것은 차가 회전하는 동안 여러분이 직선 운동을 계속하기 때문인 것으로 설명할 수 있다.

이것이 폭풍과 관련하여 우리가 처한 오래되고 애매한 상황이다. 한 관찰자는 힘이 작용하는 것으로 보고 다른 사람은 그렇지 않은 것이다. 코리올리와 그의 "힘"에 붙이는 것처럼 우리는 친숙한 원심력에 대해서도 "가상"이라고 이름 붙일 수 있다. 이 두 경우에 대해 나는 물리학자들이 "가상"이라는 용어를 사용할 때 그들이 그것을 상상적이라는 의미로 하는 말은 아니라는 것을 기억하기 바란다. 여러분의 경험은 원심력이 다른 어떤 것만큼이나 실재적이라는 것을 이야기해 준다. 여러분은 여러분이 앉아 있는 의자에 중력이 작용하는 것을 느끼는 것처럼 원심력을 느낄 수 있다.

다시, 코리올리 힘에서와 마찬가지로 원심력의 관찰자들은 다른 준거 틀을 통해 그것을 다르게 기술하기는 하지만, 그 운동을 지배하는 기본 법칙들에는 동의한다. 이러한 현상에 대한 또 다른 예는 중요한 역사적 의미를 갖는다.

지구 궤도에 있는 우주비행사에 대해 잠시 생각해 보자. 여러분은 "무중력" 상태에서 떠돌아다니는 그들의 사진을 본 일이 있을 것이다. 여러분은 종종 그것이 그들이 지구로부터 너무 멀리 떨어져 있어 중력을 받지 않기 때문이라고 듣는다. 하지만 그것은 옳지 않다. 잘 알려져 있듯, 중력은 지구 중심으로부터 대상까지의 거리에 달려 있다. 지금 이 순간 여러분은 지구 중심으로부터 약 6,400킬로미터 정도 떨어져 있다. 지구 궤도의 우주 왕복선은 거기에서 고작 1,600킬로미터 더 위에 있을 뿐이다. 6,400킬로미터에서 단지 1,600킬로미터라는 것은 그렇게 명백하고 극적인 무게 이동을 만들어내기에는 충분하지 않다.

사실, 우주비행사가 경험하는 무중력 상태는 지구 궤도를 따르는 그들의 운동에 동반되는 원심력과 연관되어 있다. 우주비행사의 관점에서는 힘에 대해 몇 가지 설명이 가능할 것이다. 첫째, 그 우주 유영이 자유로운 것으로 보아, 그 혹은 그녀에게 미치고 있는 전체 힘은 제로일 것이다. 그렇지 않다면, 비행사는 비행선 벽에 부딪칠 때까지 존재하는 무슨 힘에 대해서건 가속할 것이다. 전체 힘이 제로라는 것은 그 물체들에 어떠한 힘들도 영향을 가하지 않는다는 뜻이 아니다. 지구 궤도에서 신체에 가하는 중력이 지구 표면의 그것과 거의 같다면, 그것은 지구 중심으로 작용하고 있을 것이다. 하지만 궤도를 따라 움직이고 있는 비행선의 원심력은 반대편으로, 곧 지구로부터 바깥쪽으로 멀어지는 쪽으로 작용하고 있을 것이다. 전체 힘이 제로가 될 수 있는 유일한 방법은 이들 두 힘이 동일한 크기가 되는 것뿐이다. 그리고, 이것이 어떻게 궤도를 나는 비행기에서 "무중력" 상태가 가능한가 하는 것이다. 어쨌건 사실상 중력은 조금도 감소하지 않았다. 오히려 비행기의 속도가 만들어내는 원심력이 중력을 완전히 상쇄시키는 것이다.

상쇄는 깔끔한 해결 방식이다. 하지만 한 가지 문제가 더 남아 있다. 우리는 허구의 힘과 관련된 물리학의 기본 법칙에 대하여 모든 관찰자들이 같은 결론을 이끌어 낼 것이라고 말했다. 하지만 어떻게 이러한 시스템 밖의 관찰자가 비행선을 바라보고, 우주비행사의 중력의 힘을 지워 버리는 어떤 것을 발견할 수 있을까?

그 대답은 관찰자는 중력이 사라지는 것을 전혀 보지 못한다는 것이다. 관찰자가 보는 것은 한 우주비행사가 지구 주위의 원형 궤도를 움직이고 있는 모습이다. 뉴턴의 제1법칙에 따라 여기에는 어떠한 힘이 작동하고 있어야 한다. 그렇지 않다면, 우주선은 직선 운동을 해야 한다. 관찰자의 관점에서, 이러한 상황은 7-5와 같다. 우주선 혼자뿐이라면, 그것은 직선 운동을 할 것이다. 하지만 중력의 힘은 "중간 경로 보정"을 겪을 것이고, 그 또는 그녀가 돌아오도록 잡아당길 것이다. 이러

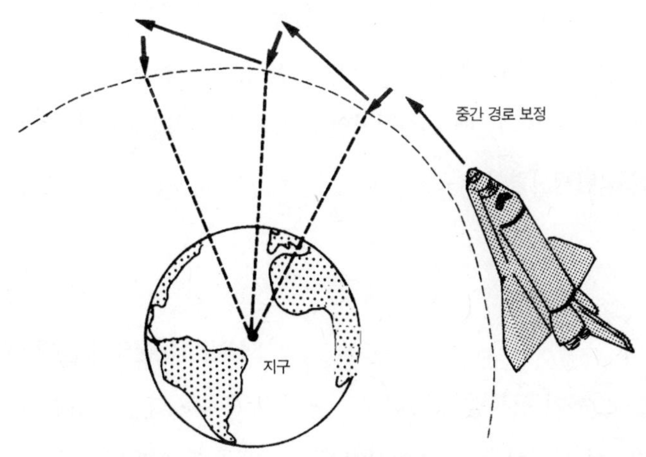

그림 7-5. 한 우주비행사가 지구 주위의 원형 궤도를 움직이고 있는 모습을 관찰자의 관점에서 본 상황.

한 점에서 우주선의 운동은 허리케인으로 불어 들어오는 바람의 그것과 다르지 않다. 이러한 수정이 가해지자마자 우주선은 다시 벗어날 것이고, 변경은 다시 가해질 것이다. 이러한 결과로 이루어진 망은 원형 궤도인데, 우주선이 직선 운동을 하려는 경향은 지구 중심으로 떨어지려는 중력의 영향과 균형을 맞추게 된다. 궤도에 대한 이런 식의 해석이 가능하기 때문에 우주선의 조건에 적용되는 "자유 낙하"라는 용어를 종종 들을 수 있다.

　뉴턴이 중력이 모든 것에 적용된다고 생각하게 된 것은 궤도에 있는 물체는 지구를 향해 떨어지고 있는 물체로 볼 수 있다는 깨달음 덕분이었다. 그는 이것을 영국의 과수원에 있는 나무에서 떨어지는 사과를 보며 알게 되었다. 하지만 조금 더 생각한다면, 그는 결국 우리가 했던 것처럼, 달이 지구 궤도를 유지하게 하는 것과 같은 힘에 대해서 인식하였을 것이다. 이러한 결론을 우주선에만 한정 지을 이유는 무엇인가? 같은 논변을 지구 주위를 도는 달 같은 큰 위성을 포함한 모든 사물에 적용해볼 수 있다. 매우 실질적인 의미에서 가상력에 대한 고찰이 근대 과학을 탄생시켰다.

상대성 이론의 발전에 공헌하다

또한 20세기 첫무렵의 상대성 이론의 발전에도 다른 가상력이 공헌을 했다. 이 특별한 현상은 원심력처럼 우리 모두에게 친숙하다. 우리는 차나 비행기가 속도를 낼 때, 의자 쪽으로 밀리는 느낌을 경험했을 것이다. 마찬가지로 엘리베이터가 위로 올라갈 때 아래로 눌려지거나, 올라갈 때는 위로 들어올려지는 것을 느꼈을 것이다. 이 모든 느낌은 한 가지 준거 틀에서는 보여지지만, 다른 관점에서는 보이지 않는 힘에 기인한다. 이것은 물론, 우리가 가상적 힘을 다루고 있다는 신호이다.

이제, 여러분이 엘리베이터 안에서 체중계 위에 서 있다고 가정하자. 그것이 올라가기 시작하면, 여러분은 바닥으로 눌릴 것이고, 여러분의 체중은 정상 체중보다 높게 나올 것이다. 마찬가지로, 그것이 내려오기 시작하면, 체중은 덜 나올 것이다. 우리가 체중이라고 부르는 것은 우리가 받는 중력의 크기일 뿐이다. 다른 말로 우리가 엘리베이터를 타면서 느끼는 것은 마찬가지로 중력에도 행사되어진다는 것이다. 아인슈타인으로 하여금 일반 상대성 이론을 만들어내게 한 것은 중력 자체가 가상력일 수도 있다는 깨달음이었다.

아이슈타인 이론의 주요한 점은 서로 다른 지점에 있는 두 관찰자는 주어진 사건에 대해 서로 다르게 묘사할 것이고, 그럼에도 그들은 자연의 기본적인 법칙, 이 사건을 지배하는 방정식들에는 동의할 것이라는 점이다. 그러므로, 상대성이 우리를 모든 각각의 관찰자가 동일하게 타당한 그 자신의 버전을 보게 될 것이라는 철학적 상대주의로 이끄는 것처럼 보이지만, 그것은 사실이 아니다. 각각의 관찰자는 그 혹은 그녀의 관점으로부터 사물을 보지만, 그들 모두는 우주가 같은 법칙의 집합으로 설명될 수 있다는 데 모두 동의할 것이다. 상대성은 우리의 관심을 관찰자마다 다를 수 있는 사건의 기술로부터 이동시켜 이들 사건들을 지배하고 있는, 진정으로 보편적인 법칙들로 관심을 돌리게 한다.

08/ 하늘에 있는 물

끓는 물, 뜨거운 철, 샐러드 드레싱, 합금,
그리고 우주 자체 모두 임계점에 대한 동일한 법칙에
지배를 받고 있다는 것 이상으로
근대 과학의 아름다움과 우아함을 잘 보여주는 것은 없다.

우리는 소돌풍 같은 아주 작은 바람의 동력과 허리케인 같은 대규모의 바람의 동력을 살펴보았다. 그것은 동일한 물리적인 과정(수증기가 물로 전환되면서 부수적으로 생겨나는 에너지)으로부터 생겨났다. 이러한 과정은 기상 현상에서 중요한 역할을 한다. 결국, 수증기는 우리 대기의 중요한 부분을 차지하고, 물과 관계된 교환과 조합들은 어떤 종류의 효과를 내게 된다. 놀라운 것은(최소한 나에게는) 오랜 세월에 걸쳐 날씨가 관찰되어 왔으면서도, 수증기가 한 형태에서 다른 형태로 전환하는 방식에 대한 연구가 아직도 기상 탐구의 중심 위치를 차지한다는 것이다. 사실, 그것은 여전히 근대과학에서 가장 신비롭고 흥미로운 분야 중에 하나이다.

수증기에서 물로 응결될 때나, 액체에서 기체로 증발될 때 우리는 상태 변화를 한다고 말한다. 우리는 보통 물질에는 세 가지 상태, 즉 고체, 액체, 기체가 있다고 이야기한다. 일반적으로 모든 사물은 어떤 상태에도 있을 수 있으며 그에 따른 적절한 온도를 갖는다. 예를 들면, 우리는 일상 온도에서는 고체인 강철이 용광로에서는 액체가 된다는 것을 알고 있다. 실험실에서, 혹은 태양의 표면 같은 아주 고온의 지역에서 이들 액체 강철은 마치 난로에서 물이 증발하는 것처럼 기체로 증발할 수도 있다. 결론적으로, 이런 상전이의 연구는 어떻게 폭풍계가 힘을 얻는가 하는 문제를 훌쩍 뛰어넘는 일반성을 지녔다.

비록 이것은 우리에게 일상적인 경험은 아니지만, 단순히 끓고 응결되어지는 것을 넘어선 상태 변화의 많은 다른 예들이 있다. 이를테면, 쇳덩어리가 차가워질 때, 그것은 자성을 띠게 되는 온도점에 이르게 된다. 이러한 전이도 상전이라고 할 수 있다. 지구 깊숙한 곳에 있는 광물들은 강력한 열과 압력에 반응해 그 주변의 구성 원자들이 열을 발산하면서 한 배열에서 다른 종류의 배열로 변한다. 물의 증발과 응결이 허리케인에 에너지를 제공하는 것처럼, 지구 속 광물들도 이러한 상전이를 겪으면서 우리 행성 내부의 전체 온도에 어느 정도 기여한다.

이 모든 것은 우리가 이제 물질의 구조에 주목해야 하며, 이러한 단순한 물리적인 모델들을 통해서 그처럼 다양한 현상들을 이해할 수 있도록 이끈다는 것이다. 이것은 현대 과학 탐구의 가장 흥미로운 영역(임계 현상이라고 불리는 탐구와 재규격화 군再規格化群이라고 불리는 기술의 발전)으로 우리를 이끌 것이다. 이러한 기술이 우리에게 보여줄 수 있는 것은 물이 끓는 것과 철이 자력을 갖게 되는 것 사이에는 명확한 차이들이 있지만 둘 다, 자연계의 근본적인 질서로 정의되는 과정에 속한다는 것이다. 자연 현상의 배후에 있는 단일성을 찾는 일에서 다양성에서 유사성을 발견하는 것보다 더 좋은 예는 없다. 결국 우리는 모든 것들 중 가장 흥미로운 상전이에 도달할 것이다. 그것은 바로 우주가 생겨난 지 10마이크로초 지났을 때 발생하여, 이후의 우주의 진화 과정을 설명하는 변화이다.

물질의 세 가지 상태

단순한 작용에서부터 시작하자. 더운 여름날 음료 안으로 얼음 덩어리가 들어갔다. 얼음 속의 물 분자는 굳은 상태로 갇혀 있고, 그들 분자들을 유지하게 하는 힘에 의해서 팅커토이tinkertoy 같은 배열로 되어 있다. 한 분자를 밀어내면, 여러분은 전부를 움직이게 된다. 이것이 고체의 단단함을 유지하게 하는 배열 방식이다.

얼음은 음료와 접촉함에 따라 따뜻해지기 시작한다. 따뜻한 액체 안에 있는 빠르게 움직이는 원자들과 얼음 안에 있는 천천히 움직이는 원자들의 충돌은 에너지의 교환이 일어나게 한다. 물 안에 있는 분자들은 느려지고(이 과정을 우리는 차가워지는 것으로 인식한다), 반면에 얼음 속의 분자들의 속도는 빨라진다(이 과정을 우리는 따뜻해지는 것으로 인식한다). 얼음에 미치는 결과는 다음과 같다. 비록 아직 격자 모양의 팅커토이 안에 붙어 있기는 하지만 그 곁에 있는 각각의 물 분자는 빠르게 떨리기 시작하고, 에너지를 얼음 덩어리 안으로 흡수한다. 더 빨라진 진동은 분자들을 멀리 벗어나게 하고 더 열을 받게 되면서, 그들의 집으로부터 더욱 멀어지게 된다.

결국, 진동은 분자들을 묶여 있는 곳으로부터 떨어져 나오게 하고, 그들 스스로가 떠다니게 한다. 우리는 이 과정을 얼음 덩어리가 녹는 것으로 인식하는데 이것은 고체와 액체 사이에서의 물의 상전이라는 말로 표현할 수 있다. 이것이 진행되는 동안 얼음의 온도는 섭씨 0도를 계속 유지한다. 이는 앞서 설명했던 물이 끓는 과정과 유사한데, 액체로부터 얼음으로 에너지가 흘러들어간다는 것과 기온이 올라가는 대신 팅커토이와 같은 구조가 무너진다는 차이만 있을 뿐이다. 이것은 왜 얼음이 음료 안에 있는 한, 그것이 차갑게 유지되는가 하는 것을 설명해 준다. 마지막 부분까지 녹은 이후에야 음료는 더워지기 시작할 것이다.

　그러므로 액체로부터 고체로의 상전이는 원자적 혹은 분자적 수준에서 훨씬 시각화하기 쉬울 것이다. 상전이와 관련되어 있는 에너지는 굳은 상태를 유지하고 있는 결합들을 부수는 데 필요한 것이다. 그 반대의 과정에서, 액체가 얼어감에 따라 이러한 냉동 과정이 진행되려면 에너지는 계로부터 밖으로 나와야, 즉 제거되어야 한다. 얼음 덩어리를 원한다면, 여러분은 냉장고를 가동시켜야 한다. 이러한 결합이 형성되면서(또는 결합이 깨어질 때 흡수되면서) 열을 밖으로 내보낸 형태 안에서의 에너지를 시스템 융합의 숨어 있는 열(또는 잠열)이라고 부른다("융합"이란 용어는 분자들이 고체로 용해되는 것을 말할 뿐 핵융합 과정과는 아무런 관계가 없다). 물의 경우, 융합에 필요한 숨어 있는 열은 물질 1그램당 80칼로리이다.

　얼음이 녹는 것을 가만히 놔 두고 열을 가하면, 그것은 점차로 따뜻해질 것이다. 이러한 물질의 유동적 상태는, 분자들이 밀집해 담겨져 있지만 서로 아주 강하게 묶여 있는 것은 아닌 상태라고 할 수 있다. 이러한 분자 배열을 구슬이 가득 들어 있는 가방이라고 하자. 각각의 구슬은 다른 구슬로부터 덜 혹은 더 자유롭게 움직일 수 있을 것이다. 하지만 그럼에도 불구하고 서로 서로는 접촉하고 있을 것이다. 이 유동체가 뜨거워진다면, 그 "구슬들"은 더욱 더 빠르게 움직일 것이다. 더 많은 에너지를 가지는 몇몇은 표면으로부터 벗어날 것이고 이것은 왜 물방울이, 심지어 상온에서도 증발하는지를 설명해 준다. 결국, 그것들은 이웃한 것들과 묶어 주는 결합들로부터 벗어나기에 충분한 지점, 곧 임계 온도까지 이르게 될 것이다. 이러한 점에서 분자들은 넓은 이동 거리를 가진 집단을 형성하고 자유롭게 움직이게 되는데, 우리는 이것을 기체라고 부른다. 우리는 이러한 과정을 보통 "끓는다"고 말하지만, 더 전문적인 용어를 사용하면 "기화한다"고 표현한다. 유동체의 온도는 마지막 분자가, 분자 상호간의 결합을 부수고 나올 때까지 계속 유지된다. 액체가 기체로 변화할 때 필요한 전체 에너지(그러므로 기체가 액체로 응축될 때의 에너지의 전체 양이다)는 기화의 숨어 있는 열이라고 한다.

철이 퀴리 온도에 다가가면

액체가 끓고 있을 때, 아무리 추가 열이 공급되더라도 일정한 온도를 유지한다는 사실은 생활에 매우 유용하다. 예를 들어 가열 기구를 어떤 식으로 작동시킨다고 해도 물이 섭씨 1백 도에서 끓는다는 사실은 요리하는 데 매우 편리하다. 이는 물 안에 무엇을 집어넣는다고 해도 물의 온도는 더 이상 올라가지는 않는다는 의미이기도 하다. 그리고 만약 사탕을 만들거나 꿀을 가지고 무엇을 만들 때 일정한 온도가 유지되어야 한다면, 그래서 실제로 일정한 온도를 유지하기 위해 온도계를 검사하고 버너를 조작해야 한다면, 정말 성가실 것이다.

요리를 해 본 적이 있다면 상전이의 또 다른 사실을 알 수 있을 것이다. 전이가 발생할 때의 온도는 고정되고 보편적으로 항상적인 상태가 아니라 외부적 조건에 의해 변한다. 예를 들면, 해수면에서는 잘 적용되는 조리법이 높은 고도에서는 음식을 맛없게 하는 결과를 가져온다는 사실은 잘 알려져 있다. 나는 고도가 1,500미터인 몬태나 주의 레드

로지에서 여름을 난 적이 있었는데, 그때 이러한 효과를 충분히 맛볼 기회를 가졌다. 심지어, 몇 개 주에 걸쳐 그 명성이 자자한 나의 보르시치(동유럽에서 즐겨먹는 수프의 일종) 마저도 몇 번의 적응 과정을 거치기 전까지는 완전히 재앙이었다. 마찬가지로 내가 참여하고 있는 시민 단체에서 인종별 조리법에 대한 요리책을 발간했을 때, 우리는 여행자들에게 낮은 고도에서 음식을 만들 때는 적당한 온도와 시간을 찾기 위한 몇 번의 실험을 거쳐야 한다는 경고를 그 앞에 붙였다.

높은 고도에서 이러한 일이 일어나는 것은 해수면보다 대기압이 낮기 때문이다. 공기가 물을 누르고 있고, 표면으로부터 벗어나려고 하는 분자들의 비행을 막고 있다고 생각하자. 그 압력이 높을수록 분자들이 제대로 날아오르기 위해서는 더 높은 온도가 필요하다. 다른 말로 끓는점이 올라갈 것이다. 산 위에서는 물이 1백 도 밑에서 끓는다.

끓는점이 압력과 큰 관계가 있다는 사실은 고압을 만들어낼 수 있는 장비만 있다면 실험실에서도 증명해 볼 수 있다. 물의 끓는 점은 아주 높은 온도까지 올릴 수 있다. 해수면에서 물은 100도에서 끓는다. 하지만 압력이 일상적인 대기압의 2백 배가 넘는 곳에서는 끓는점은 약 371도가 된다. 이것은 확실하게 입증된 사실이다. 즉 압력이 높을수록 끓는점은 높아진다.

이러한 증가는 217대기압에서 약 374도가 되는 점까지 계속된다. 이것은 매우 특별한 값인데, 물의 임계점이라고 하는 것을 정의하고 있기 때문이다. 압력을 임계점 이상으로 올리면, 아무리 온도를 높인다 하더라도 물을 끓게 할 수 없다. 사실 이 임계점에서는 액체와 기체 사이의 구분이 사라진다.

임계점을 이해하는 가장 좋은 방법은 217기압에 있는 물의 온도를 천천히 374도로 올리는 것을 상상하는 것이다. 이러한 온도에 이르게 되면, 난로에서 물이 끓는 것처럼 물의 온도도 올라가게 될 것이다. 하지만 임계점에 도달하면 사물들은 이상하게 보이기 시작할 것이다. 물은 물방울의 형태가 부서져서 중간 중간에 수증기가 생길 것이고, 방울과 기포들이 뒤섞인 혼합물 같은 상태가 될 것이다. 임계점으로 가까이 갈수록 더욱 더 큰 기포들이 생겨나고 방울들은 작아질 것이다. 임계점에서는 방울들과 기포들은 분자 하나 크기에서 컨테이너 하나 크기까지 다양하게 변할 수 있다. 임계점을 넘어서면, 액체도 아니고 기체도 아닌 어떤 축축한 상태만이 남을 것이다.

이런 종류의 일은 오직 물에서만 일어난다. 다른 액체들도 주목할 만한 희안한 현상들이 있을 테지만, 그것은 과학 탐구에서 중요한 주제는 아니다. 하지만, 임계점은 자연의 다른 많은 계에서도 발견된다. 가장 단순한 것은 열을 가진 쇳덩어리가 자성을 갖게 되는 것이다. 철의 각각의 원자들이 완벽하게 극을 가리키는 작은 자석이 되는 것을 생각해 보라. 고온에서 이들 작은 원자 자석들은 각각 그 방향을 가리킬 것이고, 결국 서로를 밀어낼 것이다. 따라서 쇳덩어리는 전체로서는 어떠한 자력도 갖지 않을 것이다. 못에 가까이 가져가도, 못은 움직이지 않을 것이다. 이 덩어리의 온도를 낮추기 시작하면, 절대온도(K) 1,043도(섭씨 770도)가 될 때까지 거의 아무 일도 발생하지 않을 것이다. 이 온도에서 원자들은 상호 작용하며 줄을 맞출 것이고, 각각의 자기장을 강화할 것이다. 이렇게 되면 원자들은 그 자리에 갇히게 될 것이고, 온도가 더 낮아지면 이러한 배열을 유지할 것이다. 그 결과 쇳덩어리는 자력을 띠게 된다. 그것은 못을 들어올릴 것이고, 보통의 자석이 하는 일들을 할 것이다. 자석과 비자석 사이의 구분점이 되는 온도는 약 770도로 이것을 퀴리 온도라고 한다.

언뜻 보면, 높은 압력에서 물이 끓는 것과 쇳덩어리를 식히면서 자석을 만드는 것 사이에는 아무런 연관도 없어 보이지만 사실은 그렇지 않다. 철이 퀴리 온도에 다가가면서 무슨 일이 생겨나는지를 자세히 보도록 하자.

이러한 변환을 시각화하는 가장 좋은 방식은 그림 8-1에서처럼, 철이 작은 사각형들로 조각나 있다고 상상해 보는 것이다. 각각의 사각형은 쇳덩어리 전체에 자력을 갖게 하는 원자적 자석들이고 편의상 각각의 사각형이 위를 향하거나(그림의 검은 색) 아래를 향하거나(그림의 하얀색) 한다고 가정하자.

퀴리 온도를 넘어서는 온도에서, 우리는 맨 위에 있는 것과 같은 상황을 얻는다. 검은색과 흰색 사각형들은 샘플 전체에 무작위적으로 흩어져 있고, 그 최종적인 결과는 자성을 띠지 않는다는 것이다. 퀴리 온도에 접근할 때, 원자 자석들은 중간에 보이는 것처럼 작은 무리를 이룬다. 이러한 위아래의 원자적 자석의 무리들은 물에서 본 것 같은 방울과 기포에 대응한다. 물에서는 그 묶음들이 점점 커지고, 퀴리 온도에서는 그 상황이 맨 아래 있는 그림과 같다. 대부분의 원자 자석들의 무리는 한 방향으로(이 경우에는 위) 무리짓기 시작하고, 다른 방향은 소

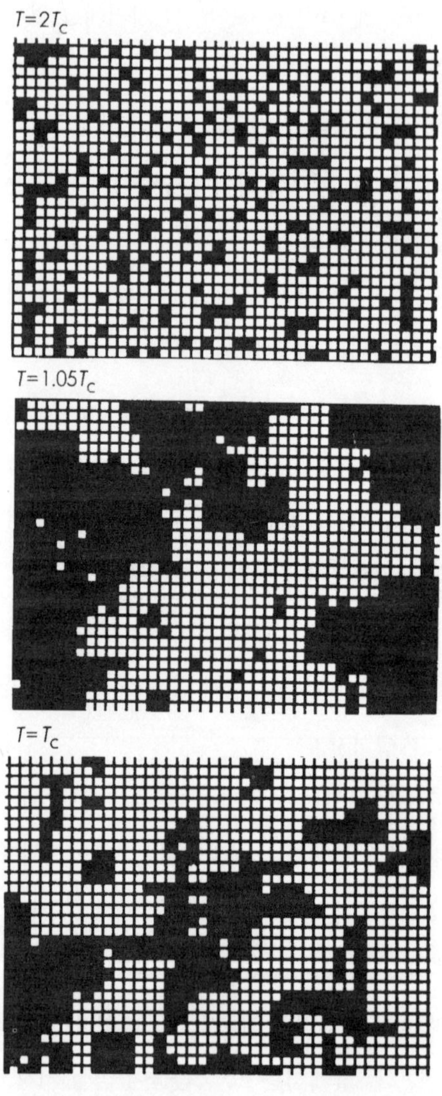

그림 8-1. 철을 위의 그림처럼 작은 사각형으로 조각나 있다고 가정하면 철의 형질 변형에 대해 잘 이해할 수 있다

수일 뿐이다. 이 전체 샘플의 자기화는 "위"이다. 따라서 이 철은 그 자체로 자석이 된다.

임계점 근처의 물과 철의 움직임에서 볼 때, 임계 현상에서 중요한 점은 물질의 점점 넓은 지역들로 질서가 점차적으로 확대되어간다는 것이다. 임계 온도 근처의 계의 움직임을 실험실에서 연구하면, 다른 종류의 유사성이 생기는 것을 관찰할 수 있다. 그것은 물질을 전체로서 정의하는 양적인 가치로 드러난다. 물의 경우에는 밀도, 철의 경우에는 자력화인데, 그것은 아주 단순한 방식 안에서 온도에 의해 결정되어진다. 이들 값들은 실제 온도와 임계 온도 사이의 차이에, 다른 말로는 임계성으로부터 그 계가 얼마나 멀리 있는가에 달려 있다. 그리고 이러한 의존성은 물의 경우에는 다음의 단순한 법칙에 따른다.

$$\text{밀도 차이} = ((T - T_c)/T_c)^{\beta}$$

"밀도 차이"라는 것은 주어진 온도 T에서의 밀도와 임계 온도 T_c에서 갖게 되는 밀도 사이의 차이를 의미한다.

쇳덩어리의 자기화라는 것도 심지어 변수 β의 값에 이르기까지 같은 법칙을 따른다. 매개변수 β를 이론 물리학자들이 쓰는 전문 용어로는 임계 변수라고 한다. 우리가 보게 될 것처럼, 자연에 있는 많은 계들은 동일한 관계를 보이고, 동일한 임계지수를 갖는다.

물이 끓는 것과 철이 자기화되는 것 같은 두 상이한 과정이 같은 수학식을 갖는다는 것은 우리로 하여금 이러한 과정의 세부 사항보다는,

그것이 질서 지워지는 계의 일반적인 속성이 중요한 것이 아닐까 하는 생각을 갖게 한다. 이러한 생각은 임계 현상을 설명하기 위해 개발된 이론들의 결과로 나온 것이다.

그 이론은 "재규격화 군"이라는 어려운 용어와 관련이 있다. 이 이름은 소립자 물리학의 기술적인 문제(재규격화의 문제라고 불리는 것)와 연관되어 처음 발전되었기 때문에 생겨났다. 하지만, 재규격화라는 것을 너무 성가셔 할 필요는 없다. 여러분이 해야 될 일은 그림 8-2에서 보여지는 사물들에 관해 생각하는 것이다.

왼쪽 그림에서 우리는 퀴리 온도보다 높은 온도에 있는 쇳덩어리의 원자 자석 배열(모든 화살표는 무작위적인 방향)을 볼 수 있다. 이제, 그들 모두를 한 번에 다루는 것은 복잡한 문제이다. 재규격화 군의 속임수는 위에서 보여지는 열여섯 개의 원자 자석들을 네 개의 "평균" 자석의 집합으로 대체하는 것이다. 각각의 "평균" 자석은 각 사각형 안에 있는 실제의 네 개의 원자들의 총계의 효과를 나타낸 것이다. 하지만 중간에

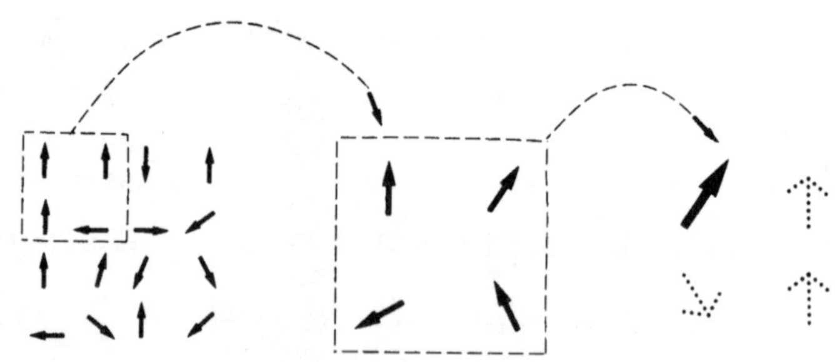

그림 8-2. 평균적인 격자를 통해 진짜 격자를 대체하더라도 체계를 특징짓는 측정 가능한 양은 변하지 않는다.

있는 그림을 볼 때, 여러분은 단번에 왼쪽 그림에서와 같은 것임을 알게 될 것이다. 유일한 차이는 우리는 실제의 자석들 대신 "평균적인" 자석으로 구성된 격자를 가지게 되었다는 것이다. 이 이론은 우리가 평균적인 격자를 통해 진짜 격자를 대체하더라도 계를 특징짓는 측정 가능한 양은 변하지 않는다는 것을 요구한다. 이러한 요구는 어떻게 이러한 "평균" 자석들이 상호 작용하는지를 우리에게 보여주는 데 충분할 것이라는 것을 입증한다. 결론적으로 우리는 이러한 새로운 격자는 이전 것과 동일한 것으로 간주할 수 있다. 물론 이러한 것이 다음 단계를 갖는다는 것은 명확하다. 우리는 "평균의 평균" 자석들로, "평균" 자석을 대체하는 식으로 이러한 과정을 단순히 반복하며 오른쪽에서 보이는 것과 같은 새로운 격자를 만들어낸다. 분명하게, 이러한 과정은 다른 규모의 계들의 평균을 우리에게 보여주면서 무한히 반복될 것이다.

이러한 작업이 재규격화 군 과정의 핵심이다. 즉 그것이 하는 것은 실제 계의 변동을 깎아내리는 것이다. 예를 들면, 자석 안에서 자력의 방향은 한 원자에서 다른 원자로 변화할 수 있다. 물리학의 용어로 요동들이 원자가 분리된 단계에 있다라고 말할 수 있다. 우리가 평균적인 스핀들로 구성된 격자를 생각하면(그림 8-2의 가운데) 이러한 스핀들은 한 평균적인 점에서 다른 점으로 변화할 수 있지만, 이것은 두 원자 사이의 공간을 표상한다. 우리는 이러한 경우를 공간의 두 배 규모에서의 요동이라고 말한다. 명확하게 요동 크기의 다음 단계는 네 배이고 다음은 여덟 배이다. 과정이 적용되는 각각의 단계에서 요동의 크기는 증가한다.

임계 현상에 대한 이러한 접근에서 몇몇 재미있는 일들이 이야기될 수 있다. 첫째는 자연에서 실제로 일어나는 것에 대응하는 것으로, 임계점에 가까이 갈수록 원자 자석들의 다발의 규모 혹은 물방울과 기포들이 커진다는 것이다. 둘째는 이 이론의 세부적인 사항들이 연구될 때에만 (이 과정을 여기서 다루기에는 너무 길다), 임계지수의 값을 계산할 수 있다는 것이다. 간단히 말해, 자연을 관찰하는 이 간단해 보이는 방식, 즉 계의 규모를 크게 해 관찰하더라도 계의 움직임이 바뀌지 않을 때의 관찰 방식은 실험을 통해 테스트될 수 있는 엄격한 예측을 가능케 한다.

만약 이것이 이론의 힘이 갖는 완전한 범위라면, 이것은 여전히 물리학자들과 철학자의 관심을 끌기에 충분할 것이다. 하지만 그런 일이 생기면, 거기에는 그 이상의 이야기가 있다. 최대한 그 이론을 받아들임으로서 우리는 "임계점의 보편성 가설"이라고 부르는 생각에 도달할 수 있다. 이 가설에 따르면, 임계점에 가까이 갈 때, 어떻게 계가 움직일지 우리에게 이야기해 주는 임계지수는 단지 다음 두 가지에 의존하고 있다. 계의 차원들과, 물리학자들이 질서맺음 변수라고 부르는 것. 이것의 특성들에 대해서는 따로 자세히 살펴보자.

우리는 쇳덩어리와 뜨거운 물을 세 가지 상태 모두에서 존재하는 예들로 간주했다. 다른 식으로 이야기하자면, 물리 계는 보통의 3차원 물체들로 구성되어 있다고 할 수 있다. 물론 원칙상 보통의 물리 계는 세 차원으로 존재한다. 하지만 분석의 종류의 목적들에서는 다른 종류의 수를 가질 수 있는 측면이 있다. 예를 들면, 유체의 표면에 생긴 막은 2차원의 계를 가지고 있는 것으로 간주할 수 있고, 원자들의 연결들 같은 배열을 하고 있는 오랜 유기적 분자는 단지 한 차원을 가진 것으로 생각할 수 있다. 결국, 소립자의 세계는 상대성 이론들이 적용되기 때문에 자연적으로 일상적인 공간의 차원에 시간의 차원이 첨가되어지는 4차원의 세계에서 일어나는 일로 생각되어져야 한다. 이 보편성 가설은 우리에게 계들의 종류에 따른 임계지수는 각각 다르다는 것을 보여주지만, 같은 군내에 있는 계들은 동일하게 행동할 것이라는 것을 말해주기도 한다. 하지만, 모든 경우에서 앞에서 언급한 임계성에 대한 일반식은 동일하게 유지될 것이다.

여기 이러한 생각을 분명하게 나타낼 수 있는 구체적인 예가 있다. 모든 원자들이 한 면으로 한정되어지는 자석을 하나 상상해 보자. 이것은 2차원적 계일 것이다. 이러할 때, 이것은 정확하게 풀릴 수 있는 계 중에 하나이고, 그 방정식의 정확한 계산의 결과는 임계지수 β(자기화가 얼마나 빨리 임계값에 도달할지를 말해준다)가 단지 8분의 1에 불과하다는 것이다. 이것은 임의의 온도 T에서의 자기화와 퀴리 온도에서의 그 값의 차이를 다음의 방정식으로 나타낼 수 있다는 것을 의미한다.

$$차이 = ((T - Tc)/Tc)^{\frac{1}{8}}$$

실제의 3차원 계에서 임계지수는 0.33의 값을 갖는데, 이는 8분의 1(0.125)과 매우 다르다. 그러므로 계의 차원의 변화는 그 임계지수를 변하게 한다.

"질서맺음 변수의 차원"으로 언급된 두번째 양은 그 이름처럼 끔찍하지는 않다. 그것은 우리가 든 예들(물과 철)에서 논의했던, 임계 온도에 도달하는 계의 밀도와 자기화이다. 이들 양들은 물리학 용어로는 "질서맺음 변수"라고 한다. 두 예의 질서맺음 변수를 기술하는 데는 단지 하나의 수이면 충분한데, 그러므로 그것은 1차원적이다.

대부분의 계들은 이러한 유형이다. 몇몇은 그렇지 않은데, 1차원적 질서맺음 변수와 물리학 계의 1, 2, 3차원, 또는 4차원과 혼동해서는 안 된다. 그러므로, 헬륨이 절대영도에 가까운 온도에서 냉각될 때, 그것은 상전이를 겪는데, 그것을 초유체 상태(어떤 마찰도 없이 흐를 수 있는 액체의 상태)라고 한다. 그것은 이러한 이행 안에서의 질서맺음 변수를 기술하기 위해서는 두 개의 독립적인 수를 필요로 할 것이다. 그러므로 우리는 이것이 2차원적 질서맺음 변수를 가졌다고 말한다.

보편성 가설의 중요성은 아무리 강조해도 지나치지 않는다. 왜냐하면, 그것은 그 외견상의 차이에도 불구하고, 자연 안에 있는 많은 계들이 같은 배후의 원리들에 따라 작동하고 있다는 것을 보여주기 때문이다. 게다가 이러한 원리들은 어떤 다른 것보다도 계가 질서를 얻는 방식과 관계있기 때문이다. 우리는 임계점 근처의 물과, 퀴리 온도 근처의 철이 유사하게 움직인다는 것을 보았고, 외견상 매우 달라 보일지라도, 껍데기를 벗겨 보면 한 형제라는 것을 알 수 있었다. 이러한 계들은 성격상 3차원적이고, 1차원의 질서맺음 변수를 가졌다. 그리고 암시한 것처럼 자연의 다른 계들도 이러한 속성들을 가지고 있고, 그러므로 우리는 그들이 동일한 임계지수들과 그들 각각의 임계점 근처에서 동일한 행동을 할 것이라고 기대할 수 있다.

이러한 계의 한 예는 물과 기름의 혼합이다. 일상적인 환경에서 이들 둘은 섞이지 않는다. 여러분이 집적 샐러드 드레싱 통을 기름과 물이 분리될 때까지 방치한다면, 분리 면이 생성되어지는 것을 볼 수 있을 것이다. 그러나 통을 흔들어서 혼합할 수 있다는 것도 알고 있다. 이것은 비록 실제로 기름과 물 사이에는 어떠한 혼합도 없음에도 불구하고 그 작은 물방울과 기름 방울이 섞여 있는 계이다.

이제, 여러분이 온도를 높인다면, 여러분은 결국 물과 기름을 섞을 수 있을 것이다. 이것은 두 유체의 혼합에서 한 유체로의 상전이와 관계되어 있는 퀴리 온도와 임계점과 같다. 이것은 명확히 3차원적 계이다. 하여간 질서맺음 변수, 두 유체의 농도에서의 차이는 한 단일한 수로 표현될 수 있는 어떤 것이다. 그러므로 임계 혼합점 근처에 있는 물과 기름의 혼합, 또는 어떤 다른 두 유체들은 자석이나 끓는 물과 동일한 행동을 보일 것이다. 이것은 물리학자에게는 근본적으로 다르지 않게 느껴지는 현상이다.

네번째 전형적인 계가 항목에 첨가되어질 수 있다. 황동과 같은 금속 합금들은 그 모든 것이 뒤섞여 있는 상태에서 말끔하게 정렬된 격자로 원자들이 정돈되는 상전이를 겪는다. 이것은 유체의 농도들 대신 원자들의 농도에 대해 이야기한다는 것을 제외하고는 기름–물 상태와 유사하다. 이론에 따른 예측에는 전혀 문제가 없다. 합금은 3차원으로 존재하고, 질서맺음 변수는 하나의 수로 정의할 수 있다. 그러므로 임계점 근처에서 다른 모든 것들과 동일한 방식으로 움직이리라는 것을 우

리는 알 수 있다. 그것은 질서 상태에서 변화하고 있는 또 다른 계일 뿐
이다.

근대 과학의 아름다움을 보여주는 것

결국 우리는 상전이들과 임계 행위에 관한 우리의 지식을 모든 것들 중
에 가장 흥미로운 계, 즉 초기 우주에 대해서도 적용할 수 있다. 일 초
보다 훨씬 작은 나이였을 때, 우주는 모든 종류의 소립자들의 뜨거운 수
프로 구성되어 있었다. 이들 중 우리의 관점에서 가장 중요한 것은 물질
의 가장 기본적인 구성 요소라고 여겨지는 쿼크들이다. 원자핵을 구성
하는 중성자와 양성자 같은 친숙한 입자들은 이제는 쿼크가 속박되어
있는 상태로 생각되고 있다. 초기에 우주는 수많은 자유로운 쿼크들을
포함하고 있었다. 그것들이 이 친숙한 우주를 구성하는 소립자를 구성
했다.

이 시점에서, 쿼크에서 소립자로의 변화가 상태들 사이의 또 다른
전이에 불과하다는 것을 알아야 한다. 재규격화 군이라는 제분기가 제
분해야 할 곡물이 더 많아진 셈이다. 물론 위에서 지적한 것처럼, 우리
는 여기서, 4차원 계를 이야기하고 있고, 그러므로 그 쿼크의 임계지수
가 물과 같을 것이라고 기대해서는 안 되지만, 그 이론 원리는 동일하
다. 질서맺음 변수가 적용되는 한, 그 뜨거운 쿼크 수프를 상세화하기
위해서는 숫자 32보다는 많은 수가 필요하다는 것을 설명 없이 이야기
하겠다. 그럼에도 불구하고, 거칠게 말해 수프가 빅뱅 이후 10마이크로

초 동안 일반적인 입자들로 응축되어질 때, 지금까지 논의된 다른 계들과 동일한 법칙에 따라 그 임계점에 도달했을 것이다.

끓는 물, 뜨거운 철, 샐러드 드레싱, 합금, 그리고 우주 자체 모두 임계점에 대한 동일한 식에 지배를 받고 있다는 것 이상으로 세계에 대한 근대 과학의 압도적인 아름다움과 우아함을 우리에게 가장 잘 보여주는 것은 없다.

09/왜 구름의 색은 변할까?

헤밍웨이의 《노인과 바다》에서 주인공은 구름에 반사되는
아바나의 불빛을 이용하여 배를 되돌렸다.
구름을 거울처럼 이용하는 것은 아주 보편적인 기술이었다.

이 책 1장에서 나는 일몰 때의 하늘의 색에 대해 충분히 이야기했다. 하지만 나는 가장 놀라운, 구름들이 나타내는 색에 대해서는 전혀 다루지 않았다. 가장 장관인 노을은 보통, 거의 전 하늘이 구름으로 뒤덮여 천천히 밝은 주홍색에서 탁한 진홍색으로 천천히 변해가고, 그 다음 어둠이 짙어지면서 회색과 검푸른색으로 변해간다. 명확한 것은 해가 지는데 걸리는 시간 동안 구름의 구성 요소들에는 아무런 변화가 없다는 것이다. 그렇다면 왜 구름들은 색이 변할까?

이 질문을 다소 다른 형식으로 던져 보도록 하자. 우리는 구름들이 맑고, 색깔이 없는 유체인 물방울로부터 만들어졌다는 것을 알고 있다. 왜 그것들이 색깔을 가져야 하는가? 왜 구름은 그들을 만든 작은 물방울들처럼 색이 없지 않은가?

구름은 길을 가르쳐 준다

구름을 볼 때(그림 9-1을 보자), 우리가 눈으로 보는 것은 구름을 통해 굴절되는 빛이라는 데 주목함으로써 이러한 질문에 답할 수 있다. 유일한 예외는 구름 뒤에서 태양이 직접적으로 비추는 경우이다(이러한 경우는 뒤에서 다룰 것이다). 그 순간에는 우리는 단지 굴절을 하는 빛의 성질에 영향을 받아 정해지는 구름의 색깔을 보고 있는 것이다.

1장에서 하늘의 푸른빛에 대해 논의하면서, 우리는 빛이 공기 분자와 만날 때, 푸른색은 빨간색보다 강하게 산란된다는 것을 살펴보았다. 이것은 구름 안에서 대상이 햇빛과 만날 때 문제가 되는 것은 물방울의 크기가 아니라는 것이다. 이 경우 빛의 모든 다양한 파장들이 같은 비율로 산란된다는 뜻이다. 마치 거울처럼 물방울은 들어오는 것과 동일한 색깔을 내보낸다.

그림 9-1에서 보이는 것처럼, 낮 동안 태양빛은 구름에 직접 부딪히기 때문에, 그 색은 기본적으로 하얀색이다. 그러므로 우리 눈에 반사되어지는 색깔도 하얀색이고, 구름은 낯익은 양털 모양이 된다. 반대로 일몰 때는 태양으로부터 오는 빛이 공기중에서 더 긴 여행을 하게 되고, 파란색이 대부분인 공기 분자는 산란하게 된다. 그 빛은 구름을 강타하고, 우리 눈에 반사될 때는 빨간색을 띠게 된다.

많은 일상적인 증거들이 이러한 설명을 뒷받침해 준다. 때때로 그림 9-1처럼 태양으로부터 오는 빛의 오른쪽 경로는 대지에 부딪힌 다음 구름에 반사되어 우리 눈에 들어오게 된다. 이러한 경우, 구름에 부딪치는 빛의 색깔은 대지 표면의 색깔이 되고 그것은 결국 구름의 색깔이 된다. 예를 들면 나는 스코틀랜드에서 히스가 가득 핀 언덕 위를 지나가는 구름의 색깔이 자줏빛을 머금은 것을 본 적이 있다. 대지에서 올라오는 빛이 자줏빛이었고, 그 색깔은 충직하게 구름에 반사되어 재현되었다. 나는 북극해를 떠다니는 유빙들 사이를 항해하는 에스키모들이 구름을 보고 어디에 물길이 열려 있는지를 알아낸다는 이야기를 들은 적이 있다. 그들은 얼음과 바다로부터 반사되는 빛의 차이를 볼 수 있고, 그에 따라 카약을 조종하는 것이다.

이 이야기를 처음 들었을 때 사실 나는 약간 의심스러웠다. 하지만, 그와 비슷한 현상이 내게도 일어난 적이 있다. 낮게 나는 구름이 도

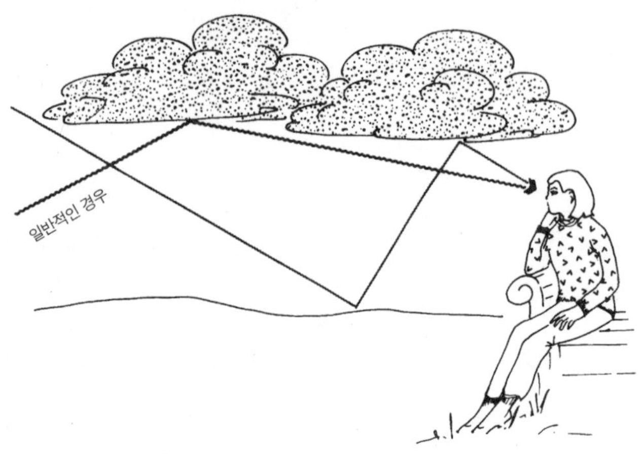

그림 9-1. 구름의 색은 기본적으로 하얀색이지만 때때로 태양으로부터 오는 빛은 대지에 부딪힌 다음 구름에 반사되어 우리 눈에 들어오게 된다. 이때는 대지 표면의 색깔이 구름에 반사되고 결국 그것이 구름의 색깔이 된다.

시의 불빛을 반사한 것이다. 선원들은 예전부터 이러한 방식으로 항구 쪽으로 배의 방향을 잡을 수 있었다. 헤밍웨이는 이러한 아이디어를 《노인과 바다》에서 써먹었다. 그의 영웅은 구름에 반사되는 아바나의 불빛을 이용하여 배를 되돌렸다. 구름을 거울처럼 이용하는 것은 아주 보편적인 기술이고, 나는 더 이상 내가 들었던 에스키모 이야기를 의심하지 않는다.

모든 파장의 빛을 산란시키는 거대한 입자들의 능력은 또 다른(아마도 예상치 못한) 현상을 일으키기도 한다. 북극곰처럼 흰색 털이 있는 동물들은 그 털에 어떠한 색소도 가지고 있지 않다. 대신 그 털구멍들은 많은 작은 공기 풍선들을 포함하고 있고, 그것들은 구름에서 물방울이

하는 것과 동일한 역할을 한다. 그것들은 모든 파장을 그것의 길이 그대로 반사한다. 그러므로 북극곰의 흰색과 구름의 흰색은 동일한 물리적 과정에 의해 생기는 것이다.

심지어 하늘의 색깔과 갓난아이의 눈 색깔도 예상치 못한 관련이 있다. 백인의 경우 갓난아기는 파란색 눈을 하고 태어난다. 그리고 나중에 영구적인 색깔을 가지게 된다. 부모들이 생후 6~12개월 사이에 친척들이 아이를 쳐다보며, 아이가 어떤 눈색깔을 가지게 될까 하고 궁금해하던 시기를 어떻게 잊을 수 있겠는가? 실제로, 아이들은 눈 안에 색소를 갖지 않고 태어난다. 눈동자는 수많은 세밀한 흰색의 입자들을 가지고 있고, 오돌도돌한 물질들은 빨간빛보다 파란빛을 더욱 강하게 산란시킬 수 있을 만큼 작다. 흰빛이 그것에 부딪칠 때, 파란 부분만이 반사되어 돌아오기 때문에 우리는 파란색 눈을 보게 되는 것이다. 나중에 영구 색소가 아이 눈동자에서 발달하면서 눈의 색깔은 변하게 된다.

물론 우리 눈에 도달하는 빛이 반드시 반사를 통한 것만은 아니다. 우리는 이미 태양이 구름 뒤에서 직접 빛을 비추고 있을 때의 다른 예를 본 바 있다(앞에서 경고한 것처럼 어떤 상황에서라도 태양을 집적 보는 일은 피해라). 구름으로 뒤덮인 날, 여러분은 구름 속에서 하얗거나 노란 색 점으로 보이는 태양을 볼 수 있을 것이다. 이때 빛은 태양으로부터 직접 구름을 통과하고 있는 것이고, 이때의 색깔이 구름이 존재하지 않을 때의 태양의 색깔과 가장 비슷하다(때때로 태양이 노란색이 되는 것은 구름 위의 공기가 산란되어 생긴 푸른색에 의한 것이다). 그러므로 여러분은 반사 과정과 구름 안에서 물방울을 통과하는 과정과 마찬가지로 구름은 그것이 무슨 색깔이든 반사한다는 것을 알 수 있을 것이다.

이것은 물질의 보편적인 속성이 아니다. 저녁에 스테인드글래스가 있는 예배당 안에 있다고 생각해 보라. 나는 방금 수많은 창을 가지고 있는 고딕 풍의 시카고 대학의 예배당의 저녁 음악회에서 방금 돌아왔는데 그 예배당 안에서는 창들이 모두 둔탁한 회색으로 보였다. 물론 밝은 낮에는 그것들은 본래의 색깔을 되찾을 것이다.

이러한 두 상황 사이의 차이는 최소한 피상적인 수준에서는 이해하기 쉽다. 저녁에는 모든 빛이 그 건물 안에서 나온다. 결론적으로 여러분은 창문의 유리들로부터 여러분의 눈으로 오는 빛이 있어야 한다. 낮 동안 그 빛은 태양으로부터 오고, 여러분은 유리를 통과하는 빛을 볼 것이다. 구름이 빛의 모든 파장을 통과시키고 반사하는 반면, 스테인드글래스는 매우 다른 결과를 낳는다.

이것은 다른 흥미로운 질문을 던진다. 같은 물질 안에 있는 같은 원자들이 어떻게 빛의 두 진행 방향에 따라 그렇게 다른 반응을 보일 수 있다는 말인가? 이런 일이 어떻게 생기는지 알기 위해서는 빛과 원자의 성질에 관해서 이해해야 한다.

빛은 파동으로 이루어져 있고, 그것은 호수의 표면에서 보는 파동과 유사한 것이다. 파동의 본질적인 특질은, 주어진 점으로부터 움직이기 시작한 파동은 마루와 골이 반복해 나타나는 패턴을 가진다는 것이다. 빛의 파동의 정확한 성질을 아는 것은 여기서는 그다지 중요하지 않지만, 나는 그것이 전자기장들로 구성되었고 그 증폭이 마치 호수의 표면에서 파동이 생겨났다 사라졌다 하는 것처럼 증가하거나 감소한다는 사실을 말해야겠다.

우리가 색이라고 하는 것은 무엇인가

우리가 색이라고 부르는 것의 성질은 빛의 파동에서 마루 사이의 거리와 관계되어 있다. 그림 9-2에 그려진 파장에서 빨간빛은 파란빛보다 두 배가 길다. 그 스펙트럼의 다른 빛들은 그들 사이에 있다. 빨강과 파랑, 그리고 그들 사이의 파장들은 인간의 눈에서 반응을 일으킬 수 있는 유일한 파장들이지만, 그것들은 자연 안에 존재하는 빛 같은 파장들의 작은 부분들로 구성되어 있다. 극초단파, X선, 적외선과 자외선, 전파 등은 빛의 구조와 유사하지만, 이것들은 파장이 다르다. 이것들을 탐지해내려면 적절한 도구가 필요하지만, 빛만은 시각을 통해서 탐지된다.

빛의 파동이 원자를 만나면, 파동에 생기는 전기장은 원자 안의 전자들을 움직이게 하고 가속시킨다. 바로 이러한 상호 작용이 우리가 논

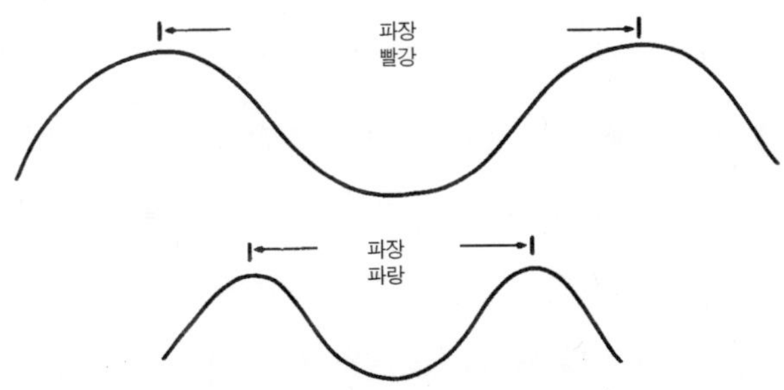

그림 9-2. 빨간빛은 파란빛보다 파장이 두 배나 길다.

의하고 있는 색과 빛의 속성들을 만들어낸다.

양자 역학이 등장하기 이전인 19세기 사람들은 전자들이 마치 신축성있는 용수철 같은 것에 의해 원자에 묶여 있다고 생각했다. 이것은 핵과 궤도 위의 전자라는 오늘날의 친숙한 이미지에 비하면 전자에 대한 다소 이상한 방식의 그림이다. 그럼에도 불구하고 전자를 용수철에 비유한 시각화는 과학적 방법의 굉장히 중요한 국면을 보여주는데, 학자들에겐 거의 주목을 받지 못했다. 물리적 세계의 새로운 영역을 탐구하기 시작할 때, 과학자들은 자신들의 새로운 통찰을 이전에 확립된 원리들에 통합시키고자 한다. 이 방식 가운데 하나는 새로운 현상의 모델을 만드는 것이다. "이것은 이렇게 만들어진 것처럼 행동한다"고 하면서 말이다. 이러한 방식을 쓰면 새로운 상황의 생경함은 더 다루기 쉬워지고, 그 모델이 실제에 상당히 근접한다면, 진정한 진보가 이루어질 수 있다.

이러한 이유는 물리학 법칙들이 수학적 식으로 표현된다는 사실에 있다. 이들 식들은 일종의 로제타석과 같은 준거의 표준을 구성하여 우리로 하여금 자연의 작동을 우리에게 친숙한 방식으로 해석할 수 있게 해 준다. 우리가 한 모델을 진리에 대한 "적당한 근사값"이라고 부를 때, 우리가 실제로 의미하는 것은 그 모델로부터 나온 방정식이 나중에 가서 맞는 것으로 입증된다는 것과 유사하다. 방정식의 기호들은 다른 식으로 해석될 수 있지만, 방정식의 기본적인 형식과 그 체계의 행동에 대한 일반적인 예상은 동일한 것으로 남아 있을 것이다.

전자가 용수철에 매달려 있다는 생각에서 나온 원자의 모델은 이러한 과정에 대해 내가 아는 좋은 예이다. 19세기에는 누구도 원자의 내부에 용수철이 달린 작은 공이 있다는 것에 대해 진지하게 생각하지 않았다(최소한 아무도 그러지 말았기를 바란다). 그럼에도 이러한 모델에서 전자의 움직임을 기술하는 식은 현대 양자 역학에서 나온 식과 기본적으로 동일하다. 이러한 해석의 변화는 분명하다. 예를 들면, 전자의 위치라는 것은 특정한 점에서 전자를 발견할 수 있는 확률이 되어 버렸다. 하지만 그 식이 동일하기 때문에 상당히 정확한 과정들이 발견되었고, 용수철 모델은 진리에 근접한 유일한 것이었다는 점은 분명하다. 우리가 다음 몇 장에서 원자들과 빛의 움직임에 대해 이야기할 때, 나는 여러분이 잠시 멈추어, 내가 느끼는 경이로운 기분을 공유하게 되기를 바란다. 자연의 기본적인 작업들은, 심지어 아주 조잡한 비유조차도 우리에게 그렇게 많은 것을 가르쳐 줄 정도로 너무나 단순하고 우아하다.

용수철 모델의 핵심적인 아이디어는 다음과 같다. 빛의 파동이 원자를 만날 때, 전자는 반대되는 두 힘을 받게 된다(그림 9-3). 전자는 빛의 파동이 만들어내는 전기장에 의해 한 방향으로 잡아당겨졌다가 핵에 부착된 용수철에 의해 다시 밀려난다. 오른쪽 그림에서 보여주고 있는 게 좀더 적절한 비유가 될 것 같다. 코르크 마개 하나가 물 위에 떠 있다. 그 밑은 용수철로 고정시켜 두었다. 그것은 물이 고요한 상태일 때는 펼쳐지지도, 줄어들지도 않는다.

만약 물결이 친다면, 부력은 그림에서처럼 코르크를 위로 잡아당길 것이다. 그것이 올라가자마자 용수철은 펴질 것이고, 반대 방향으로 힘을 행사할 것이다. 물결의 낮은 점에 도달하면 코르크는 떨어질 것이

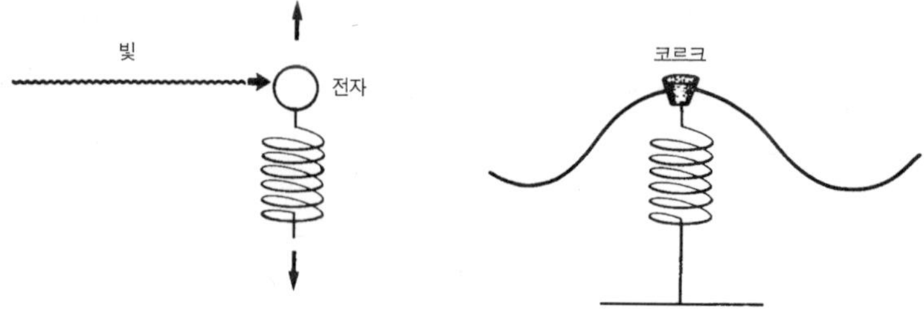

그림 9-3. 빛의 파동이 원자를 만날 때 전자는 반대되는 두 힘을 받게 된다.

고, 용수철은 눌려질 것이다. 그리고 위로 올라가는 용수철의 힘이 작용할 것이다. 어떤 방향으로 코르크가 움직이건, 용수철은 물결의 효과와 반대 반향으로 반응할 것이다.

물결이 코르크에 도달할 때 일어나는 일은 두 가지 요인에 달려 있다. 그것은 파동의 마루들 사이의 간격이 얼마나 되는가, 그리고 그 용수철이 얼마나 경직되어 있는가이다. 예를 들어, 한 마루 이후에 다른 마루가 너무 빨리 도달한다면, 그 용수철은 펼쳐질 시간이 없을 것이다. 이럴 경우 물은 단지 코르크를 흐르고 지나갈 것이고 마루는 그 정상적인 위치에서 그다지 많이 움직이지 못할 것이다. 다른 극단적인 경우, 즉 물결의 마루들이 너무 멀리 떨어져 있다면, 용수철은 그 본래 위치를 되찾을 충분한 시간을 갖게 될 것이다. 그러한 경우에 코르크는 천천히 변화하는 물결의 수면을 따라서 위아래로 움직일 것이다.

이 예의 중요한 점은 두 경우 다 코르크가 아주 빠르게 움직이지 않는다는 점이다. 물리학 용어로는 코르크가 물결로부터 많은 에너지를 얻는 데 실패했다고 이야기할 것이다. 이것은 코르크를 만난 후의 물결의 에너지는 언제나 만나기 전의 그것과 비슷하다는 것이다. 또한 물결은 코르크가 있지도 않은 것처럼 계속 진행할 것이다.

하지만 언제나 이러한 것은 아니다. 만약 연속되는 물결의 마루들이 정확히 적절한 간격으로 도달한다면, 그 코르크는 점점 큰 진동을 하게 될 것이고, 그것은 아이들이 수영할 때 적절한 시간마다 손을 저을 수 있게 되면, 수영 실력이 급격히 느는 것과 같다. 용수철 위의 코르크에 대해 말하자면, 적절한 타이밍이라는 것은 그 코르크가 위아래로 튀어 오르는 데에 필요한 일정한 정도의(물이 전혀 없더라도) 간격들에 마루들이 도착해야 한다는 것을 의미한다. 이러한 조건들이 충족되면, 그 코르크는 매우 빠르게 움직일 수 있게 되는데, 이것은 파동으로부터 충분한 에너지를 흡수했다는 것을 의미하고, 그 파동은 다음 번에 올 파동에 의해 사라지도록 코르크를 남겨둘 것이다.

파동과 코르크 사이의 상호 작용에 대한 마지막 그림은 매우 단순하다. 마루들 사이의 간격이, 코르크가 자연스러운 빈도로 위아래로 움직이는 데 필요한 것과 차이가 많이 나면, 아주 작은 에너지만이 파동으로부터 코르크로 전달될 것이고, 그러한 파동은 그 배열을 통해 긴 여행을 가능하게 할 것이다. 반대로 그 마루들이 정확한 간격을 가지고 만나게 될 때, 물결은 많은 양의 에너지를 코르크에 빼앗기게 될 것이고, 그 배열은 짧아질 것이다.

우리가 빛이라고 부르는 파동은 원자 주변의 전자들을, 물이 코르크를 움직이는 것과 마찬가지로 움직이게 할 것이다. 만약 빛의 마루 사이의 거리가(즉 파장이) 알맞다면, 파동이 물질을 통과해 진행하면서, 그리고 한 원자와 잇따른 다른 원자가 만나면서, 그 거리는 점차 늘어날 것이고, 시간이 지나면 단순히 사라질 것이다. 결국 모든 에너지는 원자로 옮겨질 것이다.

하지만 우리가 본 것처럼 빛의 파장은 그 색깔과 일치한다. 따라서 파동과 전자를 묘사한 그림 9-3은 원자 안에 있는 주어진 전자가 빛으로부터 어떤 색을 흡수할 것이라는 사실을 이야기해 준다. 그리고 그것은 다른 색깔들이 영향을 미치지 않은 채 지나가게 할 것이다. 하얀색 빛이 물질의 한쪽 부분 위로 떨어질지 모르지만, 그 물질 안에 있는 원자들이 특정한 파장의 빛을 제외하고는 모든 것을 흡수한다면, 그 물질의 반대편에 있는 어떤 사람에게 보이는 것은 흡수되지 않은 색깔일 것이다.

이것은 스테인드글래스 수수께끼의 일부를 설명해 준다. 스테인드글래스를 통과한 빛이 보이는 것은 단지 들어오는 빛에 달린 것이 아니라, 원자에 의해 흡수된 빛의 요소들에 달린 것이다. 결국 반대편을 통해 나오는 것은 빛의 마루와 골을 가진 원자들만이 남아 있는 것이다.

이 수수께끼의 나머지를 이해하기 위해서, 우리는 빛이 파동에서 전자까지 지나간 후에 에너지에 어떤 일이 생기는지를 생각하여야 한다. 일반적인 원자들은 각각의 핵들 주위를 돌고 있는 많은 전자들을 지닌,

매우 복잡한 사물들일 것이다. 이 전자들 가운데 하나가 어떤 잉여 에너지를 획득할 때, 많은 일들이 생긴다. 예를 들면 전자 하나의 에너지는 전체로서의 원자와 그 에너지를 공유할 것이다. 이러한 전이의 효과는 대부분 원자 전체를 더 빠르게 움직이게 하고, 우리는 들어오는 빛의 에너지가 물체의 열을 높이는 것으로 전환되었다고 말한다. 빛은 사라지고, 온도는 올라간다. 우리 관점에서는 이 과정(자연에서 아주 흔한)은 막다른 골목을 상징한다고 할 수 있다. 왜냐하면 그런 일이 일어나면 빛에 대해 더 이상 생각할 것이 없기 때문이다.

빠른 진동을 하게 된 하나의 전자는 들어오는 파동으로부터 에너지를 얻고 그 에너지를 다른 빛의 파동에 되돌려 줄 수 있다. 이것은 잔잔한 호수에 돌을 던질 때 생겨나는 파문과 같이 원자로부터 바깥쪽으로 퍼져나가는 발산이다. 이렇게 밖으로 나오는 파동은 안으로 들어온 빛의 파동과 같은 것일 수도 있고(만약 흡수하는 전자만이 방사될 경우) 또

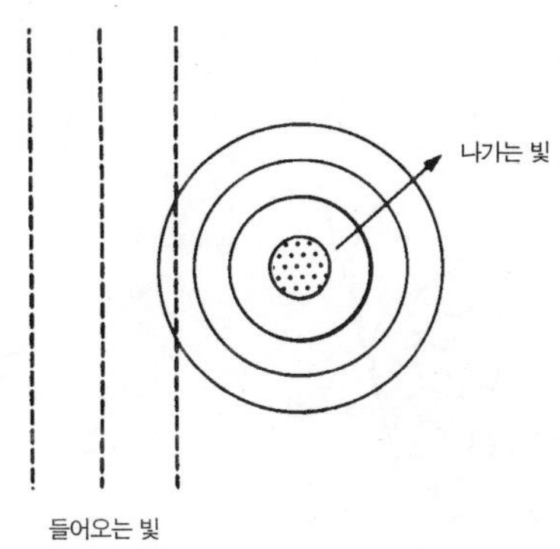

그림 9-4. 하나의 전자는 들어오는 빛의 파동을 통해 주어지는 에너지를 얻게 되면서 빠른 진동을 하게 되고, 그것은 다른 빛의 파동을 발산할 수 있다.

는 다를 수도 있다(다른 전자들의 몇몇과 흡수한 에너지를 공유할 경우).
이러한 과정은 그림 9-4에서 보여지는 것이다. 우선 빛이 전자에 의해
흡수되고 나서 에너지가 방출된다. 이 최종적인 결과는 그림의 오른쪽
으로 전일적으로 이동하는 빛의 파동이 개개의 흡수하는 원자들을 중심
으로 하여, 밖으로 퍼져나가는 파동으로 바뀌었다는 것이다.

이러한 파동이 물질을 통해 진행되면, 원자들은 점점 더 그림 9-5
에서 보여지는 이 이차적인 파동들을 만들어낸다. 물질의 모든 부분에
서, 많은 원자들로부터 나오는 이 이차 파동들이 합쳐진다. 대부분의
경우에 그 결과는 서로를 상쇄시키는 것이다. 만약 A에서 채워진 입자
들이 있다면, 각각의 파동은 도달하게 될 것이고 그것은 다른 신호를 보
낼 것이다. 어떤 사람은 그 완전한 양으로 위로 움직인다고 말하고, 어
떤 사람은 아래로 움직인다고, 또 어떤 사람들은 전혀 움직이지 않는다
고 말할 것이다. 이것이 최종적인 결과의 모든 것이라면 그 입자는 전혀
움직이지 않는 것이고, 관찰자는 이러한 최종적인 결과를 예산안에 있

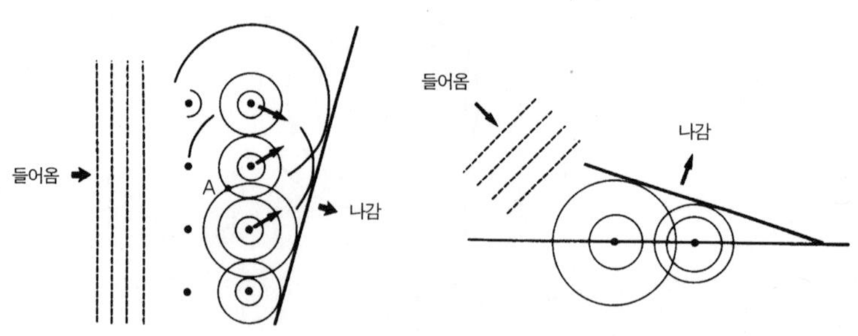

그림 9-5. 파동이 물질을 통해 진행되면, 원자들은 점점 더 그 이차적인 파동들을 만들어낸다.

는 "상계 항목"이라고 부를 것이다. 그림 9-5에서 보이는 이러한 일반
적인 상태에 대해서 단지 두 가지를 기대할 수 있다. 하나는 앞쪽(그림
의 왼쪽)의 어떤 점에서 일어나는 것이다. 이들 점에서 모든 원자들로부
터 오는 이차 파동과 왼편으로 도달하는 파동은 합쳐진다. 만약 하나의
마루가 나타난다면 다른 마루도 역시 거기에 합쳐질 것이다. 아직 흡수
되지 않고 진행하는 파동의 일부는 여러 파동들 사이에 적어도 하나 이
상은 그런 파동이 있다는 것으로 생각될 수 있다는 것에 주목해야 한다.

이러한 방향을 따르는 모든 입자는, 그러므로 합주하고 있는 이 모
든 파동들의 거대한 힘을 경험하게 될 것이다. 결국 물질로 들어왔던 파
동은 다른 새로운 방향으로 움직일 것이다. 그 방향은 강화가 일어나는
선의 수직으로 정의된다. 이것은 1장에서 논의되었던 굴절 현상의 설명
이다. 그 현상은 태양의 "가장자리"로부터 푸른빛까지 일몰에서 일어나
는 이상한 시각적 효과들의 원인이 되는 것이다.

파동에 대한 이러한 일반적인 규칙으로부터의 두번째 기대는 그림
9-5의 오른쪽 그림처럼 그 뒤쪽 방향으로 나타나는 "씻겨나감"이다. 물
체의 표면에 있는 전자들로부터 발산되어지는 이차 파동은 서로를 강화
시킬 것이다. 이것은 표면으로부터 파동을 반사해 돌려보내는 것으로
인식될 것이다.

우리 생활과 밀접한 재복사

그러므로 전자, 그리고 빛의 파동의 속성들은 빛의 움직임으로 설명할

수 있다. 그것이 물질을 만났을 때, 도달한 광선은 두 부분으로 나누어
진다. 하나는 표면으로부터 반사되고, 다른 하나는 물질을 관통하여,
원래의 파동의 각도와는 다른 각도로 진행하게 될 것이다. 이것들은 각
각 반사 파동과 굴절 파동이라고 불린다. 얼마나 많은 원래 광선의 에너
지가 빛 파동의 형식 안에 남아 있는지, 그리고 얼마나 열로 변환되었는
지는 얼마나 많은 물질에 있는 전자들이 정렬되어지고, 그것들이 파동
으로부터 흡수한 에너지에 대해 얼마나 반응하는가에 달려 있다. 우리
는 이러한 문제를 다음 장에서 더 자세하게 다룰 것이지만, 여기서는 그
것에 많은 가능성의 영역이 있고, 각각은 전자들의 다른 배열에 기인한
다는 것만을 명심하도록 하자. 나무 난로의 검은 금속 부분을 예로 들면
그것에 도달하는 모든 빛은 흡수될 것이고 거의 반사되지 않을 것이고,
통과되지 않을 것이고, 거의 대부분이 열로 전환될 것이다. 반면에 창
문의 유리는 파동의 에너지를 거의 흡수하지 않을 것이고, 굴절된 파장
으로 변화시킬 것이다. 이러한 파동이 유리를 통해 다시 나오게 될 때,
그것이 우리 눈에 도달해서 유리 밖에 있는 것을 볼 수 있게 할 것이다.
일반적으로 이러한 반사 파동에는 작은 에너지만이 변환되고, 그러므로
그것은 매우 약할 것이다. 이것이 왜, 창문을 통해 보는 상들이 일반적
으로 실제로 보는 것보다 어둡고 덜 생생한지를 설명해 준다.

이러한 반추를 하게 하는 스테인드글래스에서, 전자들은 한 색깔
만 제외하고 모든 다른 색깔을 흡수해 열로 바꾸는 배열을 하게 된다.
그리고 그 선택된 색은 굴절되어 우리를 통과하게 될 것이다. 그 특권을
가진 색이 굴절되고 유리를 관통하는 동안 나머지는 열로 변환될 것이

다. 일반적인 창문에서는 반사 파동 때문에 에너지가 적게 들어갈 것이다. 그것은 안에서 볼 때, 창은 왜 그렇게 어둡고 생명력이 없을까라는 의문에 대한 이유를 설명해 준다. 그러므로 결국 모든 색깔은 물질 안에 있는 전자들이 들어오는 빛의 에너지를 얼마나 흡수하고 재복사하는가에 달려 있다.

재복사는 더 많은 논의를 필요로 하는데, 이것은 우리의 일상 생활에서 매우 자주 사용되기 때문이다. 전기적 사물들의 움직임을 지배하는 이론에 따르면, 하전된 입자들은 가속될 때마다, 운동 에너지의 일부분을 복사 에너지로 전환할 것이다. 만약 그러한 전자가 원자 안에 있는 것이라면, 이러한 복사는 앞서 본 것처럼 빛의 형태를 띨 것이다. 만약 전자가 라디오 선이나 TV 안테나에 있는 것이라면, 그 방출된 복사는 몇 십 미터 혹은 몇 킬로미터의 파장을 가질 것이고, 우리는 전자가 라디오파의 형태 안에 있다고 말할 것이다.

이러한 파동들이 공기를 타고 여러분의 TV선이나 라디오 안테나에 도달한다면, 그것들은 이들 전자들을 움직이게 할 것이다. 안테나에서의 움직임은 전류를 구성하고, 그것을 받는 도구인 TV나 라디오는 여러분이 보거나 들을 수 있는 시각적, 청각적 신호로 전자를 변환시킬 것이다. 그러므로 여러분이 제일 좋아하는 프로그램에 집중하고 있을 때, 여러분은 그러한 것을 가능하게 하는 자연 현상이 스테인드글래스 창문이나 일몰과 같은 아름다운 것을 담고 있는 구름들에서 일어나는 것과 동일한 현상이라는 생각에 잠시 시간을 할애해도 괜찮을 것이다.

10/ 장미는 빨갛다.
그러나 제라늄의 색깔은?

17세기 영국의 화학자 존 돌턴은 자기 친구들은 모두 분홍색이라고 말하는
제라늄이 낮에는 파랗게 밤에는 빨갛게 보였다.
색맹을 뜻하는 영어인 돌터니즘은 그의 이름에서 유래하였다.

실망스러운 일이었다. 나는 그 일을 영원히 잊지 못할 것이다. 예닐곱 살 때로 기억되는데 바닷가로 나간 내 첫 소풍이었을 것이다. 해변을 거닐다 한 번도 본 적이 없는 보석처럼 생긴 아름다운 돌들을 발견한 나는 그것들을 주워 주머니에 넣었다. 파도에 씻긴 그 조약돌들은 육지에서는 도저히 그에 필적할 만한 것이 없을 정도로 깊고 윤기 나는 색을 띠고 있었다. 그런데 소풍을 마치고 방으로 와서 내 보물을 꺼내 놓자 그것은 광택도 없고 그저 그런 시시한 돌로 변해 있었다. 그 순간 내가 얼마나 놀랐을지 상상해 보라. 물기가 사라지자 돌들의 아름다움이 사라진 것이다. 그때는 색이 얼마나 극적으로 변할 수 있는지 알지 못하던 시절이었다.

색을 어떻게 지각하게 되는가

이러한 경험은 자연 철학의 매우 오래된 질문과 맞닿아 있다. 색의 본질은 무엇인가? 이 질문은 더 큰 질문과도 연결되어 있다. 시각, 그리고 보는 것의 본질은 무엇인가? 고대인들의 기본적인 대답은 일종의 빛이 인간의 눈에서 방사되어 인간이 보고 있는 대상에 부딪친다는 것이었다. 이 이론은 촉각과 시각의 유사함에 기댄 것이다. 우리는 사물을 만질 때 손을 뻗어 그것과 물리적 접촉을 한다. 그 이론에 따르면 우리가 사물을 보는 것도 그와 똑같다는 것이다. 우리의 눈은 사물을 잡아끄는 갈고리 구실을 하는 광선을 쏜다. 광선이 사물로 뻗어나간 후 그것을 잡아끌어서 우리 눈에 보이도록 가져온다. 피타고라스나 아리스토텔레스 같은

그리스의 사상가들은 눈에서 "보이지 않는 불"이 방사된다고 말했고, 이
들의 견해는 중세 시대 대학에서까지 가르쳐졌다. 10세기 아랍의 위대
한 과학자 알하젠은 눈꺼풀을 닫고도 태양을 볼 수 있으니 그 이론은 틀
린 것이라고 반박했지만, 그의 주장은 아리스토텔레스의 권위에 조금의
흠집도 내지 못했다. 시각에 관한 현대적인 이론과 비슷한 생각이 모양
새를 갖추기 시작한 것은 17세기 무렵이 되어서였다.

　　색의 본질에 관한 논쟁은 이것과는 조금 다른 길을 따라 전개되었
다. 앞으로 보게 되겠지만, 색을 지각한다는 것은 꽤 다른 세 가지 과정
을 포함하고 있다. 첫째, 빛의 파동과 앞 장에서 논의했던 유형의 원자
들과의 상호 작용이 있다. 이러한 상호 작용은 인간의 감각 기관에 자극
을 주는 빛의 파동을 만들어내는데, 이것은 색을 보는 것과 관련된 물리
적인 부분이라고 할 수 있을 것이다. 눈으로 들어간 빛의 파동은 일련의
복잡한 광학적, 그리고 화학적 반응들을 일으킨다. 이 반응들의 기본적
인 효과는 시신경을 통해 뇌로 가는 전기 펄스이다. 이것은 색을 보는
과정의 두번째 단계인데, 색채 지각의 생리학적인 부분이라고 할 수 있
을 것이다. 마지막으로 신호가 뇌에 도착하면, 신호는 사물을 보고 있
는 사람이 해석해낼 수 있는 정보의 형태로 바뀌어 해석된다. 여러분이
예상하는 것과는 반대로, 여러분이 보고 있는 색은 여러분의 눈으로 들
어오는 빛의 파장하고만 관련이 있는 것이 아니라 시각 영역 및 사물을
보는 사람의 마음과도 관련이 있다. 이 세번째 요소가 색채 지각의 심리
적 부분이다.

　　색을 보는 것이 이렇게 복잡한 과정을 거쳐야만 하는 일이라는 것

은 특별히 놀랄 만한 일은 아닐 것이다. 요즘 세상에 간단한 일이 어디 있겠는가? 우리는 최악의 것에 대비해야 한다. 그러나 색에 대한 논쟁을 하는 수백 년 동안, 이 참을성있는 기대를 만족시켜 줄 증거는 조금도 나타나지 않았다. 색에 관해 연구했던 물리학자들은 빛의 파동과 관련된 수수께끼를 풀어내기만 하면 된다고 생각했다. 빛의 파동이 무엇인지만 알아낸다면 색이 무엇이지도 알게 되리라. 생리학자들, 그리고 그 후에는 심리학자들까지 자신들의 학문 분야를 등에 업고 물리학자들과 유사한 방식의 주장을 했다. 최근, 즉 20세기 가운데무렵에 와서야 과학자들은 색을 보는 것이 사실은 이 세 가지 모두가 복잡하게 얽혀 있는 과정이라는 것을 이해하기 시작했다.

왜 그런지는 주변에서 꽤 흔히 볼 수 있는 상황에 대해서 곰곰이 한 번 생각해 보면 여러분 혼자 힘으로도 알 수 있을 것이다. 촛불 옆에서 식사를 할 때, 식탁보가 흰색으로 보인다. 촛불에서 나와 곧바로 여러분의 눈에 반사되는 빛은 사실 노란색인데도 식탁보는 흰색으로 보인다. 만약 여러분이 이 빛의 파장을 측정하거나 프리즘을 통과시킨다면 이 이야기가 사실이라는 명확한 증거를 얻을 수 있을 것이다. 식탁보로부터 나오는 빛이 노란색인데도, 식탁보가 하얗게 보이는 것은 어떻게 된 일일까? 이것은 우리가 식탁보가 "실제로 하얗다"고 알고 있는 것이 우리가 보는 것에 영향을 미치기 때문이다. 색에 심리적 요소가 작용하는 것이다.

그렇다고 지식(혹은 심리)이 유일한 요소일 수는 없다. 새옷을 가게의 형광등 불빛 아래서 볼 때와 햇빛에서 볼 때는 다르게 보인다. 현명한 소비자라면, 옷을 사기 전에 반드시 창문에 비추어 볼 것이다. 옷의 색이 어떤 빛 아래서 보느냐에 따라 매번 미묘한 차이를 보이는 것은 확실하다. 그것은 보는 사람의 마음의 상태와는 무관한 일이다. 우리가 보는 색이 빛의 파동에 따라 달라진다는 것과 관련된 이보다 더 좋은 증거는 무엇일까?

마지막으로 색을 보는 것이 생리적 요소와 관련이 있다는 증거는 색맹과 같은 조건에서 드러난다. 완벽한 시력을 가진 사람일지라도 어떤 특정 색을 보는 능력은 모자랄 수 있다. 이와 관련된 유명한 역사적 예는 근대적 원자론을 최초로 공식화한 17세기 영국의 화학자 존 돌턴이다. 그는 자기 친구들은 모두 분홍색이라고 말하는 제라늄이 낮에는 파랗게, 밤에는 빨갛게 보인다고 썼다. 색맹을 뜻하는 영어 돌터니즘 Daltonism은 그의 이름에서 유래한 말이다. 현대 물리학자들은 돌턴의 망막이 보통 사람의 눈에서 일반적으로 발견되는 적색에 민감한 색소가 결핍되어 있다고 말한다. 여기서는, 색맹인 사람이 있다는 사실은 색조 감각이 눈의 생리학과 부분적으로 관련이 있다는 것을 증명한다는 것만을 우선 언급해 두기로 한다.

이러한 세 요소들을 확인하기 위해서는 각각을 독립적으로 조사해야만 한다. 앞의 장에서 우리는 빛과 원자들의 상호 작용이 원자 속의 전자들의 작용, 특히 핵과 전자들을 연결시켜 주는 힘에 의해 생겨나는 방식의 지배를 받는다는 것에 대해 살펴보았다. 나는 이런 힘을 그 둘을 연결시켜 주는 용수철의 작용에 비유해 보자고 제안했다. 그 장의 주제에는 이 정도 수준의 복잡성이면 충분했다. 그러나 색을 설명하기 위해서는 전자의 행동에 대해 좀더 깊이 들어갈 필요가 있다.

이 논의와 관련된 대부분의 원자들의 경우, 핵을 둘러싼 구름 안에는 많은 전자들이 있다. 핵에 의해 생겨나는 전기력말고도, 각 전자들에게는 자신의 형제들에 의해 생기는 척력이 가해진다. 그 결과 원자를 전자들이 궤도를 돌 때 생기는 이동과 변화가 만들어내는 힘의 망으로 생각할 수 있다. 이 망을 머릿속에 그려 보는 한 방법은 각각의 전자가 강력한 용수철에 의해 핵에 붙들려 있고, 또 그보다 가볍고 약한 용수철로 구성된 곤죽에 다른 전자들이 붙들려 있다고 생각하는 것이다. 따라서 각 전자들의 움직임은 기본적으로는 핵과의 관계에 의해 결정되지만, 움직임의 세세한 부분은 다른 전자들의 존재에 영향을 받는다. 그림 10-1은 이러한 상황을 나타낸다.

망 안에 있는 다른 전자들은 우리가 연구하려는 것처럼 같은 원자 안에 있을 필요는 없다. 고체와 액체에서는 그림 10-1의 아래쪽 그림처럼 원자들이 서로 뺨과 턱을 맞대고 빽빽하게 들어차 있다. 그것은 전혀 예외적인 일이 아니다. 왜냐하면 하나의 전자는 그 자신이 속해 있는 원자 속의 전자보다는 이웃한 전자에 더 가까이 있으려 하기 때문이다. 따라서 전자들은 앞서 이미 설명한 "자기 나라의" 원자들뿐만 아니라 이웃 나라의 원자들이 행사하는 힘에도 종속되어 있다. 만약 이러한 새로운 힘들을 작은 용수철이라고 생각한다면, 각각의 전자들은 이러한 용수철들이 한데 모여 커져 물질로 튀어 들어간 것으로 생각해야 한다. 실제로 외부에서 다른 힘(중력 같은 것)이 가해졌을 때 물질을 서로 잡아두고 그것이 모양을 유지할 수 있도록 해 주는 것은 그것과 상호 작용을

206

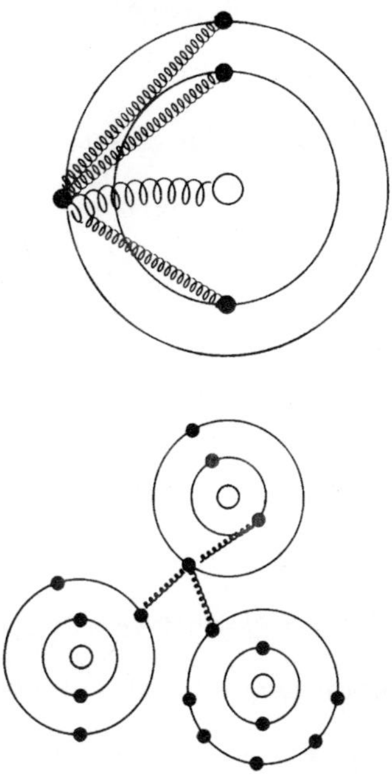

그림 10-1. 각 전자들의 움직임은 기본적으로는 핵과의 관계에 의해 결정되지만, 움직임의 세세한 부분은 다른 전자들의 존재에 영향을 받는다.

하는 이러한 복잡한 망이다.

따라서 전자의 모든 움직임은 전자가 자신이 속한, 그리고 자신을 둘러싼 다른 원자들 안의 전자들의 위치에서 자신이 존재하는 망의 특성들에 좌우된다. 앞선 논의를 통해 우리는 물질이 빛을 흡수하고 재방출하는 방식이 빛의 파동을 받았을 때, 전자들이 움직이는 방식에 좌우된다는 것을 알고 있다. 따라서 힘들의 망에 영향을 주는 것은 어떤 것이든지 모두 빛에 대한 물질의 반응에도 영향을 준다. 색은 이러한 반응의 한 예이므로, 원자들의 배열 방식에서의 이처럼 사소하게 보이는 변화가 우리가 사물을 볼 때 보이는 색에 심대한 영향을 미친다는 것은 놀랄 일이 아니다. 이러한 모든 변화들은 들어오는 빛에 다른 반응을 야기한다. 간단히 말해, 이것이 바로 왜 그렇게 많은 과정들이 색에 영향을 줄 수 있는가에 대한 이유이다.

해변의 조약돌은 왜 색이 변했을까

내가 해변에서 주웠던, 보석처럼 아름다운 조약돌로 되돌아와 보자. 우리는 표면에 충돌해 전자들을 헝클어 놓는 빛이 일부는 반사되고 일부는 물질의 내부로 굴절되어 들어간다는 것을 알고 있다. 돌은 불투명하기 때문에 굴절된 빛은 돌 속으로 아주 깊숙이 투과하지는 못한다. 그러나 굴절된 빛은 돌을 구성하는 많은 원자들과 마주치기에는 충분할 정도로 멀리 여행한다. 이 굴절된 빛의 파장들 가운데 어떤 것들은 흡수되지만 어떤 것들은 다시 밖으로 내보내진다. 돌에 특유의 색을 부여하는 것은 돌 표면으로 투과해 들어갔다가 눈으로 되돌아오는 빛의 파동들인데, 그것은 그 과정에서 빛의 파동으로부터 거의 조금밖에는 파장이 제거되지 않았기 때문이다.

빛의 밝기는 물질의 표면을 통과해 가서 내부에 흡수되는 원래 빛의 양에 달려 있다. 그림 10-2는 생각해 볼 수 있는 두 가지 경우를 보여주고 있다. 왼쪽 그림에서는 대부분의 빛이 반사되는데, 그것은 표면의 불규칙성이 산란된 빛의 균질한 배경을 만들어 주기 때문이다. 이러한 배경에 부딪쳐서 색을 운반하는 비교적 약한 굴절 광선은 씻겨져 나간 것처럼 보이고, 물체의 색은 흐리고 바랜 것처럼 보이게 된다.

오른쪽 그림은 그 반대의 경우이다. 표면으로부터 반사되어 나오는 광선은 비교적 약하고. 내부로부터 나오는 광선은 강하다. 여러분의 눈으로 오는 광선은 물질의 내부에 있는 원자들에 크게 영향을 받아 밝은 색으로 보일 것이다. 간단히 말해 물체를 볼 때 우리가 지각하는 색의 밝기는 반사된, 그리고 굴절된 광선들의 상대적 세기에 좌우된다고 할 수 있다.

차례로 이러한 상대적인 세기들은 들어오는 빛과 표면 속의 이 전자들 사이의 상호 작용, 특히 이 전자들이 그 빛에 반응해서 움직이는 방식에 좌우된다. 만약 힘들이 작용하는 망이 운동의 어떤 한 유형에 알맞은 것이라면, 반사가 강하게 일어날 것이다. 그러나 만약 그것이 다른 유형의 운동에 알맞은 것이라면, 굴절이 강하게 일어날 것이다. 그렇다면 해변에서 주운 조약돌들의 색이 왜 변했을까? 이 수수께끼는 다음과 같은 질문으로 바꿀 수 있다. 왜 돌 표면의 전자들은 돌에 물기가

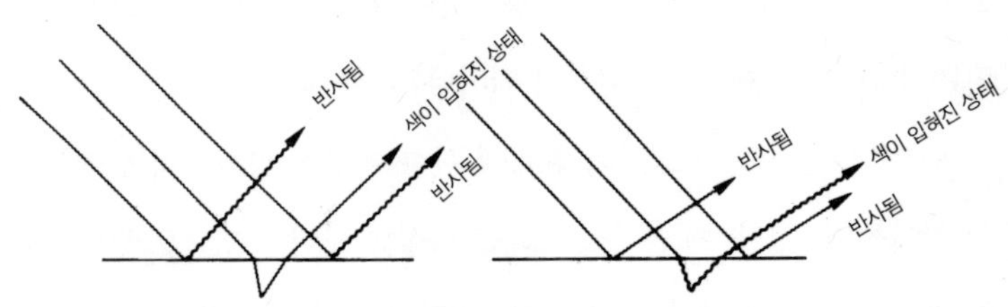

그림 10-2. 물체를 볼 때 우리가 지각하는 색의 밝기는 반사된, 그리고 굴절된 광선들의 상대적 세기에 좌우된다.

있을 경우와 물기가 말랐을 경우에 서로 다르게 움직이는가?

힘들이 작용하는 망에 관해 배웠기 때문에 우리는 이제 그 질문에 대답할 만한 위치에 와 있다. 돌이 젖었을 때, 표면의 전자들은 물 분자와 측면을 접하게 된다. 이러한 분자들은 힘들이 작용하는 망을 하나 만든다. 표면이 말랐을 경우 전자들이 이웃하게 되는 분자는 산소나 질소 분자가 된다. 전자들은 완전히 다른 힘 가운데로 들어가는 것이다. 계산을 해 보면 이러한 상황들에서 첫번째 경우에는 굴절이, 두번째 경우에는 반사가 더 많이 일어나는 것을 알 수 있다(이런 결과가 나오는 것은 물의 굴절지수가 공기의 굴절지수보다 크고 따라서 돌 안에 있는 물질의 굴절지수와 비슷하기 때문에 생기는 결과라는 것을 과학자들은 잘 알고 있을 것이다).

요약을 하면 다음과 같다. 밝게 빛나는 색의 돌을 주웠을 때, 표면에 묻어 있는 물 분자들은 돌 표면의 전자들이 빛의 대부분을 돌 속으로 투과되도록 한다. 이때 돌 내부의 원자들의 흔적이 담기게 되어 돌의 색이 선명하게 보이는 것이다. 돌이 태양에 노출되어 물기가 마르면, 선명했던 색은 점차 흐려져 사라지게 된다. 돌 표면에 있던 물의 층이 증발되고, 그에 따라 전자들이 더 많은 빛을 반사하고 따라서 내부로 투과되는 빛의 양이 줄어드는 현상이 일어나는 것이다.

이러한 반사 대 굴절의 효과에 관한 예는 일상적인 경험에서도 많이 찾아볼 수 있다. 해변에서 모래를 유심히 보다 보면, 모래의 색이 여러 종류라는 것을 알게 될 것이다. 그것은 심지어 모래가 말라 있을 때도 마찬가지다. 내가 말하는 것은 태평양의 특정 지역에서나 볼 수 있는 검은 화산 모래를 가리키는 것이 아니다. 그저 나는 거의 모든 곳에서 볼 수 있는 유형의 흔해빠진 갈색 모래를 말하는 것이다. 일반적인 법칙은 이렇다. 고운 모래일수록 색이 더 밝다. 그러나 해변의 높은 지대에 있는 알이 굵은 모래의 색은 마른 상태일지라도 확실히 갈색이다. 반면에 입자가 아주 고운 모래는 이웃에 있는 입자가 굵은 모래와 똑같은 성분으로 되어 있을 지라도 거의 흰색일 것이다.

모래 알갱이들은 작아서 내부에 있는 원자들에 대해 표면에 있는 원자들의 비율이 비교적 높은 편이다. 이것은 알갱이가 작을수록 더 잘 적용된다. 알갱이의 크기가 작아질수록 내부로부터 굴절되어 나오는 빛의 양에 비해 표면에서 반사되는 빛의 양이 증가할 것이다. 물론 이것은 전자들 속의 힘들이 작용하는 망에서 일어나는 변화와는 아무런 관계가 없다. 이것은 알갱이들의 체적과 표면적의 비율 차에서 오는 것이다.

고운 알갱이들은 체적에 대한 표면적의 비율이 크기 때문에, 비교적 더 많은 흰색 빛을 반사한다. 따라서 그것은 작은 알갱이들이 모든 색의 빛을 분산시키는 구조를 하고 있음을 보여준다. 그러므로 모래의 입자가 고울수록 더 희게 보이는 것이다.

같은 이유로, 입자가 큰 모래일수록 체적에 대한 표면적의 비율은 작고, 따라서 분산이 덜 생겨 더 어둡게 보인다. 카리브 해안의 흰색 모래와 메인 주의 굵은 모래는 서로 매우 달라보이기는 하지만, 이 둘 사이에는 근본적으로는 아무런 차이점이 없다.

아마 교통 사고 현장에서 거친 모래에서 고운 모래로 변할 때 생기는 것과 똑같은 변천 과정을 볼 수 있을 것이다. 우리는 충돌 현장에 흩어진 작은 색유리 조각들이 자동차들이 밟고 지나감에 따라 점차 흰색 가루로 변해가는 것을 본다. 유리의 색이 변화하는 원인은 모래 색의 변화와 똑같다. 자동차가 충돌했을 때 받은 최초의 충격으로 깨진 유리 조각들은 표면적에 대한 체적의 비율이 크다. 혼잡한 교차점에서 이 유리 조각들이 그 내부보다 표면에서 빛이 더 많이 산란될 정도로 잘게 으깨어지는 데 걸리는 시간은 불과 며칠 혹은 몇 시간이면 충분하지만, 해변의 모래가 그렇게 되려면 수천 년이 걸린다. 그러나 최종 결과는 똑같다. 화학적 성분은 하나도 바뀌지 않은 채, 물질의 색만 바뀌는 것이다.

원자들이 색을 좌우한다

이러한 예들을 사용하면 색의 특성에 관해 아주 평이한 용어로 더 깊이 있게 이야기할 수 있다. 그러나 만약 좀더 특별한 것에 관심이 있어서, 왜 모래는 갈색이고 유리는 빨간색인가 같은 의문이 든다면, 먼저 개별 원자들에 대해 알아보아야 한다.

빛을 받았을 때 원자가 반응하는 방식이 이웃하는 원자들의 성질에 따라 크게 좌우된다는 것은 놀라운 일이다. 한 예로 메인 주의 모래가 갈색을 띠는 것은 모래 알갱이가 만들어진 암석의 수정 구조 속에 때때로 철 원자들이 존재하기 때문이다. 이 철 원자들은 수정 구조에서 볼 때는 불순물에 해당한다. 완전한 수정에는 철 원자가 존재하지 않는다. 순수한 수정은 색이 없다. 암석이 형성될 때, 철처럼 흔한 원자들이 암석에 불순물로 섞여 들어가는 일은 비일비재하다. 갈색 암석에 섞여 있는 철, 규소, 산소 원자들은 힘들이 작용하는 망을 만들고 그것은 빛과 상호 작용하여 암석에 갈색, 붉은 색, 노란색 기운을 돌게 한다.

힘들이 작용하는 망에 대한 전자들의 감도는 모래를 갈색으로 만드는 철 원자가 조금만 차이가 나는 환경에 놓이더라도 엷은 비취빛을 만들어낸다는 것에 주목함으로써 설명할 수 있다. 루비가 붉은색을, 에메랄드와 옥이 녹색을 띠는 것은 각각의 암석에 섞여 들어간 소량의 크롬 원자들 때문이다. 이 모든 것은 망의 미세한 차이에 달려 있다. 망 속에 자리한 원자들은 망 자체에 영향을 준다. 황과 금속 불순물들이 결합되어 망이 형성되면, 빛의 모든 파장을 고루 잘 흡수하게 된다. 그리고 그 결과는 완전한 무색이거나 검정색이다. 은을 변색시키는 주범은 바로 공기중에 존재하는 황이다.

이야기가 자연 색에서 인공 색으로 넘어가면 상황은 더욱 복잡해진다. 오랫동안 사용하지 않고 놓아 둔 페인트를 휘저어 본 사람이라면 페인트가 한 가지 색으로 된 액체가 아니라는 것을 알고 있을 것이다. 페인트는 두 가지 성분으로 되어 있다. 하나는 물이나 기름 같은 무색의 것이고 다른 하나는 통의 바닥으로 가라앉는 질척질척하고 색깔이 있는 성분이다. 페인트를 잘 섞으면, 색 입자들은 유동액 속에 현탁(懸濁)되는데 이때 입자들의 크기가 매우 중요하다. 만약 입자들의 크기가 가시광선의 파장보다 훨씬 작다면, 1장에서 본대로 입자들이 푸른색으로 산란되기 때문에 입자들의 고유한 색에 관계없이 페인트는 푸른빛이 도는 색조를 띨 것이다. 반대로 입자들이 너무 작으면 현탁 상태로 그리 오래 있지 않을 것이다. 오늘날의 대부분의 페인트에 사용되는 안료들은 입자들의 크기가 가시광선과 거의 똑같은 경우에 가라앉는다.

페인트가 칠해지면, 색깔 막만 남겨두고 용제는 증발한다. 좋은 안료가 되려면 양호한 기계적 특성을 갖는 막을 형성시킬 수 있는 능력을 가지는 것이 가장 중요하다.

예를 들면 기포가 생겨서도 안 되고, 빛이나 기후의 작용에 노출되었을 때 화학적 변화가 생겨서도 안 된다. 제품의 이런 특성들을 시험하기 위해 넓은 영역에 페인트를 칠해 보는 경우를 종종 볼 수 있다. 그들은 소재에 신제품을 칠한 후 햇빛과 비에 수개월, 혹은 수 년 동안 내놓는 가장 단순한 방식으로 페인트를 시험한다. 상품으로 팔리는 페인트들은 모두 테스트를 통과하고 살아남은 것들이다. 탈락한 페인트들은 다시 실험실로 보내진다. 이러한 테스트 영역들에는 고속도로나 도심의 도로를 따라 난 색의 발광점들이 사람들의 눈에 얼마나 잘 띄는가도 들어 있다.

인공 착색의 또 다른 유형인 염색은 결과적으로 볼 때는 페인트와 같은 점이 많음에도 불구하고 페인트와는 또 다르다. 고운 알갱이들로 색을 만들어내는 대신, 염색은 커다란 단일 분자를 이용한다. 이러한 분자들을 용매(보통 물)에 용해시킨 후, 색을 물들일 천을 그 용해액에 담근다. 섬유가 물을 흡수하면, 그것들은 서로를 밀어내면서 팽창한다. 그러면 현미경으로나 볼 수 있는 작은 구멍들이 생기고, 그 안으로 유체와 그것의 분자화된 물질들이 흐를 수 있게 된다. 천이 마르면 물은 증발하고 분자들만 남게 되고, 그 분자들 특유의 힘들이 작용하는 망 때문에 빛이 비치면 천은 특정한 색을 띠게 된다.

페인트 제품과 달리 염색 제품은 기계적으로 강해야 할 필요는 없지만, 천 안에 머물 때 "바래지 않는" 특성이 요구된다. 전통적인 염료의 재료로는 연체동물이나 딱정벌레의 껍질 같은 것들이 주로 사용되었는데, 그것은 색이 변하지 않고 오래가는 특성을 가지고 있기 때문이었다. 19세기 독일에서 합성 염색 산업이 시작되었을 때, 자연 염료만큼 오랫동안 퇴색하지 않는 염료의 제조법을 찾아내는 것은 정말로 어려운 과제였다. 믿을 만한 합성 염료가 나와 상업적으로 사용할 수 있게 된 것은 거의 50년이나 지나서의 일이었다. 오늘날 우리 주위에서 볼 수 있는 염료는 대부분 합성 염료이다.

맥스웰의 휠

페인트와 염료의 대량 생산법의 발달은 사진의 대중화와 더불어 색광(色光)의 물리적 성질에 대한 과학적 관심을 고조시켰다. 이 분야의 위대한 선구자들 가운데 한 사람이 현대 전자기학 이론의 창시자로 더 잘 알려져 있는 스코틀랜드의 물리학자 제임스 클러크 맥스웰이었다. 1860년에 맥스웰은 첫번째 컬러 사진을 만들어냈다(내가 아는 바로는 이 사진은 지금도 잉글랜드의 케임브리지에 전시되어 있다). 그는 색에 관한 삼자극 이론을 제시한 것으로도 유명하며 서로 다른 세 가지 색만을 섞어서 모든 색을 만들어낼 수 있다는 것을 발견했다. 삼원색이라 불리는 이 색들로 어떤 색이 선택되는가는 확정되어 있지 않지만, 보통은 빨강, 노랑, 초록이 선택된다. 그는 그림 10-3에 보이는 맥스웰의 휠을

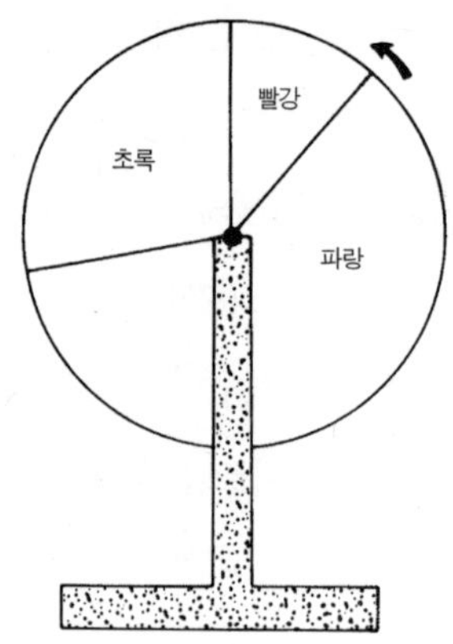

그림 10-3. 삼원색을 나타낸 맥스웰의 휠.

이용해서 자신의 아이디어를 보여주었다. 원판에 아래와 같이 삼원색을 서로 다른 비율로 칠한 후, 빠르게 회전시킨다. 그러면 회전 속도를 쫓아갈 수 없는 눈은 색의 양의 비율에 따라 색들을 합하게 되고 그러면 눈이 지각하는 원판 위의 색은 완전히 새롭고 다른 색이 된다.

이러한 색의 혼합 원리는 1920년대에 영국의 연구팀에 의해 표준화되었다. 그들은 정상적인 시력을 가진 충분한 수의 사람들을 대상으로 눈이 주어진 삼원색의 혼합을 지각하는 방식과 빛의 파장의 등가성에 대해 연구했다. 스펙트럼에서 빨강, 초록, 파랑의 비율들로 고정된 각각의 색으로 눈을 자극했을 때 원래의 단일한 파장과 같은 감각이 나왔다. 예를 들어, 파장이 580나노미터(nm, 1백만 분의 1밀리미터에 해당하는 단위이다. 1나노미터는 전형적인 원자 지름의 10분의 1이다. 오늘날 과학자들은 빛을 포함하는 모든 복사의 파장을 나타내는 데 이 단위를

쓰고 있다)인 빛, 즉 붉은 색을 띤 오렌지색이라고 불릴 수 있는 그 빛
은 빨강, 초록, 파랑의 비율이 916:870:1.7로 혼합된 빛과 동일하게
지각될 것이다. 1931년 국제 조명 위원회는 색을 정의하는 표준으로
이러한 유형의 비율들을 채택했다.

이러한 발전, 즉 눈에 들어오는 파의 특성을 명확하게 정의하는 것
으로 색을 이해하려는 첫번째 요구는 충족되었다. 색조 감각의 물리적
인 측면, 즉 색이 기원하는 방식과 색이 특징지워지는 방식 둘 다 이제
는 잘 이해되고 있다.

질문의 두번째 부분, 즉 생리학적 요소에 관한 연구는 19세기와
20세기에 걸쳐 이루어졌기 때문에 우리는 눈이 어떻게 신경 펄스를 통
해 자극을 뇌로 전달하는지에 대해 잘 알고 있다.

눈으로 들어온 빛은 안구의 뒤쪽에 있는 망막에 집중된다. 그곳에
서 빛은 두 종류의 감광성 세포, 즉 간상세포와 원추세포와 만난다. 이
들 이름은 그 기능과는 아무런 상관이 없고, 현미경으로 보았을 때 보이
는 세포들의 모양과 관련이 있을 뿐이다. 사실상 간상세포와 원추세포
들은 눈 뒤에 종류가 다른 텔레비전 카메라 두 대가 장착되어 있는 것과
같은 구실을 한다. 간상세포들은 매우 민감(즉 들어오는 빛의 양이 아주
미세할 때에도 반응한다)하지만, 색에는 반응하지 않는다. 흐릿한 빛 속
에서나 어둠 속에서 사물을 볼 수 있게 해 주는 것은 바로 이 간상세포
이다. 그런데 눈으로 들어오는 빛이 너무 밝으면 간상 세포들은 작동을
멈추고, 원추세포가 작동하기 시작한다.

원추세포들은 우리가 색을 볼 수 있도록 해 준다. 원추세포들은 눈

으로 들어오는 빛을 흡수하고 그 과정의 첫 단계에서 빛의 에너지를 신경 펄스로 바꾸어 주는 작용을 하는 큰 분자들을 가지고 있다. 원추세포에는 세 가지 유형이 있는데, 각각은 약간씩 다른 유형의 분자를 가지고 있다. 각 분자에 있는 전자들에 작용하는 힘들이 작용하는 망은 세 종류의 원추세포들이 각각 빛의 서로 다른 파장에 민감하게 반응하도록 해준다. 하나는 파란빛을, 두번째는 푸른빛을, 세번째는 빨간빛을 흡수하는 데 가장 효과적이다. 색 지각과 관련된 맥스웰의 삼원색 이론이 눈의 생리학과 화학적 특징에 토대를 두고 있음은 명백하다.

대부분의 물리학자들처럼 나 역시 색조 감각에 대해 항상 단순한 견해를 가지고 있었다. 나는 빛의 물리학과 눈의 화학적 측면이 해결되면 더 이상 연구할 것이 없음을 당연하게 여기고 있었던 것이다. 이런 내 방식에 오류가 있음을 보여준 나의 친구이자 동료인 버지니아 대학의 프랭크 헤어퍼드에게 나는 빚을 졌다. 10년 동안 대학 총장으로 있다가, 물리학과로 복귀한 프랭크는 훌륭한 연구 프로젝트에 매달릴 준비를 끝내고 있었다. 그는 색조 감각을 연구 과제로 선택해 분주하게 보냈다. 어느 날 교수실에서 그는 색종이와 플라스틱 조각으로 만든 물건들을 보여주며 색조 감각에는 내가 생각해 왔던 것보다 훨씬 많은 것들이 있다는 것을 확신시켜 주었다.

색종이 조각들이 되는 대로 두서없이 붙여진 큰 종이를 본 나는 색이 특정한 광원으로부터 나오는 빛에 의해서 뿐만 아니라, 이웃에 있는 것들에 의해서도 영향을 받는다는 사실을 금방 깨달았다. 더 나아가 나는 왼쪽 눈에 보이는 것과 오른쪽 눈에 보이는 것을 분리해서 보여주는 모니터 장치를 구경할 기회도 얻었다. 단순히 다른 한쪽 눈을 감았다 떴다 하는 것만으로 "색을 바꾸는" 특수 안대를 만들 수 있다는 것을 알았을 때 내가 얼마나 놀랐을지 생각해 보라. 나는 색조 감각에서 정신이 물리학이나 생리학만큼이나 중요한 역할을 한다는 것을 확신하게 됐다.

그 질문에 대해 좀더 조사해 본 나는 내가 보았던 그 놀라운 것들이 색조 감각의 심리적 측면에 대해 연구하는 학자와 실무자들에게는 일찍이 1824년부터 알려진 사실이었다는 것을 알게 되었다. 그 해에 프랑스의 미셀-외젠 슈브릴은 태피스트리를 만들 때 나란히 놓으면 경계를 희미하게 하는 효과를 내는 색들이 있으니 주의하라고 태피스트리 작가들에게 말했다.

태피스트리 작가들을 고민스럽게 한 이 문제는 서로 다른 색의 면끼리 맞붙여 놓았을 때 경계면이 뚜렷하게 보이는 특수한 현상인데 이에 관해서는 연구가 잘 되어 있다. 그 효과가 가장 눈에 잘 띌 때가 바로 이웃하는 색들이 서로 보색 관계일 때이다. 노란 면과 파란 면이 맞붙어 있을 경우 그 경계선 주위의 색은 중요 부분에 있는 색보다 엷게 보인다. 눈의 구조에 대해 우리가 알고 있는 어떤 지식도 왜 이런 현상이 일어나는 지에 대해서는 설명해 주지 못한다. 푸른 면에서 나온 빛은 망막의 한 영역에 부딪히고, 노란 면에서 나온 빛은 망막의 또 다른 면에 부딪칠 것이다. 그리고 그 둘 사이에는 뚜렷한 경계선이 있을 것이다. 그 시스템의 어딘가에 각 원추세포가 이웃한 두 색이 경계를 이루고 있다는 것을 알게 해 주는 "배선"이 있는 것처럼 보인다. 그 효과는 하나의 원추세포에 파란색이 부딪치고, 그 옆의 원추세포에 노란색이 부딪히는 것은 하얀색이 부딪힌 것과 똑같은 반응을 일으킨다는 것이다. 파란색과 노란색이 눈 속에서 탐지된 뒤에 혼합되는 것이다.

꽃 색깔에도 과학의 원리가 숨어 있다

우리가 그곳에 존재하지 않는 "색"을 보는 것에 대한 설명은 다소 평범할 수도 있다. 아마도 그것은 눈 안에 있는 신경들이 서로 연결되어 있는 방식 때문일 것이다. 그리고 이것이 인간의 색조 감각에 대한 심리학적 차원과 관련된 증거의 유일한 유형이라면, 단순히 말장난일 수도 있다. 망막 속의 신경들이 연결되는 방식이 실제로 눈의 심리학의 일부분이라는 식의 핑곗거리말이다. 그러나 "심리"의 존재를 훨씬 더 극적으로—비록 흔히 볼 수 있는 것은 아니지만— 보여주는 것이 있다.

나는 폴라로이드 카메라를 발명한 에드윈 랜드가 해 보인 실험을 실제로 본 적이 있다. 그는 슬라이드 두 장을 준비했는데, 둘 다 똑같은 장면을 찍은 것이었다. 그 두 장 사이에 차이점이 있다면 하나는 붉은색 필터를 통해 찍은 것이고 다른 하나는 녹색 필터를 통해 찍은 슬라이드라는 점뿐이었다. 그리고 나서 그는 평범한 흰 영사막을 건 후, 전구 앞에 붉은 필터를 단 슬라이드 환등기와 평범한 흰색 전구를 장착한 환등기를 설치했다. 그는 "붉은" 슬라이드를 첫번째 환등기에 넣었고, "녹색" 슬라이드를 다른 환등기에 넣은 후, 영사막에 초점을 맞추었다. 그 결과물로 나온 사진에는 온갖 종류의 색이 다 들어 있었다. 파랑, 노랑, 오렌지색…. 심지어 영사막에 나타난 색들 중에는 눈에 부딪히는 빛에는 없는 색들도 있었다. 실제로는 존재하지 않는 색을 만들어내는 어떤 일을 정신이 하고 있었던 것이다. 그 시연은 특별히 효과적이었는데, 그것은 나처럼 눈으로 들어오는 빛의 파장과 지각되는 색 사이에는 간단한 일대 일 대응 관계가 성립한다고 믿고 있는 물리학자들 앞에서 행해졌기 때문이다.

태피스트리에서 이웃하는 색들의 출현과는 달리 랜드의 실연은 생리학의 확장이라고 무시해 버릴 수 없었다. 어떤 색들은 앞에서 언급되었던 흰색 식탁보와 비슷하다. 그것들은 어떤 물체는 어떤 색을 띨 것이라는 보는 사람의 기대의 결과물이었다. 이런 예들 가운데 잘 알려져 있는 것은 다음과 같은 것이다. 똑같은 명암의 회색빛으로 그려진 벽돌과 잎 하나가 그려진 그림을 보는 사람들에게는 잎의 회색빛이 벽돌의 회색빛보다 푸른빛이 더 많이 도는 것처럼 보인다. 랜드의 시연에서 보였던 다른 색들은 어쩌면 우리가 앞에서 논의한 것들이 섞여서 나온 것일지도 모른다. 그리고 그것들은 어쩌면 우리가 아직도 이해하지 못하는 기제들로부터 나온 다른 것일 수도 있다.

내가 이 이야기에서 흥미를 느낀 것은 꽃을 눈으로 보는 것과 같은 단순한 일상의 경험 안에 기초적인 과학의 원리가 상당히 많이 들어 있으며, 외부 세계에서 무슨 일이 벌어지든지 마음은 자기가 받아들인 것 위에다 자기 자신만이 가지고 있는 세상에서 하나뿐인 우표를 붙일 수 있는 능력이 있다는 것을 마침내 과학이 보여주었다는 것이다.

11/창문으로 선탠을 할 수 있을까?

유리는 햇빛을 통과시킨다. 그런데 유리 창문을 통해서는 선탠이 되지 않는다.
우리의 피부를 태우는 것은 그것이 무엇이든 햇빛의 일부분인데 말이다.
유리는 어떻게 빛과 자외선을 구분하는 걸까?

여름날 창가에 앉아 있을 때 불쾌할 정도로 햇볕이 따갑더라도 절대로 선탠이 되지 않는다는 사실에 주목한 적이 있는가? 그런 날 잔디밭 위에 앉아 있으면 피부가 따끔거릴 정도로 타 버린다.

이러한 차이에 대해 잠깐 동안만 생각해 본다면 이것이 대단히 수수께끼 같은 일이라는 것을 알 수 있다. 앞의 두 장에서 이미 보았듯이 유리가 투명하다는 것은 그 안의 전자가 유리에 부딪히는 빛으로부터 에너지를 흡수할 수 없다는 것을 뜻한다. 더 나아가 우리의 피부를 태우는 것은 그것이 무엇이든 햇빛의 일부분이다. 똑같은 전자들인데도 유리 안의 전자들은 우리가 보는 빛을 흡수하지 못하는데, 어떻게 다른 곳의 전자들은 빛을 흡수하거나 반사할 수 있을까?

이 질문에 대한 답은 두 가지다. 하나는 햇빛의 성질 때문이고 다른 하나는 전자들이 유리의 원자 구조 안으로 잠기는 방식 때문이다. 내부 깊은 곳에서 벌어지는 융합 반응에서 동력을 얻는 태양은 표면 온도가 약 섭씨 6천 도이다. 태양처럼 뜨거운 물체는 그것이 무엇이든 서로 다른 많은 파장의 복사를 방출한다. 그림 11-1은 태양에 의해 방출되는 복사의 양을 간략하게 나타낸 것이다. 가시광선에 해당하는 것들은 두 개의 수직선으로 표시되어 있다. 그림을 잠깐 들여다보는 것만으로도 우리는 태양이 빨강에서 파랑 사이에 해당하는 파장들(앞에서 논의한 파장들)뿐만 아니라 빨강보다 더 길고 파랑보다 더 짧은 파동들도 방출한다는 것을 알 수 있다. 전자는 적외선 복사라고 하고 후자는 자외선 복사라고 한다.

이 중에서 우리의 이번 수수께끼와 관련이 있는 것은 자외선 복사

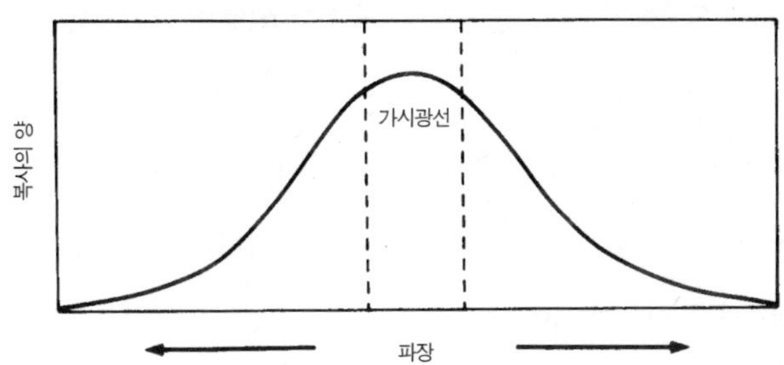

그림 11-1. 태양에 의해 방출되는 복사의 양을 나타낸 그래프

이다. 일반적인 법칙은 빛은 파장이 짧을수록 더 많은 에너지를 가지고 있다는 것이다. 상층 대기에 부딪히는 자외선의 대부분은 오존층에 있는 원자들에 의해 흡수되고 비교적 적은 양만이 지구 표면까지 도달한다. 이것은 매우 다행스러운 일인데 왜냐하면 다량의 자외선 복사는 생명체에 치명적이기 때문이다.

실제로 다량의 자외선 복사는 병원에서 기구를 소독하는 데 종종 쓰인다. 심지어는 대기를 통과하는 적은 양의 자외선 복사만으로도 치명적인 화상을 입을 수 있다. 이것은 햇빛이 쨍쨍한 날 밖에 오랫동안 머문 사람들이 입은 피해를 보면 알 수 있다. 하지만 적당한 자외선은 피부의 멜라닌(그리스어로 멜라스melas는 검정을 뜻한다) 색소의 발달을 촉진시킨다. 이 색소는 피부가 자외선 복사로부터 더 큰 피해를 입는 것을 막는 역할을 한다.

유리창을 통해서 들어오는 빛이 이러한 색소의 반응을 일으키지 못한다는 것은, 유리가 비록 보통의 빛은 통과시키지만 오존층처럼 자외선 성분은 차단하는 역할을 한다는 것을 뜻한다. 따라서 흥미있는 주제는 유리가 어떻게 그것을 분리해내는가이다.

이러한 현상을 이해하기 위해서는 전자들을 힘들이 상호 작용하는 복잡한 망에 갇힌 것으로 보았던 때로 되돌아가 생각해 보아야 한다. 이 힘들이 더 강할수록(즉 용수철이 더 경직되어 있을수록) 그것은 들어오는 파동이 전자를 움직이기 어렵게 하고 전자들이 흡수할 수 있는 에너지의 양을 적게 한다. 유리가 가시광선을 통과시킨다는 사실로부터 우리는 유리 속의 전자들이 너무도 조밀하게 갇혀 있어 움직이기 힘들다는 결론을 내릴 수 있다. 따라서 전자들은 파동이 지나갈 때 거의 아무런 에너지도 흡수할 수 없다. 그러나 유리가 자외선을 흡수한다는 사실로부터 우리는 그런 유형의 복사에 의해 가해지는 힘이 망의 관성을 능가할 정도로 세고 에너지를 파동으로부터 전자로 전달시킨다고 결론내릴 수밖에 없다. 일단 그러한 전이가 이루어지면, 앞에서 논의했던 것과 똑같은 과정이 일어나고, 유리를 통과해 파동이 더 멀리 나아감에 따라 그것은 점차로 소멸된다.

이러한 결론은 자연에서 볼 수 있는 많은 물질들 속의 힘들이 작용하는 망에 관해서도 말해준다. 예를 들어 지구에서 빛이 관여하는 가장 중요한 상호 작용은 식물이 햇빛을 통해 받은 에너지를 지구 전체의 먹이사슬의 기초가 되는 당분으로 바꾸어 주는 광합성이라고 할 수 있다.

광합성은 그 부산물로 우리가 숨을 쉬는 데 필요한 산소를 내놓는다. 이 과정에서 가장 중요한 단계는 들어오는 빛을 엽록소 분자가 흡수하는 것이다. 엽록소는 그림 11-2에서 볼 수 있는 것처럼 복잡한 연쇄 구조이다. 아직도 생화학자들은 엽록소가 에너지를 양분으로 바꾸는 복잡한 방식을 연구하는 데 매달리고 있다. 그럼에도 우리는 원자, 빛, 색에 관한 생각을 통해 얻은 지식만을 동원해서도 이 분자가 작용하는 과정의 일부분을 알 수 있다.

첫째, 우리는 태양 빛에 있는 대부분의 에너지가 가시광선에 있다는 것을 알고 있다. 따라서 엽록소 원자들에 있는 전자들의, 적어도 일부는 가시광선으로부터 에너지를 흡수할 수 있을 정도로 느슨하게 묶여져 있어야 한다. 그리고 그에 따라 엽록소의 구조는 유리의 구조와는 반

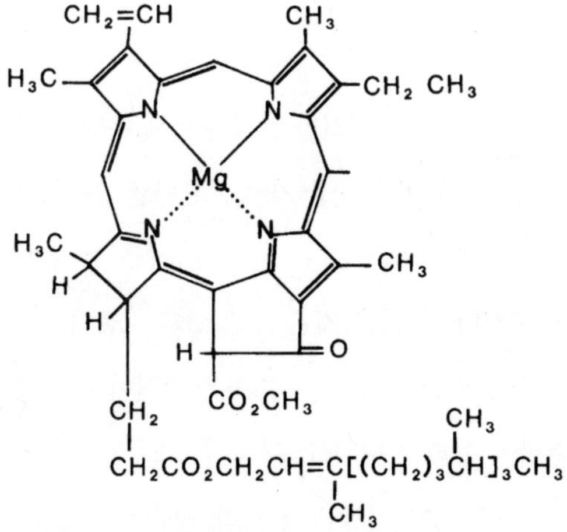

그림 11-2. 엽록소는 매우 복잡한 연쇄 구조를 가진다.

드시 달라야만 한다. 둘째, 우리는 식물의 잎을 녹색으로 만드는 것이 엽록소라는 것을 알고 있다. 우리는 사물의 색이 그것의 내부로 투과되어 다시 우리 눈으로 전달되는 빛의 파동에 의해 생긴다는 사실을 알고 있으므로, 엽록소 분자는 녹색을 흡수할 수 없다는 결론을 내릴 수 있다. 잎에 있는 물질로부터 빛이 이차 파동으로서 내보내질 때, 녹색은 엽록소에 의해 방해받지 않고 우리의 눈으로 오는 데 반해 다른 모든 파장들은 흡수된다.

햇빛을 흡수하는 엽록소에서 "작동중인 전자들"은 그림 11-2에 보이는 원자들의 합성체들의 위 혹은 아래에 있다는 것이 드러난다. 분자의 평면 위에 있는 전자들은 원자들 가까이에 있으려는 경향이 있고, 따라서 그 안에 조밀하게 갇힌다. 그러나 평면의 위나 아래에 있는 전자들은 나머지 분자들에 더 느슨하게 연결되어 있고, 따라서 가시광선에 반응할 수 있으며 그 과정에서 생명에 필수불가결한 순환 과정을 촉발시킨다.

유리창과 엽록소에 대한 이러한 분석과 함께 우리는 전자를 용수철에 부착된 것으로 보는 원자 모델을 가지고 알아낼 수 있는 것의 한계에 도달했다. 이러한 한계에 도달했다는 것은 놀라운 일이 아니다. 그 모델은 결국 꽤 허술하다. 놀라운 것은 그 모델의 도움을 받아 그렇게 많은 것을 이해할 수 있었다는 것이다. 그것은 자연이 단순하고 아름답다는 최종적인 결론에 우리가 다다를 수 있다는 희망을 갖게 한다. 만약 자연이 그렇지 않다면, 색의 물리학에 대해 지금처럼 많은 것을 해명해낼 수 없었을 것이다.

더 나아가기 위해 우리는 원자에 대한 현대의 양자 역학 모델에 대해 알아야만 한다. 이 모델에서는 마치 행성들이 태양 주위를 돌듯이 전자가 명확한 궤도를 따라 핵의 주위를 돌고 있다고 본다. 그러나 행성들과는 달리 전자들은 그림 11-3에 보이는 것과 같은 어떤 특정한 궤도들 안에서만 핵 주위를 돌 수 있다. 그것은 물리학 용어로 전자 궤도가 양자화된다고 한다. 물체들이 양자화되는 것에 관한 연구가 바로 양자 역학이다.

만약 그림에서처럼 우리가 전자를 안쪽 궤도에서 바깥쪽 궤도로 전이시키기를 원한다면, 우리는 핵의 인력을 능가하는 힘을 가해야만 한다. 즉 우리는 원자에 전자를 움직일 수 있을 만큼의 힘을 가해야 하는 것이다. 반대로 만약 전자가 바깥쪽 궤도에서 안쪽 궤도로 전이된다면, 그 전자는 에너지를 주위의 것들에 양보하게 된다. 두 경우 모두에서 에너지의 양은 전자를 더 바깥쪽 궤도로 전이시키는 데 필요한 에너지의

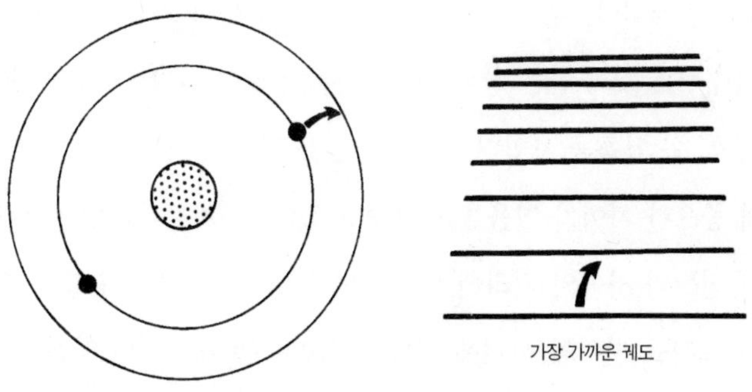

그림 11-3. 전자들은 어떤 특정한 궤도들 안에서만 핵 주위를 돌 수 있다. 이것을 물리학 용어로 전자 궤도가 양자화된다고 말한다.

양과 같다. 즉 두 개의 궤도 사이의 에너지 차와 동일하다.

이것은 그림 오른쪽에 있는 다이어그램을 보면 알 수 있다. 다이어그램의 각 선들은 하나의 궤도에서 전자가 가지고 있는 에너지의 양에 대응된다. 궤도가 점점 더 핵으로부터 멀어져가면 그것들로 전자를 들어올리는 데 필요한 에너지는 점점 더 높아지고 이들 궤도들에 해당하는, 그리고 에너지-준위 다이어그램은 더 위로 이동한다. 이러한 다이어그램을 통해 우리는 하나의 궤도에서 다른 궤도로 전자를 옮기는 데 필요한 에너지가 그들 궤도에 해당하는 선들 사이의 거리라는 것을 알 수 있다. 따라서 왼쪽 그림에서 궤도들 사이의 전이는 오른쪽 그림에서는 두 에너지 준위들 사이의 화살표로 표시된다.

분광학의 발달

에너지를 전자에 공급하는 방법들 가운데 하나는 에너지를 빛과 상호작용시키는 것이다. 우리는 9장에서 코르크가 물의 파장으로부터 에너지를 흡수하는 것과 같은 방식으로 전자들이 빛의 파장으로부터 에너지를 흡수할 수 있음을 보았다. 그러나 양자 역학 원자는 전자와 코르크 사이에 중요한 차이가 있음을 보여주고 있다. 전자는 에너지를 다이어그램의 선들의 사이의 거리에 상응하는 무더기로서만 흡수할 수 있다. 그것은 그것을 전위들 사이에 있게 내버려두는 에너지의 양은 흡수할 수 없다. 달리 말해 특정한 원자는 특정한 양의 에너지만을 흡수할 수 있는 것이다.

그러나 빛의 파동의 에너지는 파장에 좌우된다. 원자가 특정한 에너지들만을 흡수할 수 있다는 것은 원자가 특정한 색들만을 흡수할 수 있다는 것을 뜻한다. 다른 말로 하면 양자 역학 모델에서 각각의 에너지 준위는 9장에서 말한 용수철의 경직성과 똑같은 역할을 한다. 그것들은 어떤 색을 흡수하고 어떤 색을 그냥 통과시킬지를 결정한다. 마찬가지로 전자가 상위 궤도에서 하위 궤도로 전이되면, 그것이 방출하는 빛의 에너지(즉 색)는 에너지의 차이의 크기에 의해 결정된다. 특정한 색만을 흡수한다는 것에 덧붙여 원자는 또한, 오직 특정한 색만을 방출한다. 이것은 물질이 만들어내는 색에 대해 우리가 발견하는 것이 약간의 해석차는 있을 수 있지만 양자 원자의 세계로 귀결된다는 것을 뜻한다.

전자 궤도들과 방출된 빛과의 이러한 상관 관계는 19세기 동안 분광학(分光學)이라고 불린 과학의 한 분야를 보여준다. 그림 11-4를 보면 이러한 과학의 기본에 대해 이해할 수 있을 것이다. 그림 왼쪽에서처럼 에너지가 하나의 원자에 가해져 전자가 가장 낮은 에너지 준위(바닥 상태라고도 함)에서 가장 높은 에너지 준위로 이동해 갈 수 있다고 상상해 보자. 물론 이러한 에너지는 빛의 파동을 통과시킴으로써 더해질 수도 있지만, 다른 원자와 충돌하는 과정에서도 에너지가 더해질 수 있다. 그러나 이런 충돌은 흔히 볼 수 있는 일은 아니다. 전자는 왼쪽에서처럼 바닥 상태로 일시에 점프해 되돌아올 수도 있지만 오른쪽에서 보이는 것처럼 연속적인 점프를 할 수도 있다.

이러한 두 가지 가능한 연속적인 상황은 서로 다른 빛의 파동을 낳게 한다. 첫째, 비교적 큰 에너지 차이를 통과하는 한 번의 점프는 고에

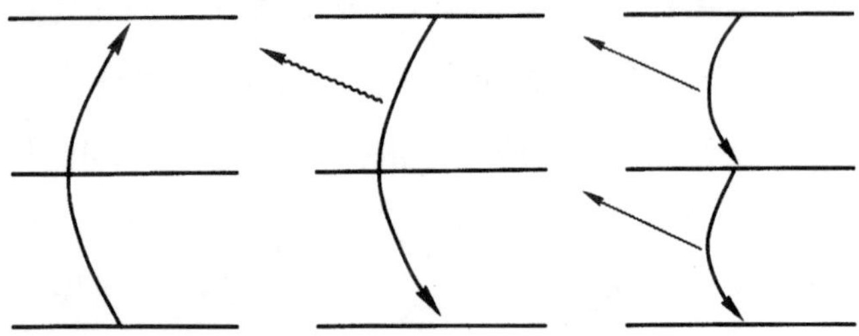

그림 11-4. 에너지가 하나의 원자에 가해져 전자가 가장 낮은 에너지 준위에서 가장 높은 에너지 준위로 이동한다고 할 때 전자는 바닥 상태로 일시에 점프해 되돌아올 수도 있지만 연속적인 점프를 할 수도 있다.

너지(푸른) 파동을 만들고 반면에 두 개의 더 작은 점프들은 빛에 저에너지(붉은) 파동을 만든다. 만약 에너지가 가해진(예를 들어 가열로) 원자들이 많은 집단을 가지고 있다면, 우리는 두 가지 과정이 작동하는 것을 모두 볼 수 있을 것이다. 따라서 우리가 프리즘을 통과한 원자들의 무리를 조사한다면, 우리는 그림 11-5에 있는 것과 같은 결과를 볼 수 있을 것이다. 원자들은 세 가지 색의 빛을 방출하는데, 그 각각은 전자가 할 수 있는 각각의 점프들 가운데 하나에 해당한다. 어느 색이 가장 밝은가는 각 점프를 하는 원자들의 수에 달려 있다.

따라서 분광학은 우리가 방금 살펴보았던 연쇄의 역에서의 적용이다. 원자의 에너지 준위로부터 방출된 빛의 성질을 추론해내려는 시도 대신에 분광학은 방출된 빛을 관찰해서 원자들의 성질을 추론해내는 데 관심을 둔다. 분광학자들의 임무는 파장(그림 11-5)을 조사해 에너지 준위를 추론해내는 것이다(그림 11-4).

그림 11-5. 원자들은 세 가지 색의 빛을 방출하는데, 그 각각은 전자가 할 수 있는 각각의 점프들 가운데 하나에 해당한다. 어느 색이 가장 밝은가는 각 점프를 하는 원자들의 수에 달려 있다.

이러한 방식으로 되돌려 작업할 수 있는 능력은 천문학자들에게 매우 중요하고, 거기서 우리는 떨어져 있는 물체들에 의해 방출되는 빛을 측정할 수 있다. 그러나 실험실에서 분석할 수 있는 물체의 샘플은 결코 얻을 수 없다.

이러한 조건 하에서 빛으로부터 에너지 준위를 밝혀내는 것은 아주 중요하다. 왜냐하면 이러한 에너지 준위들이 원자들의 지문과 같다는 것이 밝혀졌기 때문이다. 그것들은 지금까지 알려진 1백여 개가 넘는 화학 원소들이 제각기 다르기 때문이다. 따라서 별로부터 오는 빛을 조사함으로써 천문학자들이 수백 년 아니 심지어는 수백만 광년이나 멀리 떨어진 별들일지라도 거기에 어떤 원자들이 있는지를 알 수 있다. 우주가 어떤 종류의 물질들로 구성되어 있는지를 발견한 것은 바로 이러한 분석 덕분이다.

에너지-준위 다이어그램의 또다른 측면은 이것보다 훨씬 더 흥미롭다. 그러한 측면은 에너지-준위 다이어그램의 한 선에서 다른 선으로의 움직임 속에서 관찰된 에너지들의 규모이다. 이것은 왜 사람들은 유리창을 통해서는 선탠을 할 수 없는가, 즉 전자들을 한 궤도에서 다른 궤도로 옮기는 데 필요한 에너지는 얼마인가라고 물었을 때 제기했던 질문과 관계가 있다.

에너지의 양을 측정하는 단위들

이러한 문제에 매달리기 위해서는, 익숙하지는 않지만 매우 사용하기 편리한 단위를 하나 알고 있어야 한다. 그것은 에너지의 양을 측정하는 단위 가운데 하나인 전자 볼트(eV)이다. 전자 볼트는 1개의 전자가 전위차가 1볼트인 전극 사이에서 가속될 때 얻는 에너지의 양으로 정의된다. 따라서 여러분이 전자를 손전등용 배터리의 바깥쪽 구석에서 작은 손잡이 부분으로 민다면 1.5전자 볼트, 반면에 똑같은 전자를 자동차 전지의 한 극에서 다른 한 극으로 밀려고 한다면 12전자 볼트가 소모될 것이다.

물리학자들은 이 에너지 단위를 원자와 그것의 구성 요소들의 구조를 연구하는 데 사용한다. 물리학자들은 전형적인 원자에서 전자가 하나의 준위에서 다른 하나의 준위로 이동하는 데 필요한 에너지가 대충 1~10전자 볼트, 즉 앞에서 예를 든 손전등과 자동차 전지 사이에 있는 어떤 값이라고 계산한다. 전자를 들어올리는 데 이 정도 양만큼의 에너지가 필요하므로, 전자를 아래로 되돌릴 때는 같은 양만큼의 에너지가

234

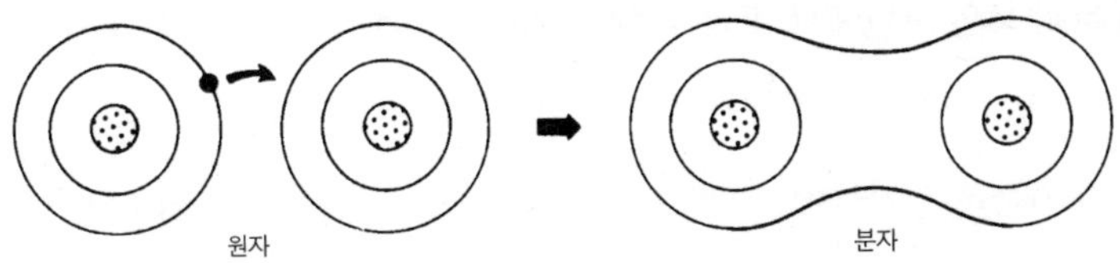

그림 11-6. 화학 작용은 실제 원자 수준에서는 두 개 혹은 그보다 좀 많은 원자들이 서로 가까이 접근해 전자들을 공유하거나 교환해 전기력을 만들어내어 하나로 묶는 것이다.

손실된다. 결론적으로 그것이 방출하는 빛은 전자로부터 나온 이 정도 양의 에너지를 운반하는 것이다.

만약 적은 전자 볼트가 빛을 만드는 원자 내부 변화에서의 에너지의 규모라면, 그것은 또한 우리가 화학 반응이라고 부르는 모든 변화들에 필요한 에너지의 규모이기도 하다. 화학과 빛 사이의 이런 연관 관계는 처음에는 그릇된 결론처럼 들릴지도 모른다. 그렇지만 화학 작용은 실제 원자 수준에서는 무엇인지에 대해 잠시 생각해 보기로 하자. 두 개 혹은 그보다 좀 많은 원자들이 서로 가까이 접근해(그림 11-6) 전자들을 공유하거나 교환한다. 그리고 전기력을 만들어내어 그것들을 하나로 묶는다. 원자들이 모여 분자가 되는 화학 작용이 생긴 것이다. 그러나 원자의 입장에서 보자면 무슨 일이 생긴 것일까? 바깥쪽으로 간 일부 전자들은 단순히 뒤섞인 것이다. 그러나 이 경우 전자들이 하나의 원자 안에서 섞일지라도 이것이 빛이 흡수되고 방출될 때 일어난 일임은 명확하다. 이러한 유사성이 증명되면, 전자 볼트가 빛과 에너지의 규모라는 말은 근거가 확실한 이야기처럼 보인다.

전자들이 하나의 궤도에서 다른 궤도로 이동함으로써 빛이 발생한다는 해석은 자연에서 빛과 유사한 복사의 형태가 왜 그렇게 많이 발견되는지도 설명해 준다. 원자들 대신에 분자들에 주목한다면, 분자들 속의 전자들은 원자들에 해당하는 차이에 비해 그 차이가 훨씬 작은 별개의 에너지 준위들을 갖는다는 것을 알 수 있다.

이러한 상태들 사이의 전이들이 분자들 안에서 생겨나면, 이때 발생하는 복사는 구조는 똑같지만 파장은 훨씬 더 길고 에너지는 낮은 빛(9장 참조)을 방출한다. 파장에 의존한다면, 우리는 적외선 복사, 마이크로파 복사, 라디오파 복사에 대해 말하고 있는 것이 될 것이다. 이러한 세 복사의 전형적인 파장은 아마도 각각 1, 2나노미터, 1, 2센티미터, 2, 3킬로미터일 것이고 관련된 에너지들은 1전자 볼트에서 백만 분의 1전자 볼트 혹은 그보다 작은 범위에 있을 것이다(비록 이러한 복사를 원자나 분자들로부터의 방출과 관련지어 논의하고 있지만, 9장에서 파동을 발생시키는 다른 방식에 대해서도 설명했음을 기억해 두자).

우주에서 빛이 차지하는 위치

지금까지 밝혀진 바로는 우리가 눈으로 볼 수 있는 빛은 복사 유형들의 넓고 연속적인 띠이다. 대기가 이러한 복사의 형태들에 대해서는 매우 투명하지만 다른 것들에 대해서는 매우 불투명한 대기를 갖는 행성에서 진화해 왔다는 점에서 빛은 우리에게 매우 중요하다. 그러나 우리들 마음속의 장대한 사물들의 도식에서 빛은 특별한 지위를 차지하고 있지는 않다. 그것은 복사의 최대의 에너지 형태도 아니고 최소의 에너지 형태도 아니다. 만약 복사의 다양한 형태들 가운데 우주에서 가장 자주 볼 수 있는 것을 선택하라면 그것은 마이크로파일 것이다. 왜냐하면 우리 시대에 우주에 충분한 복사의 종류가 바로 그것이기 때문이다. 그것은 모든 것을 시작시킨 빅뱅의 반향이다.

우주에서 빛이 차지하는 위치를 더 잘 이해하려면, 전자 볼트의 범위를 넘어서는 에너지들을 조사함으로써 복사의 기원에 대한 우리의 상을 더욱 확장해야만 한다. 궤도에 많은 전자들이 있고 큰 양전하를 갖는 핵이 있는 매우 무거운 원자들에서 궤도의 가장 안쪽에 있는 전자들은 매우 강한 전기력에 종속되어 있다. 따라서 궤도와 에너지의 차는 클 것이다.

만약 그림 11-7에서 보이는 것과 같은 상황, 즉 전자 하나가 안쪽 궤도에서 내쫓긴다면, 다른 전자 하나가 아래쪽으로 전이되며 복사를 방출할 것이다. 이 과정은 오른쪽의 에너지-준위 다이어그램에서 볼 수 있다. 방출된 복사는 수십에서 수천 전자 볼트의 에너지를 갖는데, 그

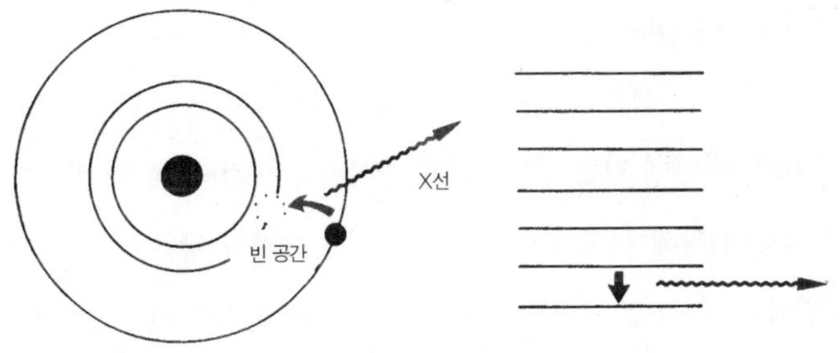

그림 11-7. 전자 하나가 안쪽 궤도에서 내쫓긴다면, 다른 전자 하나가 아래쪽으로 전이되며 복사를 방출할 것이다.

것은 관련된 원자와 궤도에 좌우된다.

　이러한 에너지 범위의 아래쪽 끝은 피부를 태우는 자외선 복사에 해당하고 위쪽 끝은 우리가 다루고 있는 무른 X선에 해당한다("무르다" 는 말의 의미는 곧 알 수 있을 것이다). 따라서 라디오파에서 가시광선으로, 다시 X선으로의 부드러운 전이가 있는데, 그것은 복사를 발생시키는 과정에 관여하는 에너지의 규모에 의해 특징지어진다. 1천 전자 볼트의 에너지 단위인 1keV, 즉 킬로 전자 볼트는 하나의 전자가 1천 볼트, 즉 전자 천 개를 가로질러 이동하는 데 필요한 에너지를 나타낸다. 또 다른 단위로는 백만 전자 볼트(MeV)와 10억 전자 볼트(GeV)가 있다.

　킬로 전자 볼트 크기의 에너지를 얻으려면 아주 무거운 원자들에서조차 전자들을 뒤섞음으로써 얻을 수 있는 것의 한계에 이르러야 한다. 그러나 복사에서 백만 전자 볼트와 10억 전자 볼트의 범위는 실제로 자연계에서 발생한다. 그것의 원천을 찾기 위해서는 그것들이 원자의 바깥쪽에 있을 때보다도 에너지 준위들 사이의 차가 더 큰 시스템의 경우를 조사해야만 한다.

　그러한 시스템은 핵 안에 존재한다. 전자들이 핵 주위의 궤도를 도는 것처럼 핵 안에 있는 양성자들과 중성자들은 강력(强力)이라고 하는 것의 작용에 의해 서로 묶여 있다. 강력은 그것이 짧은 범위 안에서만 작동함에도 불구하고 전자들 사이에 작용하는 전기력보다 약 1백 배 이상 강하다. 핵의 에너지 규모는 전자 볼트보다는 백만 전자 볼트로 측정되는데, 그것은 양자를 전자처럼 전이시키는 데 필요한 에너지의 양이 전자를 전이시키는 데 필요한 에너지의 양보다 백만 배 더 크다는 것을 뜻한다. 차례로 이것은 양자와 중성자들을 새로운 궤도로 옮기거나 핵으로부터 떼어내려면 4~5백만 전자 볼트의 에너지를 공급해야만 한다는 것을 뜻한다.

또한 그것들이 에너지가 백만 전자 볼트 범위인 복사를 방출한다는 것을 뜻한다. 이러한 종류의 복사는 "딱딱한" X선이라고 불린다. 병원에서 사용하는 X선 기계는 보통 1백 킬로 전자 볼트에서 백만 전자 볼트 범위에 있는 X선을 이용한다. 일부 기계들에서 이러한 광선은 여기서 설명된 형태의 핵 전이들에 의해 생성되고 또 다른 것들에서는 전자 광선의 급격한 감속을 발생시킨다.

핵 X선에 관해 우리에게 중요한 것은 그것들이 원자들 안에 있는 전자들과 유사하지만 훨씬 조밀하고 더 높은 에너지 규모와 관계된 새로운 분광학을 낳는다는 점이다. 규모면에서의 그러한 차이는 다른 종류의 힘에 의해 작동하는 다른 종류의 입자들을 다루는 데서 오는 결과이다.

전자와 핵의 유사점을 통해 우리는 자연은 제한된 수의 패턴을 갖고 있으며, 그 패턴들은 매우 다른 상황들 속에서 반복된다고 말할 수 있다. 그것은 서로 다른 수많은 유기체들에 반해 계속해서 발달하는, 똑같은 메커니즘을 보는(예를 들어 공룡의 큰 등지느러미와 같은) 독립적인 진화 현상을 생각나게 한다.

원자와 핵이라는 쌍둥이 예는 우리에게 아원자 세계의 성질에 대한 또 다른 중요한 사실을 말해주고 있다. 그림 11-5에서 볼 수 있는 그 유형의 일련의 개별적인 방출들은 혼합 시스템의 바깥쪽으로 나타난다. 다른 말로 하면, 만약 복사를 방출하는 시스템이 다수의 다른 방식으로 배열될 수 있는 어떤 기본 입자들로 구성되어 있다면, 그 입자들이 재배열될 때는 어떤 명확한 진동수로 복사를 방출한다는 것이다.

입자들에 질서를 부여하자

복합계와 불연속 스펙트럼 사이의 관계를 이해하는 것은 1960년대의 매우 중요한 과제였다. 당시의 물리학자들은 원자의 핵에서 양성자와 중성자의 옆에 단기간 존재하는 기본 입자들을 연구하고 있었다. 현대 과학에서 가장 큰 놀라움들 가운데 하나는 이러한 종류의 입자들의 수가 엄청나게 많다는 점이다. 적어도 2백 개가 넘는다. 따라서 물리학자들의 주요 목표들 가운데 하나는 이러한 입자들에 질서를 부여하는 방식을 찾는 것이다.

이런 연쇄적인 사건들을 이해할 수 있도록 도와주는 두 개의 중요한 실마리가 있다. 첫번째 것은 족(族)으로 분류될 수 있는 입자들이다. 만약 우리가 특정한 족 안에 있는 입자들의 질량들의 표를 만든다면 우리는 그림 11-8과 같은 그림을 얻을 수 있다. 그것은 에너지 준위 다이어그램과 상당히 비슷하다.

두번째 실마리는 아인슈타인의 $E = MC^2$이라는 유명한 식이 나타내는 질량과 에너지의 등가성에 담겨 있다. 이러한 등가성은 만약 우리에게 충분한 에너지가 있다면 에너지를 질량으로 바꾸어 입자를 만들어

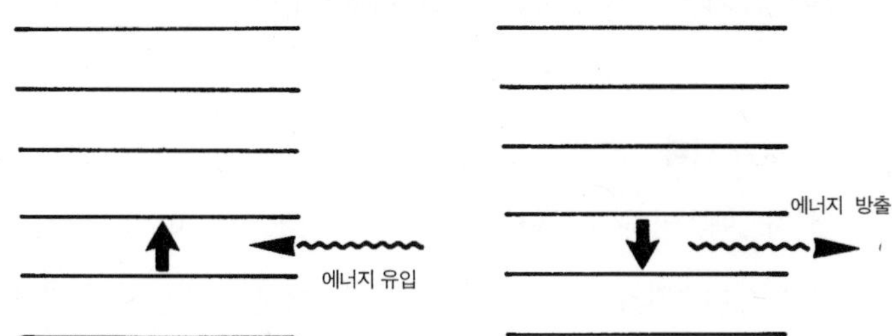

그림 11-8. 입자들 가운데 한 족의 에너지-준위 다이어그램

낼 수 있다는 것을 말해준다. 그리고 반대로 우리에게 입자가 있다면 그것의 질량 가운데 전부 혹은 일부를 에너지로 바꿀 수도 있다. 에너지를 질량으로, 질량을 에너지로 바꿀 수 있다는 이러한 등가성의 두 측면을 우리는 세계 곳곳의 물리학 실험실과 상업용 원자로에서 매일같이 볼 수 있다. 이러한 두 개의 실마리를 염두에 두고, 이제 기본 입자들의 수수께끼를 푸는 문제로 돌아가 보기로 하자.

그림 11-8에서처럼 입자들 가운데 한 족의 "질량-에너지" 준위의 다이어그램을 작성한다면, 우리는 우리가 그 족의 한 구성원에 에너지를 가하면(예를 들어 에너지의 복사 또는 더 작은 입자를 흡수할 수 있도록 해서), 그림 왼쪽에서처럼 그것은 그 족의 또 다른 더 높은 에너지 구성원으로 전환될 것이다.

반대로, 만약 우리가 그 족의 더 높은 질량 구성원을 잠시 동안 주시해 보면 그림 오른쪽에서처럼 그것은 복사의 형태에서 에너지, 즉 또 다른 입자를 자발적으로 방출해 그 족의 더 작은 질량 구성원으로 전환될 것이다. 기본 입자들을 위한 질량-에너지 다이어그램과 우리가 원자와 핵을 위해 작성했던 에너지-준위 다이어그램들 사이에는 일대 일의 대응 관계가 있다.

원자, 핵, 입자 분광학 사이의 가장 기본적인 차이는 각각에 포함된 에너지이다. 원자의 규모는 전자 볼트, 핵의 규모는 백만 전자 볼트, 입자의 규모는 10억 전자 볼트로 측정된다. 10억 전자 볼트 단위로 방출되는 복사(핵에서 X선에 해당한다)는 감마선이라고 불린다. 우리는 다시 한 번 새로운 상황에서 익숙한 패턴이 반복되는 것을 본다.

합성 구조와 분광학 사이의 연관 관계는 우리로 하여금 물리학의 또 다른 발전을 이해할 수 있도록 해 준다. 원자의 에너지 준위는 전자들의 재배열로부터 생겨나고, 핵의 에너지 준위는 양성자와 핵들의 재배열로부터 생겨나는 것처럼, 우리는 입자 족들의 밀집된 에너지 준위를 쿼크라고 불리는 기본적인 속성들의 새로운 종들의 재배열에 달려 있다고 생각할 수 있다.

오늘날의 이론들은 지금까지 발견된 2백 가지 이상의 기본 입자들 모두가 사실은 여섯 가지 유형의 쿼크가 서로 다른 배열을 한 것에 불과하다는 것을 보여준다. 이 순간 쿼크의 존재를 증명하는 간접적인 증거들은 많이 있긴 하지만, 그 가운데 어느 하나도 실험실에서 관찰해볼 수는 없다.

많은 물리학자들은 쿼크가 발견됨으로써 우리가 길의 끝에 와 있다고 믿고 있다. 그것은 세 가지 분광학 모두가 만나는 길이다. 그 길은 자연 안에 있다. 더 자유로운 사고를 하는 소수의 과학자들은, 우리가 더 깊고, 더 많은 에너지 준위에서도 이제는 친숙해진 패턴들을 반복하는 자연을 발견할 수 있을지를 묻고 있다.

만약 그것들이 옳다고 판명된다면, 우리는 결국 쿼크 분광학을 발견하고 그것들이 여전히 기본적인 것들로 구성되어 있다고 결론내릴 것이다. 아마도 이러한 과정은 끝도 없을 것이다. 우리가 더욱 더 깊이 연구해 들어간다면 그 가운데 서너 개를 발견할 수 있을 것이다. 그러나 분광학의 끝이 없는 무한성은 여전히 우리를 기다리고 있을 것이다. 그리고 그것은 창유리를 통해서는 선탠을 할 수 없도록 만드는 것과 꼭 닮은 것이다.

12/ 번개가 없었다면

중세의 성당은 길고 뾰족한 탑을 가지고 있었기 때문에
자연스럽게 번개의 목표가 되었다.
사람들은 종을 울리면 번개로부터 성당을 안전하게
지킬 수 있을 것이라고 믿었다.
그래서 종들에 '나는 번개를 몰아낸다'는 문구를 새겨 놓았다.

번개는 아주 흔한 현상이다. 대기에서 일어나는 현상들 중에 번개만큼 오해를, 그것도 나쁜 오해를 받은 것은 없을 것이다. 그러나 앞으로 보겠지만 만약 번개가 존재하지 않았다면 어떤 생명체도 지구 위에 생겨나지 않았을 것이다. 그리고 그렇게 다양한 신화나 전설도 만들어지지 않았을 것이다.

하늘에 나타나는 번개를 통해 우리는 지구의 대기에 대해 중요한 사실들을 배울 수 있다. 나는 이 책에서 상(相)의 변화, 구름, 빛의 전달, 그리고 공기가 직간접적으로 작용하는 다른 현상들을 중심으로 대기의 성질을 설명했다. 번개는 이러한 현상들말고도 대기에 중요한 전기적 작용들이 있다는 것을 보여준다. 그리고 그 효과는 낙뢰 그 자체를 훨씬 넘어선다.

내가 번개에 대해 관심을 갖게 된 것은 어느 여름 저녁 버지니아 주에서였다. 나는 거실에서 책을 읽고 있었다. 갑자기 우레가 치고 섬광이 번쩍였다. 어찌나 소리가 격렬하던지 벽에 걸린 그림들이 흔들릴 정도였다. 다음 날 아침, 샤워를 하러 간 나는 집에 물이 나오지 않는 것을 알게 되었다. 번갯불이 우리집 물 펌프를 태워 버린 것이었다.

나는 혼란스러웠다. 왜냐하면 펌프는 지하 45미터쯤 아래에 있었기 때문이다. 그러나 이웃 사람들은 그런 일이 이 지역에서는 꽤 흔한 일이라고 했다. 반쯤은 호기심으로, 반쯤은 재발을 방지할 방법을 찾기 위해 나는 번개의 현상에 대해 조사하기 시작했다. 그 과정에서 나는 매우 매력적인 사실을 발견했다.

번개와 관련된 민담은 어느 문화권에서나 다양하게 존재한다. 북아메리카 남서부 지방의 한 인디언 부족은 번개를 뱀이 하늘에서 땅으로 여행하는 것이라고 생각했다. 동부 지방의 또 다른 인디언들은 섬광은 천둥새의 날개 깃털이고, 번개로 피해를 입는 것은 그 새의 발톱 때문이라고 여겼다. 그와 유사한 전설은 아프리카의 부족들에게도 있다. 그들은 천둥새가 지구에 알들을 남겨 두고 떠났는데, 그 알들에 병을 치료하는 마법의 힘이 있다고 믿었다.

어떤 학자들은 인간에게 불을 전해 준 프로메테우스 전설이 번개를 보고서 만들어진 이야기라고 생각한다. 여러분들도 알고 있듯이 그리스의 전설에 따르면, 불멸의 티탄(그리스 신화에서 우라노스와 가이아의 모든 자녀들과 후손들) 들 가운데 하나인 프로메테우스가 인간을 불쌍하게 여겨 신들에게서 불을 훔쳐 지상으로 가져다 주었다고 한다. 그 벌로 그는 바위에 묶여 매일같이 독수리에게 간을 쪼아 먹히는 운명이 되었다. 간은 매일같이 새로 생겨났다. 그는 결국 헤라클레스의 도움으로 자유를 얻었다. 최초의 불은 숲에 벼락이 떨어졌을 때, 얻었을 가능성이 많다. 그런 일은 실제로 매우 흔한 일이다. 미국에서 발생하는 산불의 약 3분의 2가 벼락 때문에 생기며, 1940년 7월 12일에는 단 하루 동안 미국 서부에서 335건의 화재가 벼락 때문에 일어난 적도 있다.

대부분 잘못된 방법이지만, 벼락을 피하는 다양한 방법들이 민간에 전해진다. 예를 들면 미국 오자크 산맥에 사는 사람들은 가위를 감추면 번개로부터 몸을 지킬 수 있다고 믿었다. 중세 유럽 사람들은 불 축제를 열면 마을이 번개의 피해를 입지 않을 것이라고 믿었는데, 미국 독립 기념일에 폭죽을 쏘아올리는 것도 아마 이 중세의 축제에서 유래했을 것이다. 아마도 번개 피해 방지법으로 가장 흥미있는 것은 중세의 성당에서 사용되던 방법일 것이다. 성당은 길고 뾰족한 탑을 가지고 있고, 그 탑은 인근에서 가장 높았기 때문에 자연스럽게 번개의 목표가 되었다. 사람들은 종을 울리면 번개로부터 성당을 안전하게 지킬 수 있을 것이라고 믿었다. 종들에는 "나는 번개를 몰아낸다Fulgura Frango"는 문구가 새겨져 있었다. 그러나 무수한 종지기들이 번개를 물리치려다 목숨을 잃었고, 결국 이런 일은 금지되었다.

번개와 화재 사이의 관계는 명백하다. 그리고 간단한 관찰만으로도 쉽게 증명할 수 있다. 그러나 번개와 전기 사이의 관계는 좀 다르다. 이 둘 사이의 관계를 발견한 사람은 미국의 정치가이고, 작가이며, 아마추어 과학자인 벤저민 프랭클린이었다. 그는 전기를 연구하다가 이 사실을 알아냈다. 미 합중국의 헌법을 제정한 사람들 가운데 한 사람으로 존경받고 있는 그가 기초 과학에 중요한 기여를 했다는 사실에 대부분의 사람들은 놀라워한다. 그러나 만약 그가 미국 독립 선언서와 아무런 관계가 없었다면, 그는 초창기의 "전기과학자"로 기억되었을 것이 틀림없다.

프랭클린은 모든 전기 작용이 물체의 안으로 들어갔다 나오는 "전기 유체"의 흐름으로 이해될 수 있다는 것을 처음으로 알아낸 사람이었다. 오늘날의 용어로 표현하면 그는 양의 전기를 띠는 핵이 계속 그 자리에 남아 있으려 하는 데 반해, 전자는 움직이고 있다는 것을 안 셈이

된다. 연구를 진행하는 과정에서 그는 전기의 발생을 도와주는 몇몇 메
커니즘을 정립시켰다. 여러분도 직접 이러한 메커니즘의 원리를 실험해
볼 수 있다. 나중에 건조한 날에 빗으로 머리를 빗고 나서 그 빗을 종이
조각 가까이에 대 보라. 아마 종이 조각이 빗에 달라붙을 텐데 이것은
정전기 때문이다. 빗과 같은 물체를 다른 물체(예를 들면 머리카락)에
문지르면, 전자들이 한 물체에서 흩어져 나와 다른 물체로 이동한다(전
자들이 이동하는 방향은 물질의 세부 구조에 따라 달라진다). 그 결과는
다음과 같다. 빗은 너무 많은 전자들을 갖게 되어 음의 전기를 띠게 되
거나, 혹은 너무 적어져서 양의 전기를 띠게 된다.

양전하들 사이에 작용하는 힘을 지배하는 법칙은 단순하다. 전하
들은 서로 끌어당기기보다는 밀어내고, 그 힘은 전하들 사이의 거리가
멀수록 작아진다. 음으로 하전된 물체를 종이 가까이에 가져간다고 가
정해 보자. 자유롭게 움직일 수 있게 된 종이의 전자들은 전기의 밀어내
는 힘으로 인해 그 물체로부터 밀려날 것이다. 그 결과 종이의 끝부분은
양의 전기를 띨 것이고, 이 부분과 원래의 하전된 물체는 서로 끌어당길
것이다. 건조한 날 종이가 빗에 붙는 이유는 바로 이 때문이다. 복사기
에서 종이가 붙어 나오거나 건조한 날에 옷이 몸에 달라붙는 것도 똑같
은 이유이다.

프랭클린이 빗에 달라붙는 종이 조각과 번개 사이의 관계에 대해
알아낸 것은 여러분도 관찰해 볼 수 있다. 융단 위를 맨발로 걷다가 문
의 손잡이를 잡았을 때 약간의 쇼크를 경험한 적이 있을 것이다. 다음
번에 이러한 상황에 처하면 주머니에서 열쇠를 꺼내 문의 손잡이에다

대 보라. 만약 주의 깊게 듣는다면, 스파크가 생기면서 나는 작고 날카로운 소리를 들을 수 있을 것이다.

맨발을 융단에 비비면 전하가 생겨난다. 앞에서 설명한 것들과 같은 힘들의 영향 아래 이 전하는 문의 손잡이까지 튀어 올라가 스파크를 일으키고 소리를 내는 것이다. 프랭클린은 크랭크로 사슴의 가죽에 병을 문질러 정전기를 계속해서 생기게 하는 기계를 만든 후 스파크 방전을 자세히 관찰했다. 그는 이러한 방전이 번갯불과 아주 비슷하다는 것을 알아냈다. 이것으로부터 그는 번개가 그가 실험실에서 만들어 낼 수 있었던 것의 확대판일지도 모른다고 생각했다. 그는 이러한 가정을 필라델피아에서 뇌우가 칠 때 연을 날려서 증명했다. 그는 연줄에 붙어 있는 금속 열쇠에서 스파크가 생겨나는 것을 관찰했다. 이 실험을 토대로 프랭클린은 피뢰침을 발명했는데 그것에 대해서는 다음 장에서 자세히 설명하겠다.

번개는 어떻게 생겨나는가

번개의 성질이 전기라는 것을 이해하고 나면, 그것이 어떻게 생겨나는지에 대해서 말할 수 있다. 번개를 만드는 것은, 검고 수직 방향으로 발달한 구름인 적란운이다. 뇌우의 전조로 잘 알려진 이 구름은 1,500미터에서 12,000미터까지 고도에 걸쳐 있다. 이런 구름은 꼭대기에서 아래까지 최대 1백 도까지의 온도차가 난다. 따라서 구름의 상층부에서는 우박이 내리고 아래층에서는 비가 내리는 것이 하나도 이상하지 않다.

이러한 혼돈스러운 계에서 예측할 수 있듯이 그 구름 안에는 온갖 종류의 난류가 있다. 이러한 난류는 구름 안에 있는 다양한 형태의 입자들 사이의 충돌을 발생시킨다. 빗을 머리카락에 문지를 때 전하가 생겨나는 것처럼, 뇌운 안의 반복적인 충돌들은 물질들이 음으로, 혹은 양으로 하전되게 한다. 우리는 다음 번에 구체적으로 무슨 일이 생길지 확신할 수 없지만, 구름 속의 가벼운 입자들은 음으로 하전되기 쉽고 무거운 입자들은 양으로 하전되는 경향이 있다는 것은 알고 있다. 구름 안의 공기의 상승기류들은 양의 전기를 띠는 가벼운 입자들을 위로 띄워올리기 쉽다. 결과적으로 구름 안의 양전하와 음전하는 분리가 되는데, 상층부는 음으로 하전되고 하층부는 양으로 하전된다(그림 12-1). 적란운의 상층부는 일반적으로 바닥층보다 보통 수백 미터가 더 높고, 양전하는 지상의 사람들에게 거의 영향을 미치지 않는다. 결과적으로 여기에서 우리는 그것을 무시할 수 있고 바닥에서 음으로 하전된 층만을 가지고 있는 구름으로서 다룰 수 있다.

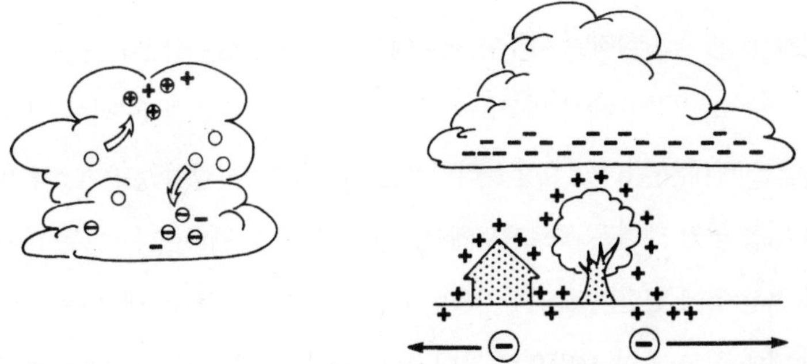

그림 12-1. 구름 안의 양전하와 음전하는 분리가 되는데 상층부는 음으로, 하층부는 양으로 하전된다.

구름의 음전하들은 지면 가까이에 있는 양전하들에 힘을 발휘할 것이다. 모든 경우에 그러하듯 만약 자유 전하들이 이 영역을 떠돌고 있다면, 그것들은 그림에서처럼 밀려날 것이다. 마찬가지로, 만약 근처에 전자를 잃은, 그래서 순수하게 양으로 하전된 원자들이 있다면, 그것들은 그 영역을 구름 아래로 잡아당길 것이다. 전자가 부족한 이러한 유형의 원자들을 이온이라고 한다.

이러한 모든 전기의 상호 작용의 결과는 지표면의 한 영역에서 생길 것이다. 이미지라고 불리는 그 영역은 구름의 모양과 거의 똑같다. 그 영역은 양의 전기로 하전되어 있어 구름이 움직이면 그 밑에서 구름을 따라 움직인다. 이미지가 움직임에 따라 이미지와 구름 사이의 공기층은 양전하와 음전하가 함께 있는 것을 막지만, 잡아당기는 힘들은 여전히 거기에 있고 전하들의 두 세트들은 바람이 공기를 통해 구름을 나를 때 고정된 방식을 따라 움직인다. 지상에 언덕이나 큰 나무와 같은 장애물이 있으면, 전하들은 항상 머리 위쪽의 구름에 닿기 위해 그것의 면을 따라 올라가고 다른 쪽으로 내려온다. 전류는 이러한 종류의 움직임에서, 비록 약하지만 나무나 건물에서 쉽게 측정될 수 있다.

나는 고(故) 제시 빔즈로부터 흥미있는 이야기를 들은 적이 있다. 빔즈는 당대의 뛰어난 실험물리학자들 가운데 한 사람이었고 제2차 세계 대전 동안 맨해튼 프로젝트에서 중요한 역할을 담당했다. 그는 나에게 전쟁 전에 일단의 물리학자들이 대기 전류를 측정하는 데 쓰는 장비를 밴에 싣고 고지 사막으로 갔던 이야기를 들려주었다. 그 날 구름이 몰려들자, 갑자기 모든 계기들이 작동을 하지 않기 시작했다. 이게 바로 이미지 전하의 효과라는 데 생각이 미치자 물리학자들은 금속 밴으로 잽싸게 달려갔다. 그들 모두가 안전하게 그 안으로 들어가자 마자 곧바로 세계에서 가장 커 보이는 낙뢰가 밴 바깥의 나무를 내리쳤다. 민감한 기기들과 전기에 대한 약간의 지식이 그 날 몇 사람의 목숨을 구한 셈이었다.

낙뢰가 치기 바로 전에 목에 있는 털이 곤두서는 느낌을 받았다는 사람들도 있다. 이것은 이미지 전하의 흐름이 일으킨 결과로 여겨진다. 나는 이러한 주장에 대해 약간 회의적인데, 왜냐하면 이런 식의 전류는 우리가 느끼기에는 너무나 약하기 때문이다. 물론 내가 틀렸을 수도 있고 이런 일은 처음이 아니다. 그럼에도 불구하고 나는 이러한 증상을 번개에 대한 초기 경보로 받아들이는 것을 권하고 싶지 않다.

선구 낙뢰와 귀환 낙뢰

불길한 검은 뇌우는 번갯불이 일어날 징조로 생각할 수 있다. 구름 속과 지표면에 있는 서로 다른 전기를 띠는 전하들은 각기 서로 끌어당긴다. 이러한 상황에서는 대규모의 전기 에너지 흐름, 즉 번개를 일으키기에 충분한 전하들이 존재한다. 두 전하들이 간섭하는 공극(空隙)을 투과하게 하는 데 필요한 것은 약간의 메커니즘일 뿐이다.

정상적인 조건에서 공기는 절연체, 즉 전류가 흐르지 못하는 물질들 가운데 하나이다. 절연체의 다른 예로는 유리, 도기, 플라스틱들이 있다. 이러한 물질들이 전류를 운반하지 않는 이유는 그 안에 있는 전자들 모두가 각각의 개별적인 원자들에 강하게 속박되어 있어 어떤 전자도 자유롭게 움직일 수 없기 때문이다. 그림 12-2 는 대기중에 있는 전자를 완전하게 갖춘 전형적인 원자를 보여주고 있다. 정상적인 조건에서 전자들은 핵 주위를 영원히 돌기만 할 뿐이다. 그러나 이 원자가 뇌우의 바닥층 근처의 공기에서 선회하면, 상황은 돌변한다. 구름 속에서 크게 양전기로 하전된 전하는 그림 12-2의 가운데에서 보이는 것처럼 전자를 밀어내고 핵을 끌어당기는 경향이 있다. 그 결과 구름은 원자를 찢어서 떼어놓으려 한다. 만약 구름에 충분히 큰 전하가 있다면, 오른쪽에서 보이는 것처럼 전자는 실제로 유리될 것이다. 구름 아래에 있는 공기는 전자를 하나도 잃지 않은 물질들로 되어 있다. 구름 아래쪽 공기는 이제 많은 자유 전하와 이온을 갖는 물질들로 변화될 것이다. 플라스마라고 불리는 이러한 물질은 전기가 아주 잘 흐르는 도체이다. 따라서

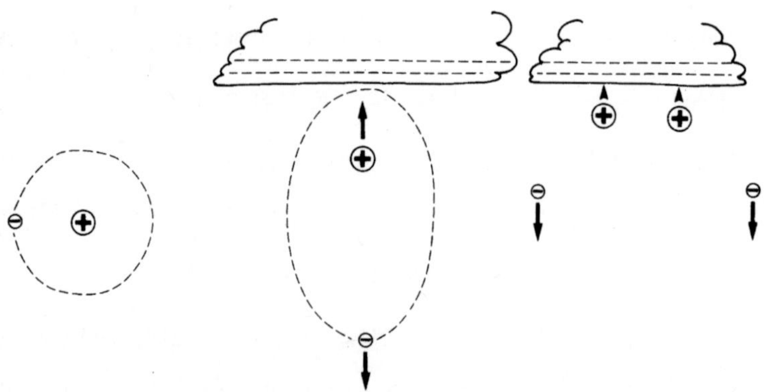

12-2. 정상적인 조건에서 전자들은 핵 주위를 영원히 돌기만 할 뿐이지만 원자가 뇌우의 바닥층 근처에서 선회하면 양전기를 띤 전하는 전자를 밀어내고 핵을 끌어당긴다.

뇌운은 공기중에 그 자신이 통과할 길을 뚫어 놓을 수 있게 된다. 그 길은 구름과 이미지 전하들이 합쳐질 수 있도록 할 것이다.

오랫동안 이것이 번개를 일으키는 것으로 여겨졌다. 전하가 너무 커서 공기층이 감당할 수 없고 그래서 공기가 갈라지고 번갯불이 치는 것이다. 그러나 고속 촬영이 가능한 카메라는 이제 훨씬 복잡한 어떤 것이 있다는 것을 보여주었다. 위쪽의 전하는 그 아래쪽의 공기에 수십 미터의 이온화된 물질의 터널을 뚫는다(그림 12-3 참조). 이 전도 터널은 "선구 낙뢰"라고 불리는데 구름 속의 이것을 통해 음전하가 아래로 자유롭게 흐르게 된다. 일단 이것이 생겨나면, 다른 선구 낙뢰가 더 아래쪽에 구멍을 내게 된다. 따라서 전하는 지표면에 단계적으로 가까이 가게 된다. 이러한 과정은 못을 박는 것과 유사하다. 못을 박을 때는 망치로 단 한 번에 있는 힘껏 박는 것보다는 연속해서 가볍게 내려치는 것이 더

그림 12-3. 위쪽의 전하는 그 아래쪽의 공기에 수십 미터의 이온화된 물질의 터널을 뚫는다. 이 전도 터널은 "선구 낙뢰"라고 불리는데 이것을 통해 음전하가 아래로 자유롭게 흐르게 된다.

쉽다.

　주어진 하나의 연쇄에는 보통 열두 개 혹은 그 이상의 선구 낙뢰가 있다. 선구 낙뢰들이 구름으로부터 내려오면 이미지 전하는 땅에서 위로 올라가면서 좀더 짧은 선구 낙뢰에 구멍을 낸다. 그리고 이미지 전하와 구름 사이에 길을 열면서 그 둘은 지상 30미터 높이에서 만난다. 갑자기 그 이미지 전하는 구름 위로 흘러 올라가고, 그래서 음전하를 중성화시킨다. 이러한 흐름은 "귀환 낙뢰"라고 불리지만, 그것은 번갯불로 지각된다. 첫번째 선구 낙뢰로부터 귀환 낙뢰까지의 과정은 수천 분의 일 초 정도 밖에는 걸리지 않는다.

　선구 낙뢰의 메커니즘은 낙뢰를 삐뚤삐뚤한 모습으로 보이게 한다. 낙뢰에서 각 단계의 방향 변화는 하나의 선구 낙뢰가 끝나고 또 다른 선구 낙뢰가 시작하는 점들에 상응한다. 때때로 한 점에서 두 개의 선구 낙뢰가 갈라져 나와 두 개의 경로가 열리기도 한다. 그것이 포크 모양처럼 보이는 번개이다.

　이러한 메커니즘은 하늘에서 볼 수 있는 많은 현상들을 설명해 준다. 종종 무더운 여름날 오후에 볼 수 있는 "열뢰"가 그 한 예이다. 그것은 폭이 넓은 섬광처럼 보이는데, 보통 지평선을 따라 생기고 비가 동반되는 경우는 거의 없다. 열뢰는 실제로 보통 벼락과는 반대의 것이다. 지표면으로 가는 길을 여는 대신, 구름의 바닥에 있는 전하들은 구름 그 자체에 일련의 선도 낙뢰 구멍을 뚫는다. 그 터널은 위쪽의 양전하들과 아래쪽의 음전하의 연합체를 형성한다. 만약 이러한 일이 하늘 높은 곳에 있는 구름에서 생기면, 그것은 막전(幕電)이라고 불리는 것이다.

　　전하의 운동에 대한 우리의 이해는 같은 장소에는 절대로 번개가 두 번 치지 않는다와 같은 번개에 관해 널리 퍼져 있는 오해의 대부분을 몰아낼 수 있을 것이다. 선구 번개의 메커니즘이 두꺼운 공기층보다는 얇은 공기층에 구멍을 내는 것이 더 효과적일 것이라는 사실은 명백하다. 이미지 전하가 지표면을 따라 움직일 때, 그것은 매번 두꺼운 공기층을 감소시키고 장애물을 타고 오른다. 예를 들면 키가 큰 나무는 열려야 할 길의 길이를 30미터쯤 짧게 해 줄 수 있다. 따라서 구름이 접근함에 따라, 전하가 보통의 공기층에 구멍을 내기에는 충분치 못하지만, 높은 나무의 꼭대기를 따라 흐르기에는 충분한 상황으로 쉽사리 바뀔 수 있다.

　　나무는 이미지 전하와 구름 전하 사이의 절연 공기층의 기하학의 희생자이다. 만약 이것이 나무를 한 번 치게 된다면, 다시 한 번 치게 된다는 것은 명백한 사실이다. 번개가 같은 장소에 한 번이 아니라 두 번 이상 칠 수 있다는 것보다는 번개가 다른 곳보다 이미 한 번 친 곳에 또 치기가 쉬워 보인다는 것이 중요하다. 예를 들어 뉴욕의 엠파이어스테이트 빌딩은 그것이 세워진 이래 수백 번이나 번개를 맞았다.

　　번개가 실제로 전류임을 아는 것은 또한 그것이 칠 때 일어나는 몇몇 다른 현상들도 예측할 수 있게 해 준다. 보통의 물은 전기가 잘 흐르는 도체이고, 따라서 전기는 종종 습기를 쫓아 흐른다. 예를 들어, 만약 번개가 나무를 치면 번개는 아마도 나무껍질 안쪽의 습기찬 층을 따라 바닥으로 흐를 것이다. 이러한 층을 통해 많은 에너지가 흐르면, 그것은 다량의 열을 발생시킨다. 물기는 증기로 바뀌고, 나무껍질은 문자 그대로 파열된다. 그 결과로 나무의 아래쪽 면에 길고 둘쭉날쭉한 균열이 생길 것이다. 다음에 숲에 가면 여러분은 아마 이런 나무를 찾아볼 수 있을 것이다.

번개가 전류라는 것은 또한 번개가 지하 45미터에 있는 우리집 펌프를 어떻게 태워 버릴 수 있었는지도 설명해 준다. 펌프는 집을 거쳐 발전소까지 가는 전기회로를 형성하는 전깃줄로 지표면에서 연결되어 있다. 벼락을 일으키는 것과 같은 다량의 전류가 전선 가까이에 흐르면 유도, 즉 회로에 전류가 흐르는 작용이 생긴다. 결과적으로 번개가 전력선 근처에 치면, 그것은 이들 선들을 따라 흐를 수 있는 전류의 격발을 유도시키고, 그 선을 따라 집으로 들어가 거기서 냉장고 같은 가전기구를 태워버린다. 그것들은 심지어 화재를 일으킬 수도 있다. 우리집을 습격했던 급격한 전류변화는 아마도 전선에서 시작해 펌프로 갔고 그리고 그것들을 따라 내려가 우물에서 모터의 전선으로 갔을 것이다. 펌프여 이제 안녕!

유도는 또한 뇌우를 만난 등산가들이 경험하는 또 다른 현상도 설명해 준다. 이 등산가들은 자신들을 보호하기 위해 종종 작은 동굴 안으로 기어들어가는데, 근처에서 번개가 칠 때 불의의 일격을 받는다. 이 경우, 유도는 인간의 신경계의 예민한 전기 회로에 발생한다. 치명적인 경우는 거의 없지만 그것은 불쾌한 효과를 낼 수 있다.

미국에서 한 해 동안 번개에 맞아 죽는 수백 명의 사람들 중 거의 15퍼센트가 비를 피해 큰 나무 밑으로 피한 사람들이다. 우리의 논의에서, 뇌우가 발생했을 때는 그러한 행동이 대단히 위험한 일이라는 것을 쉽게 알 수 있다. 폭풍우가 치는 동안 번개의 위험을 줄이는 가장 일반적인 규칙은 주변의 가장 큰 물체를 피하는 것, 더 나아가 그런 물체 근처에도 가지 않는 것이다. 번개를 맞아 사망한 이들 대부분이 골프장이나 수영장처럼 열린 공간에서 사고를 당하는데, 그것은 인간이 서 있을 때 벼락이 목표로 삼을 수 있는 가장 키가 큰 목표가 되기 때문이다. 이러한 장소에서는 되도록 빨리 위험 지대에서 벗어나야 한다.

언제나 뒤따르는 천둥

사막에서의 물리학자들 이야기에서 보았던 것처럼 또 다른 포인트는 번개는 가장 쉬운 전도길을 따라 지표면에 이른다는 것이다. 따라서, 만약 여러분이 자동차나 건물 안에 있다면, 그곳에 그대로 있는 것이 최선이다. 번개가 여러분의 자동차를 치더라도 번개는 겉면의 금속을 따라 흘러 젖은 타이어를 통해 땅으로 갈 것이기 때문에 여러분은 안전할 것이다.

낙뢰에 동반되는 천둥이라는 흔한 현상을 빼놓고는 번개에 대해서 완전히 설명했다고 할 수 없을 것이다. 전기 방전이 공기를 통과해 지나갈 때, 낙뢰 주변의 공기의 실린더는 빠르게 가열이 되고 팽창하기 시작한다(이것은 선구 낙뢰와 귀환 낙뢰 두 경우 모두 일어나지만, 귀환 낙뢰의 경우가 훨씬 더 많은 에너지를 동반하므로 천둥의 발생에 대해 생각할 때는 선구 낙뢰에 대해서는 잊고 있어도 된다). 온도가 너무도 급격하게 올라가기 때문에, 실제로 그 경로의 첫 몇 미터에서 공기가 팽창하는 속도는 초음속이 된다. 공기의 외피의 이러한 팽창은 대기에서 움직이지 않는 공기를 밀어내고, 여러분의 오디오에서 소리를 만들어내는 스피커의 진동판이 움직이는 것과 아주 똑같은 방식으로 소리를 만들어낸다. 이런 식으로 만들어져서 공기를 통해 이동해 우리 귀에 들리는 소리가 바로 천둥이다.

그 현상에 대한 이러한 설명은 많은 사실을 말해준다. 첫째, 낙뢰의 경고가 보통 매우 길다는 것이다. 음파는 낙뢰의 각기 서로 다른 부분들로부터 퍼져나오고, 그래서 그것은 우리 귀에 한 번에 도착하지 않는다. 이것은 왜 우리가 꽤 긴 시간 동안 계속해서 천둥소리를 들을 수 있는지를 설명한다. 단 한 번의 충돌음 대신에 울리는 소리가 연속적으로 들린다. 이것은 또한 번개가 친 위치를 알아내는 데 옛 보이스카웃에서 쓰던 방식에 대해서도 설명해 준다. 여러분도 알고 있듯이 이 방법은 여러분이 번개를 본 때로부터 천둥소리를 들은 때까지의 시간(초)을 재서 거기다 340을 곱하는 것이다. 그러면 번개가 친 곳까지의 거리(미터)가 나온다.

이러한 방법은 대기중의 빛의 이동이 동시에 순간적으로 이루어지는 데 반해, 소리는 초당 약 340미터의 속도로 느리게 이동하기 때문이다. 따라서 그 방법은 처음 생겨난 곳에서부터 여러분이 서 있는 데까지 이동하는 데 걸린 시간을 재는 것이다. 나는 집 근처에 있을 때는 항상 이 방법을 사용하는데, 그것은 뇌우가 1.6킬로미터 안에 있을 경우에 내 우물의 전원을 내리기 위해서이다. 펌프를 한 번 태워 먹었으면 충분하지 않은가!

난마처럼 얽힌 개별적인 번갯불의 해부학을 탐험할 때, 우리는 번갯불이 전체적으로 지구 대기의 중요한 에너지원이 된다는 사실을 잊기 쉽다. 매 순간 지구의 2천여 곳에서 뇌우가 발생하고 있다. 우간다 같은 지역에서는 거의 매일 그것들이 발생한다. 반면 미국의 태평양 연안과 같은 다른 지역에서는 거의 일어나지 않는다. 그러나 평균적으로 24시간 동안 매번 8백에서 9백 번 번갯불이 친다.

번개가 모든 곳에서 아주 흔하게 발생했다는 사실은 지구가 어렸을 때 생명의 발달에 중요한 역할을 했다. 그 당시 대기는 오늘날과는 매우 다른 기체들로 구성되어 있었다. 가장 많은 기체는 메탄(자연 가스), 이산화탄소, 수증기, 수소, 암모니아였다. 기본적으로 질소와 산소로 구성된 오늘날의 대기는 생물체들의 생명 활동의 결과이고, 겨우 수십억 년밖에는 되지 않았다. 이들 생명체는 지구가 만들어진 이후 비교적 빨리 형성되었다. 가장 오래된 단세포 생물의 화석은 연대가 38억 년까지로 거슬러 올라가는 데 반해, 지구 그 자체의 나이는 45억 년이다.

지구가 생겨나고 첫 8억 년 동안 지구의 대기, 암석, 대양의 원래 물질들이 "생물체"라는 영예로운 이름을 가진 것들로 바뀌는 일들이 종종 있어 왔다. 생명체를 이끄는 첫번째 과정은 화학적 진화였을 것이다. 그것은 이용 가능한 화학 물질들을 모든 생명의 구성 요소인 길이가 긴 유기 분자들로 바꾸는 것이었다. 이 첫 단계에서 번개는 아주 중요한 역할을 했을 것이다.

여러 가지 이유로 유기 분자들이 먼저 지구의 대기에서 형성되었고

그리고 나서 대양으로 내려와 유기 물질들로 구성된 묽은 수프로 변형
되었다고 믿어지고 있다. 우리는 그 수프로부터 생명체가 어떻게 발달
되었는지 확실히 알 수 없지만, 그것의 기본적인 유기 분자들이 첫 단계
에서 어떻게 형성되었는지에 대해서는 꽤 많이 알고 있다.

단순한 분자에서 복잡한 분자를 형성하기 위해서는, 화학 반응을
일으키는 데 필요한 어느 정도의 에너지가 있어야만 한다. 태양을 제외
하고, 초기 지구의 대기에서 가장 큰 에너지원은 번개였다. 그것은 방
사성 감소(이것은 현재보다 더 격렬했다) 보다 50퍼센트가 더 많은 에너
지, 그리고 화산 분출(이것도 오늘날보다 더 빈번했다) 보다 3백 배나 많
은 에너지를 만들어냈다. 덧붙여 앞에서 보았듯이 번개는 지구 전체에
걸쳐 에너지를 공급했고, 반면에 화산은 부분적으로 온도를 극도로 올
렸다. 따라서 과학자들이 인간의 기원에 대해 처음으로 연구하기 시작
했을 때, 에너지원으로 관심을 갖게 된 것은 번개였다.

1953년 시카고 대학의 두 과학자 해럴드 유레이와 스탠리 밀러는
그림 12-4와 같은 실험 장치를 만들었다. 유레이와 밀러는 초기의 지
구에 있었을 것으로 여겨지는 기체들을 구형의 유리에 채우고 스파크를
일으켜서 번개의 효과를 재현해 보았다. 그들은 다른 구형의 유리에서
물을 끓여 증기가 기체의 자연적인 운동을 흉내내도록 기구 속을 돌게
했다. 유기 분자가 형성되면 액체 상태의 물에 갇히게 되어 있었고, 그
곳에 갇힌 것들에 대해 화학적 분석을 했다.

이 단순한 장치로 유레이와 밀러는 원시 지구에서 일어났던 화학적
반응을 재현할 수 있으리라고 기대했다. 수주일에 걸친 실험이 끝난 후,

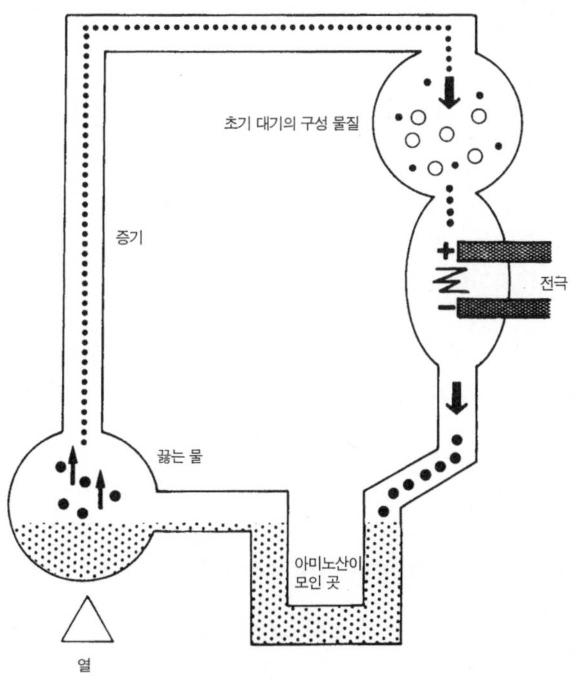

그림 12-4. 유레이와 밀러는 위와 같은 실험 장치를 만들어 초기에 지구에 있었을 것으로 여겨지는 기체들을 구형의 유리에 채우고 스파크를 일으켜서 번개의 효과를 재현했다

그들은 트랩에 있는 물이 걸쭉한 액체로 변해 있는 것을 보았다. 그 액체를 분석했을 때, 그들은 그 액체에 아미노산을 포함한 많은 단순한 유기 분자 구성 요소들이 만들어져 있는 것을 알아냈다. 아미노산은 생명체에 단백질과 다른 좀더 복잡한 분자들을 만드는 데 필수적인 요소이다. 그림 12-5는 초기 대기에 있던 분자들과 전형적인 아미노산인 글리신을 간략하게 보여주고 있다. 명백히 전기 방전이 이 시스템에서 다양한 원자들이 재배열해 더 복잡한 형태를 만들어내는 데 필요한 에너

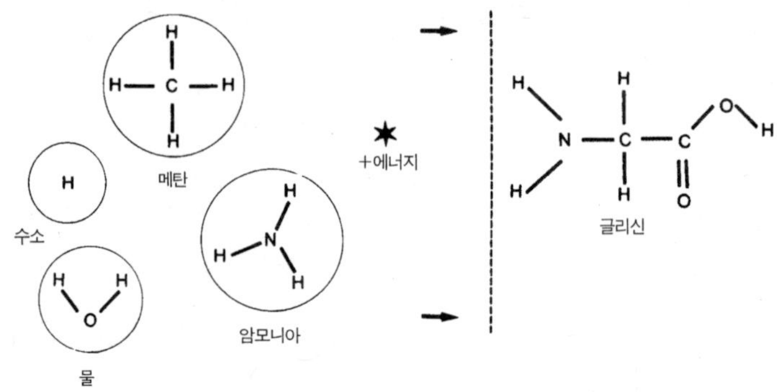

그림 12-5. 초기 대기에 있던 분자들과 전형적인 아미노산인 글리신을 간략하게 보여주고 있다.

지를 제공한 것이다.

1953년 이래로 생명의 기원에 관한 연구는 더욱 더 정교해졌고, 우리는 이제 이러한 종류의 실험으로 만들어질 수 있는 복잡한 분자들을 수천 가지나 알고 있다. 우리는 또한 전기 방전뿐만 아니라 자외선 복사와, 심지어는 열도 이러한 반응을 일으키는 데 필요한 에너지원이 될 수 있다는 것도 알고 있다. 따라서 초기 대기에 대해 우리는 이러한 복잡한 분자들이 대기에서 형성되고 일종의 생물 비가 되어 대양으로 내렸다고 생각한다. 간단한 계산을 통해 우리는 1초당 1톤의 비율로 아미노산이 생길 수 있다는 것을 알 수 있다. 그것은 1억 년이라는 시간만으로도 대양을 유기 물질이 1퍼센트를 차지하는 스프로 바꾸기에 충분하다(오늘날 대양에 소금이 3퍼센트 들어있다는 것과 비교해 볼 수 있다).

일단 이러한 스프가 형성되면, 우리는 생물의 진화에 대한 우리의 간극에 다다를 수 있다. 원시 스프가 어떻게 그 자체로 최초의 복제 가능한 세포를 만들어냈는지에 대해서는 많은 이론들이 있지만, 화석을 이용한 연대 추정을 통해 우리가 확실히 알고 있는 것은 6억 년 전에 최초의 원시 단세포 유기체가 출현했다는 것이다. 그 시점부터 생명을 추동하는 힘은 화학적 진화에서 자연 선택에 의해 대체되었고, 일이십억 년 쯤 후에 감각을 가진, 자기 인식 능력이 있는 생물이 인간의 형태로 출현했다.

그래서 다음 번에 번개를 보게 되면 그것이 확실히 생명을 위협하긴 하지만 이러한 번개가 없었다면 지구 위에 결코 어떠한 생명체도 존재할 수 없었다는 사실을 기억하기 바란다.

13/ 피뢰침과 기초 과학

"천둥과 번개의 재해로부터 주거와 여타 건물들을 안전하게
지킬 수 있는 수단들을 인류에게 찾아주는 것은 하느님을
기쁘게 하는 일이다."

이론보다는 실천을 중시했던 사람이었던 벤저민 프랭클린은 번개에 대한 이론적인 이해만으로는 만족할 수 없었다. 곧바로 그는 벼락의 참화로부터 인류를 보호해 줄 장치, 즉 피뢰침을 발명하는 데 자신의 지식을 동원했다. 1753년, 그는 《가난한 리처드의 연감》에 "번개로부터 주택 등을 안전하게 지키는 법"이라는 제목이 붙은 글을 발표했다. 피뢰침에 대해서 가장 잘 소개하는 방법은 이 책에 실린 프랭클린의 말을 인용하는 것이다.

천둥과 번개의 재해로부터 주거와 여타 건물들을 안전하게 지킬 수 있는 수단들을 인류에게 찾아주는 것은 하느님을 기쁘게 하는 일이다. 그 방법은 다음과 같다. 작은 철 막대를 준비하는데(못 만드는 사람들의 금속괴(가는 막대로 늘여서 절단해 사용함/옮긴이) 정도면 적당할 것이다), 막대의 1미터 정도는 습기찬 바닥에 박혀 있어야 하고, 나머지는 건물의 가장 높은 곳 위로 2미터 이상 올라갈 수 있는 정도의 길이여야 한다. 막대의 위쪽 끝에다 보통의 뜨개질용 바늘 크기만 하고 끝이 날카로운 침을 고정시킨다. 작은 거멀못 몇 개로 그 막대를 고정시키면 집은 안전하게 된다. 만약 집이나 헛간이 높다면, 각각의 끝에 막대와 침이, 한쪽에서 다른 한쪽을 따라 솟아난 부분을 따라서는 보통 크기의 놋쇠선이 있어야 한다. 그렇게 갖추어진 집은 번개의 피해를 입지 않을 것이고, 번개는 뾰족한 끝에 걸려서 어떠한 것에도 피해를 입히지 않고 금속을 따라 바닥으로 지나간다. 배에도 돛대의 꼭대기에 끝이 날카로운 막대를 고정해, 물까지 이어지는 막대에 30센티미터 정도에서 도선을 달아 돛대줄 중에 하나를 감아 내려오게 하면 번개의 피해를 입지 않을 것이다.

번개의 메커니즘을 이해하면, 우리는 피뢰침이 어떻게 작동하는지에 대해서도 알 수 있다. 예를 들어 전하가 프랭클린이 말한 설비를 갖춘 집에 오면, 그것은 집의 꼭대기 부분에 흐르기도 하지만 철 막대로 흐르기도 한다. 막대가 집보다 더 높이 있으므로 구름의 바닥과도 더 가깝다. 따라서 일단 선구 낙뢰들이 형성되면, 그것들은 집의 꼭대기 쪽보다는 막대 쪽으로 움직일 것이다. 마침내 전도선이 열리면, 전하들은 지표면으로부터 철 막대를 통과해 바로 구름을 향해 갈 것이다. 그러면 전하들은 중성화되어 집을 위협하지 않게 된다.

피뢰침의 발명

사실, 프랭클린의 시대 이후로 우리는 피뢰침이 작동하는 기본적인 원리에 대해서 많은 것을 알게 되었다. 이와 관련된 일반적인 원리는 마치 물이 낮은 곳으로 흐르듯 전류도 항상 저항이 낮은 길을 따라 흐른다는 것이다. 번개 구름에게 쇠로 만든 피뢰침은 일종의 고속도로라고 할 수 있다. 주택 역시 전류가 흐를 수 있는 길 역할을 할 수는 있지만, 이것은 잡초가 우거지고 바위투성이인 벌목 도로에 해당한다. 둘 가운데 어느 하나를 선택할 수 있다면, 전류는 언제나 고속도로를 택할 것이다.

우리는 전류의 경로에 가해지는 저항의 크기를 결정하는 것이 전체

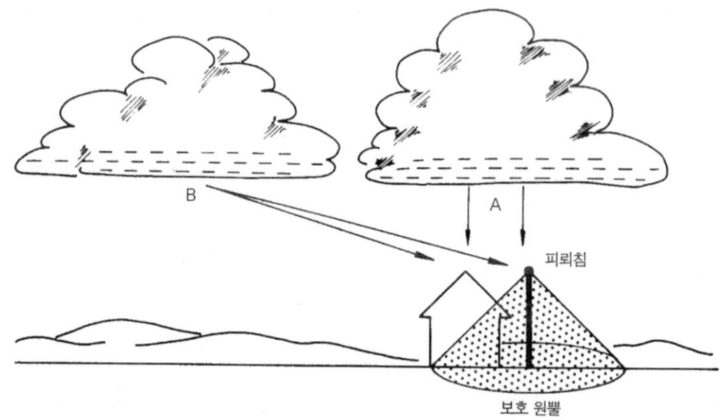

그림 13-1. A 위치에 있는 구름의 전하 중 하나는 집을 통과해 흐르고, 다른 하나는 피뢰침을 통해 흐른다. 피뢰침은 저항이 낮기 때문에 번개는 피뢰침 쪽으로 흐른다.

경로(공기와 피뢰침을 더한 것)라는 점을 반드시 알고 있어야 한다. 예를 들어 그림 13-1의 A 위치에 있는 구름의 전하가 낙뢰가 될 때, 공기를 통과해 주택 쪽으로 떨어지는 것과 피뢰침 쪽으로 떨어지는 것은 그 경로상 약간의 차이가 있다. 그 차이는 두 경로의 나중 절반에서만 생긴다. 그 중 하나는 집을 통과해 흐르고, 다른 하나는 피뢰침을 통해 흐르는데 그 차이는 명백하다. 피뢰침이 집보다 더 낮은 저항을 갖기 때문에, 피뢰침이 번개를 자기 쪽으로 이끌 수 있는 것이다.

그러나 B 위치에 있는 구름의 경우에는 상황이 명확하지 않다. 구름의 전하가 피뢰침에 도달하려면, 주택으로 갈 때보다 더 많이 공기를 통과해 가야 한다. 피뢰침에 도달하는 비교적 어려운 일이 지표면으로부터의 부드러운 경로에 의해 상쇄될지에 대한 질문은 일단 피뢰침에 도착하면 상황의 특수성에 좌우된다. 구름의 전하들은 등산객들이 부닥치는 것과 똑같은 선택의 기로에 직면한다. 가파른 경사면을 따라 힘겹게 올라간 후에 편하게 완만한 경사를 따라 내려오는 것이 쉬울까, 아니면 먼저 완만한 경사를 따라 편하게 올라간 후에 가파른 경사면을 힘들게 내려오는 것이 쉬울까?

공학자들은 이러한 질문에 답하기 위해 "엄지손가락의 법칙"이라는 것을 개발해 냈다. 기하학을 활용하면, 원뿔의 반지름과 피뢰침의 높이가 같은 경우 그 원뿔 안에 있는 것들은 모두 보호를 받는다는 것을 알 수 있다. 그림 13-1은 이른바 보호 원뿔이라고 불리는 것을 보여주고 있다. 그림에서는 집의 꼭대기가 원뿔보다 더 높이 치솟아 있기 때문에 낙뢰의 영향을 받기가 쉽다. 이 경우 피뢰침을 더 높게 설치하거나 집 가까이 설치하면 피해를 완전히 막을 수 있다.

북아메리카의 농부들은 프랭클린이 피뢰침을 발명하기 전부터 보호 원뿔의 원리를 알고 있었다. 만약 번개가 빈발하는 지역에 집을 지으려 한다면, 가까이에 큰 나무가 있는 곳에 짓는 것이 비교적 안전하다. 12장에서 본 것처럼, 나무는 번개가 지나가는 통로 역할을 한다. 집으로 떨어질 지도 모를 낙뢰를 보호 원뿔 안으로 몰고 가는 일종의 자연적인 피뢰침 역할을 하는 것이다. 물론 이런 목적으로 나무를 이용하는 데는 위험이 따르는데, 그 중 가장 쉽게 일어날 수 있는 위험은 번개로 인해 나무 전체 혹은 일부가 쓰러져 집을 덮치는 것이다. 그렇다고는 하더라도, 이 민간 지혜는 프랭클린이 피뢰침을 발명하기 전까지 적지 않은 인명을 구해냈을 것이다.

프랭클린이 살던 시대의 사람들은 피뢰침의 작용 원리에 대한 충분한 이론적 지식이 없었다. 번개의 전기적 성질이 발견된 이후로도 번개의 작용에 대해서는 알아야 할 것들이 많이 남아 있었기 때문이다. 프랭클린은 필라델피아에 있는 자신의 집에 피뢰침을 설치했다. 그러나 그는 집안에 있는 쇠붙이들을 모아 장치를 하나 만들었는데, 그 기구에는 15센티미터 간격으로 종이 두 개 있었고 그 사이에 놋쇠 추가 매달려 있었다. 종은 피뢰침의 지붕쪽 끝에 다른 하나는 피뢰침의 지면쪽 끝에 연결되어 있었다. 번개가 치면, 그 장치는 초인종 구실을 했다. 놋쇠 추는 구름에 전기가 발생했을 때 종 사이를 왔다갔다 하면서 소리를 내어 프랭클린에게 그 사실을 알려 주었다. 프랭클린이 연구용으로 만든 이 장치 때문에 그의 아내는 늘 불안해 했다. 나는 그의 아내의 심정을 백 번 이해한다. 1758년, 런던에 가 있던 그가 아내에게 편지를 썼다. 종소리에 신경이 거슬릴 때 종 두 개를 도선으로 연결하면 "번개가 쳐도 종소리가 시끄럽게 울리거나 하는 일이 없을 거요."

번개에 대한 정확한 이해의 부족은 유럽에서 엄청난 논란으로 이어졌다. 새로운 장치의 수용 여부를 두고 벌어진 수많은 논쟁들 가운데 어떤 것은 철학적이었고, 어떤 것은 정치적이었고, 또 어떤 것은 사소하고 개인적인 것이었다. 당시, 즉 18세기 끝무렵에는 군대에서 총기용 화약이 널리 쓰이고 있었기 때문에 번개의 피해를 예방하는 것이 아주 중요한 문제였다. 1767년에 베네치아 당국은 하느님이 절대로 교회에 번개를 치게 하실 리 없다고 생각하여 수백 톤에 달하는 화약을 교회 창고에 보관했다. 그러나 교회라고 해서 예외가 될 수는 없었고, 필연적일 수밖에 없는 그 일이 발생했을 때 3천 명이 목숨을 잃고 도시의 많은 부분이 파괴되었다. 1772년 브레스키아에서 발생한 화약고 폭발 사건과 함께 이탈리아가 왜 프랭클린의 발명품을 앞장 서서 받아들였는지 충분히 이해가 된다. 10년이 채 못 되어 베네치아의 성 마르코 성당과 로마의 성 베드로 대성당에도 피뢰침이 설치되었다.

그 밖의 나라에서는 피뢰침의 보급 속도가 느렸다. 당시 영국과 미국은 사소한 것을 두고 큰 논쟁을 벌이고 있었다. 왕립 위원회(프랭클린도 회원이었다)의 한 회원은 뾰족한 피뢰침이 "불필요한 번개의 방문을 초래할 수 있다"고 주장하며 피뢰침의 끝을 뭉툭하게 할 것을 권유했다. 그러나 오늘날 우리는 그 세부 사항들은 중요하지 않다는 것을 알고 있다. 그러나 정치적 적대감 때문에, 논쟁은 신문의 온 지면을 도배하다시피 했다.

프랑스의 상황은 더 심각한 국면을 맞고 있었다. 놀레 신부는 초기 전기 실험들에서 나타난 해석상의 부분적인 차이와 관련하여 프랭클린의 주장에 반대했다. 그리고 오늘날의 과학자들 사이에서도 종종 일어나는 것처럼, 프랭클린에 대한 개인적 반감도 반대를 위한 반대로 이어졌다. 피뢰침의 경우에도 마찬가지였다. 프랑스인들 사이에 놀레 신부의 영향력은 너무도 컸기 때문에, 교회가 번개의 피해로부터 면제되어 있다는 오래된 믿음은 계속해서 유지되었다. 1781년 4월 14일, 무시무시한 뇌우가 브르타뉴를 휩쓸고 지나가 적어도 스물네 곳의 교회가 번개의 피해를 입었다. 교회 한 곳이 완전히 파괴되었고, 다른 곳들도 심각한 피해를 입었다. 그리고 번개를 피해 보려고 애쓰던 종지기 둘이

목숨을 잃었다. 그 이후로 프랑스인들은 프랭클린의 처방에 따라 피뢰
침을 세우기 시작했다.

시간이 흐르면서, 프랭클린이 발명한 장치의 유용함을 증명하는 사례
증거들이 더욱 더 많이 쌓이기 시작했다. 네덜란드령 동인도 제도의 자
카르타 항에 나란히 정박해 있던 배 두 척이 번개를 맞았다. 그런데 피
뢰침이 설치되어 있었던 영국의 배는 피해를 입지 않았던 데 반해, 그렇
지 않았던 네덜란드의 군함은 파괴되었다.

　1777년 4월 18일, 피아차로부터 많은 인파가 시에나로 몰려들었
다. 귀족원의 저명 인사들의 반대를 무릅쓰고 그곳에 있는 커다란 탑에
피뢰침이 설치되었던 것이다. 이 특별한 오후에 폭풍우는 금방이라도
발생할 것 같았다. 피뢰침이 제대로 작동해 황 냄새와 함께 연출하는 장
관을 보려는, 호기심에 이끌린 사람들로 광장이 가득 찼다. 이윽고 번
개가 쳤고 탑은 전혀 피해를 입지 않았다. 그리고 그 세기 끝무렵이 되
자, 이러한 사건들로 인해 회의론은 잦아들었고 덕분에 피뢰침은 대서
양 양쪽 모두에서 널리 사용되게 되었다.

　이러한 혼란스러운 사건들을 만들어낸 것은 도대체 무엇일까? 한
편으로 여러분은 못말리는 편협함, 개인적인 감정, 피뢰침이 가져다 줄
성과에 대한 일반적인 무지, 그리고 인간이라는 종(種)에 대한 절망감
등을 보았을지도 모른다. 다른 한편으로는 피뢰침이 전 세계로 퍼져나

274

가는 데는 프랭클린이 자신의 성과물들을 발표한 때로부터 겨우 40년밖에 걸리지 않았다는 사실에 희망을 가졌을지도 모른다. 충분한 증거(그리고 강렬한 경험)만 주어진다면, 사람들의 의식은 언제라도 변할 수 있는 것이다.

피뢰침의 수용에 관한 이야기는 새로운 장치나 기술이 일상화되는 방식에 대한 중요한 시사점을 제공한다. 만약 여러분이 더 좋은 쥐덫을 발명한다면 여러분 집 문 앞은 찾아오는 사람들로 북적거리겠지만, 그렇다고 사람들이 다른 일은 모두 제쳐두고 그 일에만 매달릴 것으로 기대해서는 안 된다. 자신의 발명품이 채택되기를 기다리다 파산한 뛰어난 발명가들이 많이 있었다. 발명과 혁신이 무시무시한 속도로 질주하고 있는 오늘날, 우리는 과거에 있었던 일에서 교훈을 얻을 수 있다.

공학자들은 그것을 매우 애통해 할지도 모르겠지만, 새로운 장치(혹은 그것의 수용)가 인간 내면의 정서와 관련이 있다는 것은 사실이다. 그것은 인간이 삶의 모든 국면에서 보여주는 온갖 변덕과 똥고집으로부터 결코 자유로울 수 없음을 말해준다. 물론 순수하게 합리성만이 작용하는 경우도 있기는 하지만 그것은 일부일 뿐이다. 피뢰침은 온갖 종류의 감정들을 불러일으켰다. 종교적, 정치적, 개인적인 감정들, 그리고 어느 정도의 의심마저. 어떤 사람들은 그 새로운 장치가 오히려 번개를 더 일으키게 할 수도 있고, 재앙을 불러올 수도 있다고 걱정했다. 이러한 동기들은 그 자체로 비난받아야 할 만한 것은 아니다. 그것들은 보통 사람들이 변화에 경계심을 가지고 기존의 지식을 지키려고 하는 성향을 가지고 있다는 것을 말해준다.

중요한 기술적 성취에 대한 인식 능력을 보여주는 예는 결코 "과거"에만 한정되지 않는다. 벨 전화 실험실에서 있었던 놀라운 연구들에 관한 책인 《영 위의 세 온도들》에서 제러미 번스타인은 현대 전자공학 산업의 분수령인 트랜지스터의 등장에 관해 논의했다. 그는 트랜지스터가 발명되고 나서 전화 시스템에 쓰이기까지 4년이 걸렸고, 시판용 기기(보청기)로 출현하기까지는 5년이 걸렸음을 지적했다. 최초의 트랜지스터 라디오의 가격은 오늘날의 돈으로 환산해 무려 2백 달러에 달해서, 결코 상업적으로 성공했다고 할 수 없었다. 1950년대에 트랜지스터를 평가한 사람은 만약 그가 우리 사회를 바꿀 그것의 잠재력을 인식하지 못했다 하더라도 그것은 전혀 비웃음을 살 일이 아니다. 심지어 고매한 「뉴욕 타임스」조차 벨 연구소에서 트랜지스터를 발명했다는 발표를 어느 퀴즈 쇼에 관한 기사 밑에다 실었을 정도였으니 말이다.

혁신적 기술이 직면한 장애물들에 관해 생각할 때 내가 최근에 참석했던 사업상의 점심식사를 상기하게 된다. 나는 저명한 출판인, 시를 쓰는 작가, 그리고 활발하게 활동하는 문학 비평가와 함께 자리를 하고 있었다. 합석한 사람들은 점심을 빨리 마친 후 킬로바이트, 램, 그리고 여타의 전문 용어들을 적절히 구사하며 자신의 집에 있는 컴퓨터 시스템을 비교하기 시작했다. 잠시 후, 그들은 나를 돌아보며 원고를 쓸 때 무엇을 이용하느냐고 물었다. 나는 "휴대용 레밍턴 타자기(나는 낡고 오래된 그 타자기를 지금도 쓰고 있다)"라고 대답했다. 그리고 나서, 그런 상황에서 물리학자 특유의 방식으로 선수를 쳤다. 나는 이렇게 덧붙였다. "저는 워드를 프로세스하지 않습니다. 워드를 쓰지요."

그러나 점심식사를 마친 후, 나는 타자기를 워드프로세서로 교체하는 일에 대해 생각하기 시작했다. 물리학자이자 작가인 나는 워드 프로세서 영업자에게는 제 일순위 고객 후보로 보일지도 모른다. 어쩌면 감언이설에 저항하는 나 스스로의 동기들이 위에서 내가 지적한 인간의 똥고집을 그대로 보여주고 있을 수도 있다.

내가 워드 프로세서를 사용하지 않는 것은 컴퓨터를 두려워하기 때문이 아니다. 나는 학부생 때부터 기계 언어로 컴퓨터 프로그래밍을 시작했다. 내 사무실에는 다량의 데이터를 처리하는 컴퓨터 단말기가 있고, 나는 연구에 필요한 계산을 수행하기 위해 수천 줄에 달하는 코드를 정기적으로 작성한다. 나에게 컴퓨터를 사용하는 일은 자동차 운전을 하는 것만큼 일상적인 일이다. 나는 컴퓨터 사용을 즐기지도, 그렇다고 꺼리지도 않는다. 그리고 나는 일을 마치기 위해서라면 그것을 사용할 용의가 있다.

워드 프로세서가 처음 나왔을 때, 나는 값이 너무 비싸다고 주장했다. 그러나 지금은 더 이상 그런 불평을 계속할 수 없다. 나는 내가 워드 프로세서를 꺼리는 진짜 이유를 알아냈고 지금 여기서 고백하겠다. 이유는 내가 선탠을 좋아한다는 데 있다. 따뜻한 가을이나 봄의 주말이면 나는 레밍턴 타자기를 들고 집 주변의 야외로 나가 윗통을 벗고 햇볕을 받으며 글을 쓴다. 나는 여름이면 몬태나에서 똑같은 일을 하는데 그곳에서는 로키 산맥의 장관을 볼 수 있는 즐거움이 덧붙여진다. 워드 프로세서로 일을 하면 이런 야외 활동이 불가능했다. 왜냐하면 워드 프로세서는 들고 다닐 수 없었기 때문이다. 어리석기로 따지자면 이런 이유는 앞서 예를 들었던 것, 즉 피뢰침 설치에 대한 거부감보다 못할 것도 더할 것도 없을 테지만, 나는 그렇게 생각하지 않는다.

발명품들이 사회에 대량 보급되는 일은 물리학에 만큼이나 사회적, 심리적 요소에 좌우된다. 그러나 관심을 발명품의 수용으로 돌린다면, 우리는 피뢰침의 발달이 원래의 아이디어가 유용한 생산품으로 바뀌는 방식의 전형적인 모습이라는 것을 알 수 있을 것이다. 우리는 피뢰침의 발달을 통찰이 어떻게 "과학"에서 "기술"로 바뀌어 가는지를 이해하는 데 이용할 수 있다.

이러한 관련성에 대한 이해는 우리들의 일상 생활에 응용과학보다 더 영향을 끼치는 것이 없게 된 오늘날 특히 중요하다. 그것을 나는 대학에서 나온 낯설고 새로운 아이디어가 제조업자의 선반 위에 놓인 너트와 볼트 같은 구실을 하여 파이파라인이 되어 나오려면 반드시 거쳐야 할 경로라고 생각한다. 파이프의 한 끝은 기초 실험 연구실의 엄숙한 분위기이다. 그리고 다른 한 끝은 시장이다. 우리는 프랭클린이 처음에 어떻게 전기와 번개에 흥미를 갖게 되었는지를 살펴봄으로써 이러한 파이프라인을 추적해야 한다.

지식의 양을 늘리는 즐거움

1743년 프랭클린은 보스턴에서 아치볼드 스펜서가 한 강의에서 전기 현상에 관한 실험들을 하는 것을 보았다. 그는 거기에 흥미를 느꼈지만, 영국 왕립협회의 한 회원이 프랭클린이 창설한 필라델피아 도서관에 전기 장비들을 기증한 1746년이 되어서야 연구에 착수할 수 있었다.

프랭클린은 이렇게 말했다. "(나는) 내가 보스턴에 보았던 실험을 해 볼 기회를 얻었다. 그리고 영국으로부터 답변이 오면 바로 시작할 수 있도록 필요한 많은 준비들을 끝내 놓고 있었다."

프랭클린의 자서전을 읽으면, 그가 새 장난감을 가지고 노는 어린 아이와 같은 기분이었음을 알 수 있다. "전기적인 유동"을 얻기 위한 많은 독창적인 장치들 만들어내는 일에 덧붙여, 그는 "라이덴 병(강한 정전기가 축적된 기구)"을 분석해 전하가 와이어나 대기가 아니라 고체에 존재한다는 것을 보여주었다. 전기는 당시로서는 새로운 연구 주제였기 때문에 프랭클린은 자신의 발견들을 직접적으로 실용적인 용도에 적용시켜야 할 압력을 받지 않고 있었다. 그가 그 주제를 연구한 것은 전적으로 인간의 지식의 양을 늘리는 데서 오는 즐거움 때문이었다. 그는 자신의 실험이 번개의 진행 방향을 바꾸어 주는 데 이용될 수 있는 발견으로 이끌어 주리라고는 생각하지 않았다. 이것이 바로 우리가 오늘날 "기초" 과학이라고 부르는 것에 종사하는 과학자들의 특징이다. 이런 연구는 실용성이나 금전적 보상이 아니라 지식의 획득이라는 목적 때문에 수행된다. "기초"란 이름은 이러한 유형의 연구를 지식 그 자체보다는 실용적인 결과를 목표로 하는 "응용 연구"로부터 구별하기 위해 사용되는 말이다.

기초 과학은 확실히 새로운 과학적 사고가 탄생하는 분야이다. 이것은 흔히 대학에 몸담고 있는 과학자들이 연구한다. 그런데 기초 과학 연구를 수행하는 과학자들을 위한 보상 체계에는 이상한 점이 있다. 이 보상 체계는 거의 전적으로 동료들의 평가에 달려 있다. 따라서 기초 과학 연구를 제대로 수행하면 보통 금전적인 보상이 아니라 다른 기초 과학자들로부터 존경을 받게 된다. 그 구성원들의 명성의 총합에 따라 대학의 과학 관련 학과 혹은 중요 연구소들의 명성이 정해진다.

　기초 과학자들의 명성을 높여 주는 것은 무엇일까? 기초 과학자들의 목표는 새로운 지식이 유용한가 그렇지 않은가에 상관없이 세계에 관한 지식의 저장량을 늘리는 데 있다. 어떠한 분야에도 어떤 문제를 푸는 것이 중요한가에 관한 합의란 늘 존재하기 마련이다. 예를 들면, 현대 고에너지 물리학에서 중요한 문제는 통일장 이론과 관계가 있다. 다른 분야에서도 구체적인 내용은 다르지만, 그것이 무엇인지에 대한 합의는 있다. 연구 성과는 중요 문제에 대한 기여 정도에 따라 평가를 받는다. 하지만 이러한 기여를 하지 않더라도 비난을 받지는 않는다. 그것은 단순히 무시될 뿐이다.

　기초 과학을 함으로써 보상을 받는다는 것은 단기적으로는 어렵다. 그것은 기본적으로 대학이나 대규모 정부 연구소들에서 수행되는데 그곳에서는 직접적인 유용성보다 장기적인 성과가 더 중요시되기 때문이다. 이러한 일반적인 규칙의 예외는 민간 기업에서는 벨 전화 연구소와 같은 곳에서나 가능하다.

기초 과학의 파이프라인

기초 과학이 시장에 적용되는 다음 단계는 우리가 기초 지식의 취득이

라고 부르는 것이다. 이것은 기본적인 물리적 과정들에 대한 이해를 목
표로 하는 것이고, 그 관심은 기초 과학과 유사하다. 그러나 그것의 동
기는 실용적인 결과를 만들어내려는 욕망에 있다.

예를 들어 프랭클린이 번개의 성질을 발견한 이후, 그가 개척한 분
야에 관한 많은 연구들이 뒤따랐다. 이것 가운데 일부는 전기 자체에 관
해 지속적으로 연구하는 것이었고 일부는 더 나은 피뢰침을 만들기 위
해 번개에 대한 보다 깊은 직접적인 이해로 이어졌다. 기초 지식 범주의
획득을 초래하는 것은 바로 이러한 유형의 연구이다. 고체의 전기적 성
질과 관련하여 오늘날 각광받는 연구들 대다수가 이러한 유형의 연구이
다. 마이크로 전자 산업은 눈이 부실 정도로 다양한 신기구들에 사용될
수 있는 새로운 종류의 고체를 개발하는 데 끊임없는 동력을 제공받고
있다.

이러한 주제에 대해 글을 쓰는 사람들은 기초 과학과 응용 과학 연
구 사이의 유일한 차이는 작업 그 자체에 있는 것이 아니라 과학자들의
동기에 있다고 주장한다. 내가 기초 과학과 기초 지식의 성취 사이의 구
분선이(과연 구분선이 무엇일까?) 명확하게 나뉘어지지 않는다는 것에
동의하고 있음에도 불구하고, 나는 연구자들의 마음속에 있는 목적들이
라는 정의보다는 훨씬 더 나아가야 한다고 생각한다. 두 영역에서 연구
했던 경험이 있는 나는 그것이 단순히 마음의 서로 다른 두 상태가 아니
라 연구 그 자체라고 생각한다. 하나의 큰 차이는 완료된 것이 무엇이고
완료되지 못한 것이 무엇인가에 대한 집중으로부터 나온다. 예를 들어,
만약 여러분이 기초 과학에서 수학적 모델을 개발한다면, 여러분은 단

지 무슨 일이 벌어지는가를 알아보기 위해 그 모델이 갖는 모든 함의에 대해 연구할 것이다. 그러나 만약 여러분이 기초 지식의 성취를 추구하는 동안 유사한 모델을 개발한다면, 여러분은 여러분의 특정한 문제에 적용되는 모델의 측면에 관한 것으로만 연구 범위를 제한할 것이다. 예를 들어, 여러분이 비행기 날개를 설계하고 있다고 하면, 여러분은 그 비행기가 달성할 수 있는 속도와만 관계된 공기의 흐름을 연구할 것이다. 진정 여러분은 개인용 소형 프로펠러 비행기의 음속 비행의 성격들에 관해서는 어느 것도 알려고 하지 않을 것이다. 이런 그리고 여타의 조건들에서 문제가 제기되는 방식이 질문과 답변들, 그리고 어떤 작업이 수행되고 어떤 작업이 수행되지 않는지에 영향을 미친다. 기초 지식의 성취는 단기간의 보상을 갖기 때문에, 그것은 보통 산업 연구소에서 수행된다. 그것은 또한 대학의 공학 계열 학부나 대규모 정부 연구소에서 일부(전부가 아니다) 수행되기도 한다.

파이프라인에서의 다음 단계는 응용 연구이다. 이러한 연구는 여전히 일반적인 범위로 남아있는 것이 아니라 특정한 실용적 문제에 집중된다. 예를 들면, 피뢰침이 날카로운 것이 나은가 아니면 뭉툭한 것이 나은가에 관한 연구는 응용 연구이다. 즉 성능이 개선된 피뢰침을 만들기 위해 지식을 제한된 범위에서 응용하는 연구이다. 그러나 어떠한 결과들도 피뢰침을 만드는 사람에게 유용하지 않을 것이고, 그래서 그 연구는 기초 과학과 기초 지식의 성취 양쪽에 모두 다 속하는 대학의 역할로 남아 있을 것이다. 왜냐하면 규모가 큰 응용 연구는 대부분 산업 연구소에서 행해지고 대학에서 행해지는 것은 극히 드물기 때문이다.

마지막으로, 우리는 무언가를 개발하게 되었다. 연구의 이러한 단계에서는 기존에 발견된 일반 원리들이 특정한 문제들에 적용된다. 예를 들어 로마의 성 베드로 성당의 번개 보호 시스템을 설계한 사람들은 하나의 요구만을 다루고 있었다. 바로 성당을 번개로부터 보호하는 것이었다. 그러나 그 목적을 완수하기 위해서 그들은 이전에 행해진 각각의 연구 단계에서 얻은 지식들을 이용해야만 했다. 마찬가지로 우주선 회사를 위해 우주선을 설계하는 공학자들과 과학자들 역시 개발에 종사하고 있다. 개발은 거의 항상 산업 혹은 상업적 목적 하에서 나온다.

왜 새로운 우주 탐험에 막대한 돈을 쏟아붓는가

오늘날 미국의 각 주 정부들은 캘리포니아 주의 실리콘밸리와 같은 첨단기술센터를 지역에 유치하기 위해 "연구"를 권장하는 노력을 아끼지 않고 있다. 그렇지만 모든 연구들이 세수 증대로 이어지지는 않는다는 점을 고려하여 정책을 수립해야 할 것이다. 파이프라인의 마지막 두 단계만이 정책 결정자들이 "연구" 혹은 "연구 개발"에 관해 말할 때 마음에 두고 있는 것과 같은 제조업과 직접적으로 연결되어 있다.

피뢰침의 예에서 볼 수 있듯이 기초 과학으로부터 나오는 아이디어들이 없다면 회사의 연구 개발 부서들 전부가 고갈될 것이다. 만약 벤저민 프랭클린이 전기에 호기심을 갖지 않았더라면, 성 베드로 성당의 거대한 돔을 보호하는 임무를 맡았던 교황의 공학자가 무엇을 할 수 있었을까? 마찬가지로, 만약 대학이라는 상아탑의 물리학자들이 1920년대와 30년대에 원자들의 비밀을 푸는 데 일생을 바치지 않았다면, 오늘날 실리콘밸리의 천재들이 새로운 소형 전자기기들을 어떻게 만들어낼 수 있었겠는가? 진보의 각 단계에는 기초 과학자들의 비실용적으로 보이는 연구에서부터 상품을 개발하는 공학자들의 "너트와 볼트" 식의 결정까지가 모두 필요하다. 매우 명백한 의미에서 우리의 전체 기술 문명은 과정중에 수행되는 각각의 단계에 달려 있다.

불행하게도 파이프라인의 출발점으로서 기초 과학 활동은 예산 삭감의 제 일순위이다. 더욱이 이러한 삭감의 효과는 오랜 시간이 지나야 절감할 수 있다. 파이프라인이 막히는 데는 오랜 시간이 걸리기 때문이다. 피뢰침의 예에서 볼 수 있듯이, 기초 과학의 흐름을 막는 것은 오늘 약간의 경비를 줄이려다 미래의 세대들을 곤경에 빠뜨리는 근시안적인 정책이다. 그나마 다행히도 기초 과학을 지원하는 미국 연방 정부는 기본 연구의 중요성에 대한 장기적인 안목을 버리지 않았다.

왜 수백만 혹은 수천만 달러가 최대 규모의 입자 가속기나 새로운 우주 탐험에 쏟아 부어야 하느냐는 질문을 받을 때마다, 늘 나는 우리의 현대 첨단 기술 붐이 지난 세대들이 연구 파이프라인에 새로운 지식들을 넣어 준 결과이며, 그것은 지금 인류의 조건을 개선하는 데 이용되고 있다는 점을 지적한다. 당시로서는 그다지 보상을 주지 못했던 과학에서 이루어진 모든 중요한 개발이 사실은 파이프라인을 통해 성취되었다는 점에 주목하는 것은 어려운 일이다. 1969년에 인간을 달 위에 서게 했던, 일종의 "진보"에 환호성을 올리는 사람들의 찬사를 받았던 아폴로 프로그램은 파이프라인적인 시도였다. 그러나 오늘날 미국의 전화 통화의 절반이 통신 위성을 통해 이루어지고 있고, 기상 위성의 일상적인 이용은 폭풍우를 미리 경고함으로써 수십 억 달러의 재산과 수천 명의 인명을 구하고 있다. 파이프라인 위의 그런 품목들은 우리에게 엄청난 보상을 해 주고 있는 것이다.

진실은 기초 과학 연구의 지원 여부를 결정해야 할 때, 우리는 지난 과거 동안 매번 승률이 겨우 100대 1밖에 안 되는 말에 돈을 걸어야 할지 말지를 결정하는 위치에 처하게 된다는 것이다. 물론 다음 번에도 그것이 잘 될지는 보장할 수 없지만, 다시는 돈을 걸지 않기로 결정할 만큼 여러분은 바보가 아닐 것이다.

14/구상 번개, UFO, 그리고 낯선 현상들

16세기 첫무렵 지구를 일주하던 마젤란의 선원들은 끊임없이
계속되는 폭풍우와 물 부족으로 사기를 잃어가고 있었다.
그 때 갑자기 "성 엘모의 불"이 나타났고 그 이후 폭풍의 기세가 꺾
였다. 선원들은 그 불을 성 엘모가 자신들과 함께 있음을 나타내는
징표라고 믿었고 항해를 무사히 마칠 수 있었다.

대기중의 전기와 관련된 현상으로서 번갯불은 확실히 가장 극적인, 그리고 가장 흔한 현상이다. 그러나 그것은 전기와 관련하여 하늘에서 볼 수 있는 유일한 현상은 결코 아니다. 다른 것들도, 예를 들면 성 엘모의 불과 구상(球狀) 번개 같은 것 역시 보통의 번개만큼이나 매혹적인 것이다. 그리고 좀처럼 보기 힘들고 잘못 이해된 이러한 현상들에 대해 과학자들이 어떻게 생각하고 있는지를 알아보는 것도 흥미로운 일일 것이다. 덧붙여 이런 예들을 통해 우리는 과학과 유사 과학 사이의 지극히 애매한 경계를 이해하는 단서를 얻을 수도 있을 것이다. 이러한 경계는 과학 활동에 관한 흥미를 불러일으켜 왔다. 왜 UFO 연구와 같은 주제는 과학의 경계 밖에 있는 것처럼 여겨지는 데 반해 겉보기에 똑같이 괴상한 것처럼 보이는 다른 현상들은 과학의 공식적인 승인을 받을까? 이들 주제 사이에 어떻게 선을 그을 수 있을까? 어떤 것이 과학적 주제이고 어떤 것이 과학적 주제가 아닌지를 결정하는 사람은 누구일까? 이러한 질문에 답하는 유일한 방법은 각 선의 경계에 아슬아슬하게 걸쳐 있는 주제 영역을 자세히 조사하는 것이다.

이런 경계선에 있는 주제들 대부분이 공유하는 하나의 특징은 그런 것들이 대단히 드물고 순간적인 현상이라는 것이다. 이러한 희소성 때문에 과학자들은 그것들을 연구하는 게 쉽지 않다. 두 개의 전기 현상, 즉 성 엘모의 불과 구상 번개는 과학적 판단과 관련하여 벌어지는 일들을 보여주는 좋은 예이다. 둘 다 드문 현상이기는 하지만 구상 번개의 경우는 더욱 더 그러하다. 따라서 아주 최근까지도 구상 번개는 유사 과학으로 분류되어 과학의 바깥쪽 영역에 놓여 있었다. 그러나 성 엘모의 불은 이러한 운명을 겪지 않았다.

성 엘모는 4세기 때 이탈리아의 한 주교의 이름이다. 이 이름은 사실 그 주교의 실제 이름이었을 에라스무스가 와전된 것이다. 엘모는 디오클레티아누스 황제 치하의 기독교 박해 때 순교했다. 어떤 이유에서인지 그의 이름이 선원들에 의해 종종 목격되는 전기 현상과 연결되었고, 그래서 그 현상은 오늘날 "성 엘모의 불"이라고 불린다. 그것은 바다를 항해하는 배의 돛대와 스파(가로날개뼈대) 근처에서 차갑고 날카로운 소리를 내는 푸른빛을 띠는 방전 현상이다. 번개와 달리 성 엘모의 불은 그것이 부딪히는 물체에 아무런 피해도 주지 않는다. 선원들은 그것이 성인이 가까이에서 자신들을 돌보고 있는 증거라고 여겼다. 따라서 성 엘모의 불은 선원들의 후원 성자들, 그리고 "바다의 모험을 지켜주는 성자들" 가운데 하나가 되었다.

전설 가운데는 페르디난드 마젤란의 역사적 항해 이야기도 포함되어 있다. 16세기 첫무렵 지구를 일주하던 마젤란의 선원들은 끊임없이 계속되는 폭풍우와 물 부족으로 사기를 잃어가고 있었다. 선원들 가운데 하나가 성 엘모의 불을 발견하기 직전까지만 해도 선원들 사이에서 배의 항로를 바꿔 포르투갈로 돌아가야 한다는 주장이 나오는 것은 시간 문제였다. 그 후 곧 폭풍우는 기세가 꺾였다. 그들이 있는 곳이 어떠한 기독교도도 항해해 보지 않은 바다였음에도 불구하고 그들은 그것을 성 엘모가 여전히 자신들과 함께 있음을 나타내는 징표라고 믿었다. 그들은 용기를 되찾았고 지구를 도는 첫 항해를 무사히 마쳤다.

성 엘모의 불은 선원들에 의해서만 목격되는 것은 아니다. 등반가

들은 아이스 피켈에 생기는 푸른빛의 헤일로를 종종 본다. 그리고 고도
가 높은 목초지에서 소떼를 돌보는 스위스의 농부들도 종종 "불꽃을 뿜
어내는 소뿔"을 보았다는 말을 하곤 했다. 나무에서, 그리고 높은 탑에
서 푸른빛 불을 보았다는 목격담들은 중세 이후로 수도 없이 전해지고
있다.

이러한 모든 목격담을 종합해 볼 때, 성 엘모의 존재를 의심하는
것은 불가능하다. 엘모의 불은 결코 의심을 받지 않았다. 번개 그 자체
처럼, 그것은 항상 공식적인 과학적 연구의 대상이었다. 오늘날 우리는
그것이 높은 전압계의 작용 중에서 종종 마주치는 현상들 가운데 하나,
즉 코로나 방전이라고 믿고 있다. 그것이 작동하는 원리는 다음과 같다.

12장에서 우리는 다량의 전하들의 존재가 공기중에 있는 원자들을
일그러뜨리고 때때로 찢어 놓는다는 것을 알았다. 이것이 선구 낙뢰를
형성시키고 결국에는 벼락을 일으키는 것이다. 이러한 과정은 지표면
위 혹은 번개 구름(뇌운) 근처의 이미지 전하에서 생길 수 있다. 다량
의 양전하가 나무나 배의 돛대 위로 흘러 올라가 구름에서 음전하를 얻
으려고 한다면, 많은 양의 공기가 이온화되는 것이 가능하다. 원자들로
부터 찢겨져 나온 전자들은 돛대나 나무에게 밀침을 당할 것이다. 이 과
정에서 그것들은 공기의 온도를 올리고 그럼으로써 공기가 불꽃을 내게
한다. 결과적으로 가상의 양전하는 자연에서 형광 전구와 같은 현상을
보이는 것이다. 우리는 이것이 바로 우리가 알고 있는 성 엘모의 불이라
고 믿고 있다.

따라서 성 엘모의 불이 과학의 주제로 채택될 수 있는 두드러진 특

징은 다음과 같다. 그것은 무시될 수 없을 정도로 자주 목격되었다. 그리고 전기의 작용에 관한 기존의 사고를 위배하지 않는 방식으로 잘 설명될 수 있다. 그 효과에 대해 설명이 필요하면 누구든 들을 수 있고, 그래서 과학자들은 그것을 다루는 동료의 소중한 믿음과 갈라서지 않는 것이다.

구상 번개를 둘러싼 이야기

구상 번개는 상황이 좀 다르다. 그것은 훨씬 더 드문 현상이고, 그래서 그것을 본 사람은 거의 없고 매우 드물게 목격된다. 그것은 빛은 내는 지름 15센티미터쯤의 구로 보인다(거의 항상 벼락이 친 다음에 나타난다). 그러나 간혹 지름이 60센티미터에 달할 때도 있다. 그것은 형광성의 빛과 비슷한 정도의 밝기로 빛나고 색은 아주 다양하다. 그것은 보통 전화선이나 전기선 같은 도선 주위로 이동하며 몇 초에서 몇 분에 걸쳐 나타나는데, 나무를 까맣게 태우거나 전선을 태워 버리는 것을 통해 자신이 다녀갔다는 증거를 남긴다

구상 번개를 목격했다고 주장하는 이야기는 많이 있다. 빛을 발하는 구(球)가 굴뚝으로 와서 방을 가로지른 후 창문을 통해 나가는 것을 보았다는 것도 그 한 예이다. 미국 서부에서는 커다란 금속 발판이 깔린 삼림 감시탑에 녀석이 자주 찾아들곤 한다. 그래서 감시탑은 삼림 감시원이 피해를 입는 것을 막기 위해 구상 번개가 칠 때 발판의 다리로 흐른 후 방전되어 창으로 나가도록 설계되어 있다. 이러한 이야기는 과학

자들이 전체 현상을 회의적으로 보게 하는 역할을 한다.

그러나 가장 실제적인 장애물은 목격담들이 아니었다. 중요한 것은 과학적 훈련을 받은 사람들 가운데 구상 번개를 본 사람이 거의 없다는 것이었다. 더 나아가 19세기에는 구상 번개가 생길 만한 적합한 이론적 장소가 부재했다는 것이다. 그것이 존재한다는 명백한 증거가 주어지지 않았기 때문에, 과학자들은 그것을 무시하는 것이 안전하다는 쪽으로 합의를 본 것이다.

이러한 상황은 원자 물리학의 도래와 함께 바뀌었다. 물질의 플라스마 상태(전자들이 원자들로부터 제거되어 고온의 빛을 발하는 물질들 속에서 자유롭게 떠다니는 상태)에 대한 새로운 이해는 구상 번개에 관해 본질적으로 설명 불가능할 것은 없다는 인식을 이끌어냈다. 덧붙여 로스앨러모스, 뉴멕시코와 같은 곳에 연구소가 세워지면서 수많은 과학자들이 시골에서 살게 되었다. 그래서 많은 활동적이고 유능한 사람들이 흔치 않은 자연 현상들을 보게 되었다. 그들 가운데 한 사람이 캘리포니아 대학 라 졸라 분교의 번트 머사이어스였는데, 그는 구상 번개 관찰이 취미였다.

머사이어스는 다가오는 뇌우를 향해 셔터를 수분 동안 열어 놓은 상태로 카메라를 설치하곤 했다. 만약 폭풍우에서 번개가 친다면 필름에 반드시 기록되게 해 놓은 것이다. 때 이르게 세상을 떠나기 바로 직전에 그가 버지니아 대학을 방문했던 것을 나는 기억하고 있다. 그는 자신의 연구의 특별한 점(독특한 성질을 갖는 가공의 새로운 물질)에 대해 공식적인 연설을 하면서, 갈색 종이봉투에 든 점심을 먹으면서 하는 비

공식적인 세미나를 열 것을 고집했다. 구상 번개 현상의 역사와 물리학에 관한 긴 토론이 끝난 후, 그는 자신이 찍은 슬라이드 한 장을 보여주었다. 빛은 높은 탑 근처에서 나타났다가, 바닥으로 내려가 전선을 따라 나가 사진의 왼쪽 구석으로 사라졌다. 다른 사람들도 마찬가지지만 나 역시 구상 번개에 관한 확실한 증거가 되는 사진은 처음 보았다. 그럼에도 나는 이 사진이 다른 방식으로도 설명될 수 있다는 점을 지적해야만 하겠다. 일반적으로 벼락은 도선을 따라 흐른 후 공극을 통해 튀어 오른다고 알려져 있다.

구상 번개의 존재를 알려주는 명확한 증거가 부족하기는 했지만, 1955년에 저명한 소련의 이론 물리학자인 표트르 카피차(다른 연구로 노벨 상을 받았다)는 그 현상을 설명하는 이론을 내놓았다. 1963년 과학 사상의 주류에서 웬만하면 벗어나려 하지 않는 『사이언티픽 어메리칸』지는 구상 번개가 어떻게 발생하는가를(머사이어스가 찍은 사진과 함께) 설명하는 기사를 실었다. 확실히 전후 기간 동안 구상 번개는 과학적 탐구의 적절한 주제였다. 그에 관한 포괄적인 이론은 전혀 나오지 않고 있었다. 그리고 그것은 오늘날에도 마찬가지이다. 그럼에도 과학자는 자신이 그 문제에 관해 연구하기로 결정하지 않는 한 자기의 동료들 때문에 그 작은 오두막에 갇히려고 하지는 않는다.

이렇게 말하려면 나는 구상 번개에 대한 사진상의 증거가 있는지 없는지는 아직 해결되지 않았다는 것을 지적해야만 한다. 1973년, 30년 이상 번개를 연구해 온 스위스의 기상학자 클라우스 베르게르는 권위 있는 독일 학술지인 『자연과학』에 구상 번개를 입증해 주는 사진은 존재하지 않는다고 주장하는 논문을 실었다. 그는 1930년대에 촬영된 사진들을 인용해 그것들이 실제로는 협잡꾼 같은 바보 물리학자들이 불을 붙여 놓고 찍은 것이고, 다른 유명한 사진들도(스트리머가 있는 빛나는 공을 보여주는) 실제로는 보통의 번개에 맞아 생긴 전기의 변형이라고 했다. 따라서 구상 번개에 대해서는 과학계 내부에 상당한 불신이 퍼져 있다. 전체적으로 과학자들은 "그럼 내게 증거를 보여 줘"라는 식의 태도를 취해 왔고, 한 사례가 완성되었다는 확신이 없었다. 그러나 이러한 사람들조차 이 질문에 대한 연구가 과학 탐구에 적합한 주제라는 데는 동의하고 있었다.

유사 과학과 과학의 경계선

여러분이 구상 번개의 현상에 대해 설명하라는 임무를 부여받았다고 상상해 보라. 만약 여러분이 물리학자라면 먼저 구상 번개에 작용하는 에너지의 크기를 결정하려 할 것이다. 이것은 구상 번개의 발생에 관계된다고 여겨지는 일종의 과정들에 대한 아이디어를 여러분에게 줄 것이다. 만약 여러분이 각각 하나의 원자를 잃어버린 구상 번개가 원자들로 구성되어 있다고 가정한다면, 지름 25센티미터의 구상 번개 속에 담겨 있는 총 에너지가 오늘날 미국의 전기 요금에 비추어 볼 때 약 18센트의 값어치에 해당하는 양임을 계산해 낼 수 있을 것이다. 그것은 또한 약 커다란 케이크 한 조각, 와인 작은 잔으로 두 잔(약 2백 칼로리)에 해당한다. 이것은 상당한 양의 에너지이지만, 자연 상태에서 쉽게 발견하기에는 크기가 충분치 않다. 예를 들어. 그것은 벼락 하나에 들어 있는 에너지 가운데 극히 일부분에 불과하다.

신기하게도 구상 번개에서의 이러한 추정값의 에너지를 뒷받침해 줄 수 있는 것처럼 보이는 하나의 목격담이 있다. 1936년 10월 3일 런던의 「데일리 메일」지는 구상 번개가 전화선을 따라 흐른 후 열린 창문을 통해 들어와(태운 자국을 남겨 놓았다) 물통으로 들어가 버렸다는 기사를 실었다. 약 15리터로 추정되는 그 물은 끓기 시작했다. 만약 이 기사를 믿고, 15리터의 물을 끓이는 데 필요한 에너지의 양을 계산한다면, 그 구상 번개가 가진 에너지의 양은 위에서 말한 에너지의 약 네 배에 해당한다. 우리가 대충은 비슷하게 계산해낸 셈이다.

안타깝게도 이런 생각은 얼마 못 가 좌초되고 만다. 구상 번개가 전자와 이온의 일종의 플라스마라는 믿음에 대한 반박은 야외의 공기에서 그런 시스템은 매우 불안정하다는 것이다. 전기력은 전자와 이온들을 함께 되돌려 주는 작용을 하고, 계산을 해 보면 구상 번개가 수백 분의 1초밖에는 존재할 수 없을 것이라는 결론이 나온다. 구상 번개가 수 분 동안 지속될 수 있다는 것은 풀려야 할 진짜 문제가 구상 번개를 발생시키는 데 필요한 에너지의 양을 계산해내는 것이 아니라 일단 발생한 다음에 계속해서 존재하는 방식에 대한 설명을 해내는 것이라는 점을 암시한다.

기본적으로 구상 번개의 생성과 유지를 설명하는 이론들은 두 가지 부류로 나뉜다. 하나의 부류는 구상 번개의 에너지가 밖에서부터 안으로 주입되는 방식이다. 그리고 다른 하나는 전하들이 재결합하려는 경향을 물리치기에 충분한 에너지가 구상 번개 안에 이미 저장되어 있거나 혹은 내부적으로 생성되는 방식이다.

카피차가 내놓은 이론은 전자의 형식이다. 그는 번개 방전을 일으키는 원천이 일련의 전자기 파동으로 구성되어 있으며, 그것은 욕조 안의 물이 찰랑거릴 때 생기는 물의 파동의 순서와 같을 것이라고 가정했다. 이 모델에서 이온화 경향에 의해 만들어진 전하들은 끓는 물의 표면에 부유하는 물질들처럼 파동의 골들에 모이려는 경향을 갖는다. 그 장은 그 자체로 이전의 것들이 결합하듯이, 새로운 이온들을 생성할 수 있어서 플라스마는 계속해서 보충된다. 이러한 도식에서 모은 에너지는 원래의 번개 방전으로부터 나온다.

그러나 그 이론에는 두 가지 어려움(내가 생각하기에는 아주 심각하다)이 있다. 첫째, 실제의 번개에서 그 이론에 필요한 종류의 전자기파를 아무도 탐지해 낸 적이 없다는 것이다. 둘째, 만약 「데일리 메일」에 실린 일을 심각하게 받아들인다면, 구상 번개에 물을 끓일 수 있을 만큼의 에너지가 포함되어 있어야 한다는 결론을 내릴 수밖에 없다. 그리고 심지어 구상 번개가 밖으로부터 에너지 유입이 차단되어 있다고 하더라도 그래야 한다. 파동 이론을 믿기 위해서는 여러분은 그 신문에 나온 이야기를 무시해야만 한다. 그런 일은 정말로 일어나기 힘들다.

이론의 두번째 부류는 원래의 번갯불은 구상 번개가 활발하게 움직이도록 유지시켜 주는 충분한 에너지를 저장하고 있다고 가정하는 것이다. 전형적인 이론은 구상 번개가 실제로 번개 구름의 축소판이라고 주장한다. 원래의 벼락은 공기중에 흔히 있는 물질의 파편들(먼지와 같은)

로부터 반대로 하전된 영역을 만들어낸다. 이러한 전하들을 중성화시키는 수백만 개의 작은 벼락들이 바로 구상 번개의 번쩍거림으로서 보이는 것이다. 이러한 도식이 구상 번개가 어떻게 비교적 긴 시간 동안 존재할 수 있는지를 설명해 주고 있음에도 불구하고 그것은 왜 번갯불이 먼저 하전된 입자들의 무리로 깨끗하게 갈라질 수 있는지는 설명하지 못한다.

더 최근에 일부 학자들은 구상 번개가 전기적 효과들에 의해 환경으로부터 고립되어 나타나는 일종의 핵 가속기의 축소판일 수도 있다는 제안을 했다. 일반적으로 이러한 이론들은 열 핵융합 반응을 전공해서 플라스마에 익숙한 사람들에 의해 제안되었는데, 대단히 이론적이다.

따라서 구상 번개의 상태에 관해서는 아직 만족스럽지 못한 채로 남아 있다. 우리는 구상 번개가 드문 현상이기는 하지만 생긴다는 사실은 받아들이고 있으며, 그것을 일으키는 것에 관한 대략적인 아이디어를 가지고 있다. 그러나 우리는 그것을 만족스럽게 설명해 줄 만한 이론을 가지고 있지 않다.

성 엘모의 불과 구상 번개로부터 우리가 끄집어낼 수 있는 교훈은 무엇일까? 첫째 우리는 사람들 사이에 전해져 오는 목격담들이 충분히 과학자들로 하여금 거기에 심각하게 받아들일 만한 무언가가 있다고 확신하도록 할 수 있으며, 특히나 그러한 목격이 보편적인 이론적 틀의 견지에서 설명될 수 있다면 더욱 그러하다는 것을 알 수 있다. 둘째는 만족스러운 이론적 설명을 할 필요성이 있는 것만 연구해 볼 만한 가치가 있는 것은 아니라는 것이다. 구상 번개를 설명하는 만족할 만한 이론은 여전히 아무것도 없지만, 동료가 그것에 대해 연구한다고 해서 비웃는 과학자 또한 아무도 없다.

따라서 특정한 주제에 대해 그것이 과학인가 유사 과학인가를 정해야 할 때, 우리는 반드시 두 가지의 질문을 하고 넘어가야만 한다. 우리가 연구해야 할 무엇인가가 실제로 있는지, 만약 있다면 그러한 현상에 들어맞는 이론적 틀을 우리가 갖고 있는지를 질문해야 한다. 유사 과학에 대해 논의하게 된다면, 오직 첫번째 질문만이 중요하다. 구상 번개의 예가 보여주는 것처럼, 이론적인 이해의 부족은 특정한 주제가 과학적 연구의 대상으로서 적합한지 여부에 장애물이 되지 않는다.

이렇게 말할 때, 나는 우선 그러한 결정이 이론으로부터 완전히 독립되어 있는 것이 아니라는 점을 덧붙여 둔다. 과학의 많은 주제들이 그러하듯, 우리는 여기서 많은 요소들에 근거해 판단해야 할 필요성에 직면한다. 구상 번개의 경우는 목격된 적이 별로 없다는 사실이 그것을 받아들이는 데 중요한 장애물임이 확실하다. 그러나 그것은 19세기 첫무렵에는 원자 구조와 플라스마에 대한 지식이 부족했기 때문이기도 했다. 나는 구상 번개가 유사 과학 쪽에서 과학 쪽으로 경계선을 넘어가게 된 것도 원자와 전기의 상호 작용에 대해 우리가 더 많이 이해할 수 있게 되었기 때문일 것이라고 생각한다. 19세기 끝무렵에 과학 연구의 중요한 분야들 가운데 하나가 진공관 안에 든 기체의 전기 방전에 관한 연구와 관련이 있었다. 이러한 현상을 연구하는 과학자들 가운데 어느 누구도 전기와 원자가 혼합되었을 때 이상한 일이 발생한다는 사실을 의심할 수 없었다. 더 나아가 일반적인 번개에서 성 엘모의 불로, 그리고 구상 번개로의 자연스러운 진행이 있다. 그것들은 둘 다 드문 현상이지만, 우리는 그것들 사이의 유사성을 탐지해 낼 수 있다. 일단 그것들 모두가 전기 효과로서 인식되면, 구상 번개는 그것의 형제가 됨으로써 정당성을 얻게 된다.

UFO에 대한 과학의 입장

앞에서 언급했던 것처럼 대부분의 과학자들은 UFO에 관한 연구를 단호하게 유사 과학의 범주에 넣는다. 그러나 UFO와 구상 번개 사이에는 어느 정도의 유사성이 있다. 예를 들자면, 둘 다 현상에 대한 목격담이 대단히 큰 비중을 차지한다. UFO 연구가들은 과학 공동체의 편협한 태도를 지적하고 자신들의 연구를 정당화하는 예로서 구상 번개에 대해 언급한다.

나 역시, UFO에 정당한 기회를 주는 데 충분히 열린 마음을 가지고 있지 않을 수도 있다는 의혹에서 벗어나기 위해, 잠시 주제에서 벗어나 내 자신의 최근 작업 활동에 대해 말하도록 하겠다. 수년 전에 나는 과학 탐험 협회라는 조직의 창립 회원(나중에는 부회장)이었다. 2백 명의 회원들은 기본적으로 학계의 학자들이었고, 그 모임의 지침은 단 하나였다. 모임에서 아주 엄격한 학문적 기준이 적용된다면, 어떠한 질문에 대한 논의도 배제되어서는 안 된다는 것이다. 즉 협회는 개방적인 정신의 소유자들인 회원들이 제기하거나 듣고 싶어하는 것이라면 일반적인 범위를 넘어서는 주제에 관해서도 토론회를 열게 되어 있었다. 윤회,

사후 체험, 네스 호의 괴물, 그리고 물론 UFO도 우리 모임에 등장했다. 결론적으로 UFO와 구상 번개 사이의 유사성에는 아무런 정당성이 없다고 말하는 것은 내가 닫힌 정신의 소유자이기 때문이 아니라 그 분야를 정당화하기 위해 노력하는 최고의 과학자들의 말을 듣고(그리고 논쟁하고) 나서 얻은 지식 때문이다.

UFO와 구상 번개 사이에 주장되는 유사성은 먼저 목격자들의 수라는 암초를 만나 좌초한다. 구상 번개는 정말로 매우 드문 현상이고, 진짜 사진이라고 생각되는 것은 소수에 불과하다. 한편 제2차 세계대전 이래로 UFO는 미국에서 이틀 혹은 삼일 간격으로 보고되었다. 만약 정당성이 오직 숫자에만 의존한다면, UFO의 존재는 의심의 그림자를 넘어서서 이미 확립되었을 것이다.

어느 정도까지는 UFO를 목격했다는 사람들의 수가 많다는 그 자체가 어려움으로 작용한다. 왜냐하면 그러한 목격 중의 95퍼센트 이상이 판에 박힌, 그리고 다소 평범한 것들을 매개로 설명될 수 있기 때문이다. 그리고 그것은 가장 열렬한 UFO광일지라도 인정할 것이다.

예를 들면 UFO로 가장 많이 오인받는 것은 금성이다. 기상 관측용 기구, 비행기, 그리고 온갖 종류의 광학 현상과 기상 현상들이 UFO로 오인되어 보고되어 왔다. 그리고 이것들 대부분은 그 분야의 숙련된 전문가라면 금방 확인할 수 있는 것들이다. UFO와 관련하여 진정한 질문은 이런 것이다. 모든 평범한 설명이 주어지고 나면, 그리고 모든 무가치한 것들이 제거되고 나면, 과연 판에 박힌 설명으로 해결되지 않는 목격이 정말로 있는가?

이러한 게임에는 "설명"의 자격 요건에 대한 어떤 규칙이 숨어 있다. 예를 들어 꽤 많은 수의 심리학자들과 신경학자들이 대부분의 UFO 연구가들이 싫어하는 방식으로 UFO 목격들에 대한 설명을 해왔다. 예를 들어 나는 캐나다의 한 과학자가 UFO 목격과 지진 사이의 상관 관계를 광범위한 통계를 바탕으로 발표한 것을 기억하고 있다. 그가 한 발표의 요지는 지질 활동에 동반된다고 알려져 있는 지구의 전기장이 인간의 신경계에 어떤 영향을 미칠 수 있으며, 그것의 결과가 UFO 목격으로 나타날 수 있다는 것이었다. 이것은 매우 흥미있는 생각이다. 왜냐하면 만약 그러한 일들이 UFO 목격의 실제 원인이라면, 조사만 한다면 모든 외부 자극이 다 원인으로 발견될 수 있을 것이기 때문이다. 다른 과학자들은 UFO에 관한 다른 종류의 정신 신경학적 설명을 내놓았다.

이런 생각은 독창적이면 독창적일수록 이 분야에서 연구하는 대부분의 사람들에 의해 보통은 즉각적으로 거부된다. 그들은 보통 물리학적인 차원의 바깥에서 설명되기를 원한다. 그리고 어떤 설명은 과학의 중요하지만 지금까지 알려지지 않은 부분을 끄집어 낼 수밖에 없는 그런 설명이다. 가장 자주 듣는 하나의 설명은(결코 하나는 아닌) 외계인 가설(ETH)이다. 타블로이드 신문들에서 패러디 거리로 이용되는 이 가설은 다른 더 진화된 문명으로부터 온 존재들이 조종하는 우주선과 실제로 관련이 있다고 주장한다. 흔히 듣는 주장들 가운데 하나는 UFO 목격이 과학계에서 거부되는 이유가 과학자들이 외계인의 존재를 받아들일 준비가 안 되어 있기 때문이라는 것이다.

실제로 이러한 주장은 완전히 잘못된 것이다. 지구 외 문명 탐사 계획(SETI)은 1959년 이래로 전파 천문학의 공인된 분야였다. 그때 필립 모리슨과 주세페 코코니는 새로운 전파 망원경을 이용하면 우리 은하의 행성간 커뮤니케이션을 잡아낼 수 있음을 보여주는 논문을 발표했다. 오늘날 수많은 저명한 천문학자들이 SETI 프로그램에 참여하고 있고, NASA는 그 분야의 연구에 연간 수백만 달러에 달하는 기기를 후원하고 있다. 이것들은 제도권 과학에 의해 인정을 받지 못하는 모든 분야에서 볼 수 있는 일은 아니다.

결코 덜어지지 않는 "증거의 집"

개략적인 이러한 설명의 요점은 ETH를 위한 이론적인 틀이 과학 공동체 안에 이미 존재한다는 것이다. 따라서 UFO에 대한 거부가 ETH에 대한 편견에서 나온 것이라고는 할 수 없다. UFO가 왜 과학의 경계 밖에 놓여졌는가의 이유를 조사하기 위해서는 앞의 두 질문 가운데 전자에 집중해야 한다. 설명되어야 할 현상이 진짜로 있는가? 심리적, 그리고 사회적 수준에서 이 질문에 대한 답은 "예"이다. 사람들은 분명 하늘에서 이상한 것들을 본다. 나는 이러한 말에 토를 다는 과학자를 단 한 명도 알지 못한다. 질문 안에 있는 질문은 사람들이 보는 것이 이미 알려진 현상에 비추어 설명될 수 없는 것인가이다. 과학자들이 그 동안 UFO 연구에 유사 과학이라는 딱지를 붙여 왔다는 점에 비추어 볼 때, 그것은 과학계를 확신시키는 데 실패했다고 볼 수 있다.

그 질문에는 실제로 두 개의 논지가 있다. 첫째는 설명될 수 없는 이 일들이 실제로 있는가이고 둘째는 우리는 이 일들을 우연이라고 여길 수 있는 것보다 더 자주 볼 수 있는가이다. 첫번째와 관련되는 한에서는 나는 내 자신의 견해만을 말할 수 있을 뿐이다. 나는 아직 UFO 목격에 관하여 설명할 수 있는 다른 대안들이 다 배제되었다고는 보지 않는다. 현재의 상황으로는 UFO와 ETH를 배제하기에는 자료가 부족하다는 것이 일반적이지만, 실제적인 다른 효과들 역시 배제할 수 없다.

이 대안적인 설명들이 합리적인 한, 여러분은 설명되어야 할 필요성이 있는 것들이 있다는 데 이의를 제기할 수 없다. 여기 그 전형적인 예를 들어보기로 하자. 엔진이 하나 달린 비행기의 조종사가 해안의 활주로에서 이륙해 160킬로미터 떨어진 섬으로 향한다. 반쯤 가서 그는 고도를 잃기 시작한다. 수신기에서 알아듣지 못할 목소리(도움 요청)가 들리고 무전기에 이상한 잡음이 끼여든다. 비행기가 추락하고 바다에서 실종된다. 조사관들은 도움을 요청하는 동안 무전기에서 나오는 소리를 자신들로서는 설명하거나 재생할 수 없다는 것을 알게 된다.

이것을 UFO로부터 공격을 받아 생긴 일이라고 결론지을 수 있을까? 그럴 수도 있지만, 조종사의 병 혹은 비행기에 생긴 전기 장애를 포함하는 다른 많은 일들이 또한 가능하다. 핵심적인 것은 그것이 UFO 연구가들이 해결해야 할 몫이라는 것이다. 그들은 UFO의 존재만이 그 사실을 설명할 수 있는 유일한 방법이라는 것을 증명해야만 한다. 연구가들의 주장을 반박할 수 있는 그 밖의 일어날 수 있었을 법한 여러 일들 또한 찾아내야 한다. 이러한 시나리오가 존재하는 한, UFO

에 대해서 과학적으로 설명되어야 할 무엇인가가 있다는 주장은 전혀 가능하지 않다.

내 경험에 비추어 보면 가장 강력한 UFO 경우들(위에서 든 예를 명백히 포함하지 않는 것들)을 조사해 볼지라도, "증거의 짐"은 결코 덜 어지지 않는다. 따라서 우리는 기존의 설명으로 반박될 수 없는 UFO 목격은 단 한 경우도 존재하지 않는다고 말할 수 있다.

질문의 두번째 부분(우연이라고 여길 수 있는 것보다 더 자주 볼 수 있는가)은 현장 연구가들에 의해 대체적으로 무시되어 왔다. 4장에서 우리는 관찰에서의 우연의 역할을 고려하는 것의 실패가 태양 활동 주기와 날씨를 연관지으려는 과거의 시도를 파괴했다는 것을 보았다. 똑같은 방식으로, 한 번 혹은 두 번의 예기치 못한 UFO의 목격은 만약 그 횟수가 우연적으로 기대할 수 있는 횟수보다 훨씬 더 많다면 중요할 것이다. 교통 사고를 조사할 때처럼 현실적인 조사를 하는 경우에서조차 쉽사리 발견될 수 없는 원인에 의한 현상들이 언제나 조금은 있다. 그러나 그것이 외계인들의 짓이라고 주장하는 사람은 아무도 없다. 우리가 원인을 정확히 찾아내지 못하는 것은 일반적인 자연의 미스터리로 단순히 치부된다. 마찬가지로 어떻게든 설명되지 않은 채로 남는 UFO 목격은 계속될 것이다.

따라서 UFO의 경우는 구상 번개와 거의 정반대의 경우라고 할 수 있다. 그 밖의 다른 합리적인 설명은 존재하지만, 거기에 맞는 이론적인 틀은 존재하지 않는 구상 번개의 많은 목격이 있다. 반면 UFO는 이론적 틀은 존재하지만, 목격의 명확한 증거는 없다. 이것은 왜 UFO가

과학의 정당성 바깥쪽에 있고, 구상 번개는 그 안쪽에 있는지에 대한 이
유이다.

물론 이것은 UFO가 항상 그 선의 틀린 쪽에 있으리라는 것을 의
미하지는 않는다. 만약 내일 대도시 상공에 비행접시 편대가 출현해 수
백 명의 사람들이 그것을 보거나 사진을 찍는다면, 그 현상의 존재가 설
명되어야 한다는 것은 확고하게 성립될 것이다. 그러나 그것이 일어나
기 전에는, 현장의 연구자들은 UFO에 대한 정신신경학적인 분석을 무
시하는 커다란 실수를 범하고 있고, 외계인 가설의 변형을 고집하는 셈
이 된다. 그들은 다른 과학자들이 그것을 진지하게 받아들이는 것을 더
욱 어렵게 만든다. 그것은 처음으로 성 엘모의 불을 연구하기를 원했던
사람들이 그 불이 성자의 존재를 진정으로 증명해 주는 것이라고 주장
하며 전기 방전으로 설명하려는 모든 시도를 거부했던 것과 마찬가지다.

옮기고 나서

저녁 노을이 지면
신들의 상점엔 하나 둘 불이 켜지고
농부들은 작은 당나귀들과 함께
성안으로 사라지는 것이었다.

<숲으로 된 성벽>, 기형도

"사람의 목은 하늘을 쳐다볼 수 있도록 만들어졌는데, 현대인들 중에는 하루에 한 번도 하늘을 쳐다보지 않고 사는 사람들도 있다"는 말을 아주 오래 전에 어디선가 읽은 일이 있다. 지금 옮긴이의 글이라는 것을 쓰면서 갑자기 그 말이 떠올랐다. 맞는 말인지 아닌지는 잘 모르겠다. 하지만 언뜻 생각하면 하마나 코끼리나 뭐 그런 동물들은 목을 아무리 뒤로 젖혀 보았자, 하늘을 올려다 볼 수 없을 것 같기도 하다. 아무튼 그때 나는 적어도 하루에 한 번쯤은 하늘을 올려다봐야지 하는 마음을 먹었던 것 같다. 그러나 거의 대부분의 결심이 그렇듯 그 결심도 지켜지지 않았다.

우리는 가끔, 아주 가끔 하늘을 올려다본다. 때로는 무심코, 때로는 의도적으로. 햇빛이 쨍쨍하게 비치는 하늘, 구름 한 점 없이 맑고 푸른 하늘, 별이 빛나는 밤하늘, 금방이라도 소나기가 떨어질 것 같은 잔뜩 찌푸린 하늘, 어느 경우든 하늘은 우리에게 많은 상념을 불러일으킨다. 그러나 우리는 바쁘다는 핑계로 하늘을 바라보는 여유조차 제대로 느끼지 못하고 산다.

그런데 이 책의 글쓴이는 하늘에서 과학을 배우라고 한다. 노을을 보면서, 구름을 보면서, 번개를 보면서… 과학이라니? 마지막으로 하늘을 올려다 본 것이 언제인지 기억도 나지 않는데, 하늘을 올려다보며 과학을 배우라니.

그는 이렇게 말한다. "우리는 비가 올 것인지를 걱정하기 전에는 구름을 유심히 보는 일이 거의 없다. 하지만 구름은 우리 머리 위에서 늘 변화하고 있다. 그리고 우리에게 나무 그늘 밑 잔디에 누워, 모양을 바꿔가며 흘러가는 구름을 보는 것 이상의 평화스러운 일은 없다. 이렇게 느긋하게 구름을 보는 것만으로도 여러분은 많은 과학적 지식을 얻을 수 있다. 나른한 여름 오후를 그냥 흘러보내는 데 이 이상 좋은 핑계거리가 또 있을까?"

글쓴이의 말을 믿어 보기로 할까? 하늘을 보며 과학적 지식을 얻는다. 그런데 그런 걸 얻어서 무엇에다 써먹을까? 도대체 우리가 적운이니 층운이니, 적란운이니 구상 번개니 하는 것을 알아서 무슨 소용이 있을까? 하늘빛이 왜 파란지, 구름이 왜 생기는지, 번개는 왜 치는지 그런 걸 알아서 뭘 할까?

다시 글쓴이의 말을 들어본다. "나는 여러분 모두가 구상 번개나 녹색 섬광을 볼 수 있으리라고 장담할 수는 없지만, 이 책을 통해서 내가 하고자 했던 말들에 여러분이 귀를 기울인다면 하늘에서 여러분이 보고 싶어하는 것들을 새로운 눈으로 볼 수 있게 된다는 것은 장담할 수 있다. 나는 여러분들이 다음에 비행기를 타고 하늘을 날아가면서 발 밑에 있는 구름을 굽어볼 기회가 생겼을 때, 흰색의 울퉁불퉁한 층만을 보지 말고 우주 전체의 수수께끼로 들어가는 입구를 보게 되길 희망한다."

"새로운 눈", 그런 게 있었지. "아는 만큼 보인다"는 말도 있고. 그런데 그 말은 경주니 부여니 하는 곳으로 문화 유산을 답사하러 갈 때만 적용되는 말이 아니었다. 하늘을 올려다보며 구름이나 노을, 번개를 볼 때도 적용되는 말이었다. 우리는 과학이라는 눈을 통해서 자연을 볼 수 있다. 글쓴이는 앞선 책에서 과학이란 눈을 통해서 자연을 보는 것이 결코 자연의 아름다움을 감상하는 일을 방해하지 않는다고 했다. 오히려 자연의 아름다움을 더 풍부하게 볼 수 있게 해 준다고 했다.

"자연 속으로 떠나는 과학 여행" 시리즈의 마지막 책인 이 책은 바로 그런 눈을 갖게 해 주는 일을 도와 줄 것이다. 어딘 가로 여행을 떠날 때, 여행 안내서들이 도움이 되듯, 이 책은 하늘로 여행을 떠날 때 도움을 주는, 이를테면 하늘 여행 안내서인 셈이다. 잘 만들어진 안내서들이 그렇듯, 이 책도 여행을 하면서 절대로 빼놓아서는 안 될 곳들을 소개해 주고, 덧붙여 친절한 사전 정보를 제공해 준다. 글쓴이가 이 책에서 추천한 중요한 볼거리들은 노을, 하늘의 색, 구름, 번개, 바람, 태양 흑점 등이다. 모두 마음만 먹으면 쉽게 갈 수, 아니 볼 수 있는 곳들이다(단 태양을 맨눈으로 보면 안 된다는 여러 차례의 경고는 절대로 무시하지 말기로 하자).

자, 이제 책을 다 읽었다면, 밖으로 나가 하늘을 쳐다보자. 전과는 다른 무엇이 보이리라는 기대를 가지고. 그리고 노을이 지면 신들의 상점으로 들어가서 기념품을 사오는 일도 잊지 말기로 하자. 글쓴이라면 아마도 정확하고 아름다운 시계나 달력을 선택했을 것이다. 그런데 혹시 상점의 주인장이 맘씨 좋게 생겼거든 이야기를 나누어보자. 이 책을 제대로 읽었다면, 화젯거리를 걱정할 이유는 없을 것이다. 어쩌면 그 맘씨 좋은 주인장보다도 그가 사는 곳에 대해 여러분이 더 많은 것을 알고 있을지도 모르니까. 그리고 참, 인간의 목이 하늘을 쳐다보도록 만들어졌다고 말한 그이는 이런 경고도 덧붙였다. 하루에 한 번도 하늘을 쳐다보지 않는다면 몸의 기(氣)가 손상될 수도 있다는.

해마다 가을만 되면 일이 꼭 몰리곤 했다. 언제나 예상 가능한 일인데도, 올해도 제대로 대비하지 못했다. 덕분에 많은 이들을 지치고 힘들게 했다. 그분들에게 이 자리를 빌어서나마 죄송스러운 마음을 전한다.

2001년 11월

장석봉

찾아보기

자연 속으로 떠나는 과학 여행

제임스 트레필 시리즈

사람들은 자연 앞에서 과학 이야기를 하면 낭만이 사라진다고 생각한다.

하지만 그렇지 않다. 이해가 깊어질수록 경험도 풍부해진다.

빛의 작용을 알고 봐도 무지개는 아름다우며

석양이 지는 하늘, 보름달이 뜬 바다는

과학의 눈으로 봐도 여전히 신비롭고 매력적이다.

물리학자인 제임스 트레필 박사는 이러한 자연 속에 숨어 있는

과학 원리들을 명쾌하고 우아한 문장으로 풀어낸다.

자, 지금부터 우리는 그 즐거움이 더 깊어지는 산과 바다, 하늘,

그리고 도시 탐험에 들어간다.

든든한 과학자들을 대동하고서.

제임스 트레필은 조지메이슨 대학의 물리학 교수이자 과학탐구협회의 창립 회원이다. 백여 편의 논문을 비롯하여 과학 전문가가 아닌 독자들을 위한 많은 과학 대중서를 펴냈다. 《과학에 대해 모두가 알아야 할 1,001가지》를 비롯하여 《과학의 문제들》《창조의 순간》 등의 베스트셀러가 있다.

여기에는 과학을 전공한 사람도 접하지 못한 질문들이 나온다. 관심이 없었거나 찾아내기 힘들어 포기했던 질문들도. 하지만 제임스 트레필 박사는 아무리 어렵고 설명하기 힘든 것들도 재미있는 이야기로 풀어내는 천부적인 교사적 자질의 소유자다. 그의 이야기를 듣다 보면 바다와 산, 하늘을 새삼스레 다시 쳐다보게 된다. 그는 탄탄한 과학 지식이야말로 우주의 경이로움을 온몸으로 느낄 수 있는 최고의 방법임을 우리에게 알려준다.

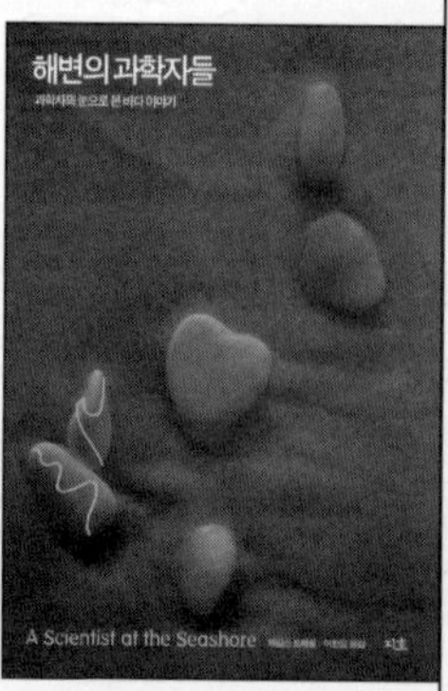

도시의 과학자들
SF소설보다 재미있는 도시 이야기

도시의 탄생에서부터 도시의 죽음까지, 지금부터 우리는 우리가 살아가는, 또 앞으로 살아가야 할 도시 구석구석을 찾아 탐험에 나선다. 절벽에서 살던 비둘기는 왜 도시로 이주했을까? 바퀴벌레는 언제부터 도시의 터줏대감이 된 걸까? 벽돌, 유리, 강철이 도시의 뼈대들을 세우고, 증기 기관과 자동차, 지하철이 도시를 움직이고, 이제는 정보와 통신이 도시를 지배한다. 빅뱅, 우주에서 사는 문제, 소행성 식민지 등 우리가 꿈꾸는 미래의 도시는 폼페이 최후의 날과 같은 위협에도 불구하고 새로운 천년에도 여전히 건재할 것이다.

정영목 옮김 | 334면 | 12,000원 | ISBN 89-86270-32-3

해변의 과학자들
과학자의 눈으로 본 바다 이야기

해변에 서서 바다를 바라보고 있으면 호기심들이 파도처럼 밀려온다. 바다는 왜 짤까? 옛날 이야기처럼 바닷속에서 마법의 맷돌이 돌아가고 있기 때문일까? 저렇게 많은 물이 어디서 왔을까? 도대체 바다는 언제부터 있었을까?
저자는 해변에 선 과학자의 눈에 비친 바다가 얼마나 특별한 곳인지부터 시작하여 파도는 어떻게 만들어지고 부서지는지, 해변의 모래는 어떤 운명을 겪어왔으며, 바람을 가르며 나아가는 배를 만들기 위해 인류가 어떤 노력을 했는지 등 흥미진진한 이야기들을 풀어놓는다. 과학 공식을 통해서는 아이들에게 전수할 수 없는 물수제비 뜨기는 자연이 아직도 우리에겐 무궁무진한 미지의 세계임을 보여준다.

이한음 옮김 | 296면 | 12,000원 | ISBN 89-86270-52-8

산꼭대기의 과학자들
과학자와 함께 떠나는 즐거운 산행

산이란 언제나 변하지 않는 듬직한 자연일까? 높은 산을 힘겹게 한 걸음씩 오르면서 볼 수 있는 것들, 작은 돌멩이, 시냇물, 오래되어 기이하게 말라비틀어진 나무들도 처음부터 그 자리에 있던 것일까? 이 책은 우리에게 위안과 휴식을 주는 자연이 우리의 시계로는 잴 수 없는 시간 동안, 느리지만 조금씩 변화해 왔음을 얘기해 주고 있다. 한 번 흘러간 시냇물을 다시 볼 수 없는 것처럼, 그런 의미에서 우리는 같은 산을 결코 두 번 오를 수는 없다. 과학자와 함께 떠나는 산행은 무심코 보아 넘겼던 자연을 다시 바라보고 그 속에 담긴 진리를 발견하게 해 준다.

정주연 옮김 | 352면 | 13,000원 | ISBN 89-86270-54-4

하늘의 과학자들
구름 속으로 떠나는 과학 여행

하늘은 우리가 매일 보는 곳이지만 가장 쉽게 과학의 세계로 들어갈 수 있는 공간이다. 태양 흑점과 기후의 변화는 어떤 관계가 있는 걸까. 비행기를 갑자기 추락시키는 바람의 정체는? 왜 Z로 시작하는 이름을 가진 허리케인은 없을까. 구름은 왜 색이 변하며 창문을 통해서는 선탠이 되지 않는 이유는 무얼까. 그리고 제라늄의 색깔이 시간에 따라 달라 보이는 현상은 어떻게 설명할 수 있을까. 이번에는 굳이 자연을 찾아 떠나지 않아도 독자들은 흥미진진한 과학의 세계로 들어갈 수 있을 것이다. 또한 푸른 하늘에 떠 있는 구름 한 점, 절대로 맨눈으로는 쳐다봐선 안 될 태양과 그것이 빚어내는 아름다운 일몰을 전혀 새로운 느낌으로 바라보게 될 것이다. 심지어 우리를 겁먹게 하는 번개까지도 말이다.

장석봉 옮김 | 320면 | 13,000원 | ISBN 89-86270-56-0

제임스 트레필은 과학적 현상을 설명하는 데 자신의 전공인 물리학 외에도 여러 과학 분야를 넘나들고 있기 때문에 이 시리즈 각권의 제목을 '과학자'가 아닌 '과학자들'로 했음을 밝힙니다.

하늘의 과학자들

제임스 트레필 | 장석봉 옮김

초판 1쇄 인쇄일 · 2001년 11월 9일
초판 1쇄 발행일 · 2001년 11월 15일

Meditations at Sunset
by James Trefil
Copyright ⓒ1987 by James Trefil
All rights reserved.

지호출판사는 이 책의 한국어판 저작권 사용을 교섭하기 위해 노력하였으나, 이 책이 현재 절판된 책이며, 저작권 관리자인 에이전시가 변동된 관계로 아직 저작권 사용 교섭을 마치지 못했습니다. 하지만 앞으로 계속 추적하여 저작권자와 저작권 사용 계약을 체결할 예정임을 알려드립니다.

발행처:지호 출판사 | 발행인:장인용 | 출판등록:1995년 1월 4일 | 등록번호:제10-1087호 |
주소:서울시 마포구 신수동 181-2(2층) 121-110 | 이메일:chihopub@yahoo.co.kr |
전화:713-5170 | 팩시밀리:713-5172 | 편집:오지연 · 서영심 | 영업:윤규성 |
표지 및 내지 디자인:so good | 종이:대림지업 | 인쇄:대원인쇄 |
라미네이팅:영민사 | 제본:경문제책
값은 뒷표지에 있습니다.
ISBN 89-86270-56-0